海南气候

王春乙　主编

气象出版社
China Meteorological Press

内容简介

本书主要描述了海南省的气候特征，内容有6章：第1章为海南自然环境和气候概述；第2章为气候要素特征，主要包括温度、降水、云量、辐射、日照、湿度、蒸发、气压、风等主要气象要素的时空分布特征；第3章为主要天气系统和气象灾害；第4章为气候资源；第5章为气候区划；第6章为气候变化。

本书可供从事天气气候分析、预报、预测的气象、水文、航空、海洋等工作者参考，也可作为了解海南气候特征的科普材料。

图书在版编目(CIP)数据

海南气候/王春乙主编. —北京：气象出版社，2014.5
ISBN 978-7-5029-5935-7

Ⅰ.①海…　Ⅱ.①王…　Ⅲ.①气候-研究-海南省
Ⅳ.①P468.266

中国版本图书馆 CIP 数据核字(2014)第092131号
审图号：琼S(2013)064号

出版发行：气象出版社
地　　址：北京市海淀区中关村南大街46号　　**邮政编码**：100081
总 编 室：010-68407112　　**发 行 部**：010-68409198
网　　址：http://www.cmp.cma.gov.cn　　**E-mail**：qxcbs@cma.gov.cn
责任编辑：陈　红　林雨晨　　**终　　审**：周诗健
封面设计：易普锐创意　　**责任技编**：吴庭芳
责任校对：华　鲁
印　　刷：北京地大天成印务有限公司
开　　本：787 mm×1092 mm　1/16　　**印　　张**：13.25
字　　数：325千字
版　　次：2014年6月第1版　　**印　　次**：2014年6月第1次印刷
定　　价：65.00元

本书如存在文字不清、漏印以及缺页、倒页、脱页等，请与本社发行部联系调换

《海南气候》编委会

主　　编：王春乙

副 主 编：吴　慧

编 写 组（以姓氏笔画为序）：

邢旭煌　陈汇林　辛吉武　张京红

张春花　吴胜安　黄彦彬　蔡亲波

序　言

气候与人类生活息息相关，它几乎影响到人类生产生活的所有领域。然而随着人类社会的发展，人类活动对气候的影响也日益显露，社会生产对气候及其变化的敏感性、依赖性日益增强。

海南岛是我国第二大岛屿。它地处热带，是南海上的绿色明珠。受热带季风气候影响，海南气候暖热湿润，山川常青秀美，海洋辽阔无垠，自然资源得天独厚。但是季节性干旱、区域性低温、台风侵扰等问题十分突出，每年气象灾害给当地国民经济和人民生命财产造成巨大损失。如何在经济建设和社会发展过程中，为政府、公众更好提供防灾减灾服务，在保持生态与环境不受破坏的条件下，合理利用海南丰富的气候资源，获取良好的社会、经济、生态效益，指导人们应用气候的有利一面，尽可能以最小的代价来避免其不利的一面，获得最大的经济和社会效益，是海南气象工作者最为关注的课题。为推动海南气象事业发展，海南省气象局组织专家在深入分析大量气象数据，开展气候研究，掌握海南气候状况及其变化规律的基础上，总结气候业务和研究成果，编撰了《海南气候》一书。该书系统介绍了海南气候特点及气候变化趋势，分析了海南省主要天气系统及气象灾害，完成了灾害风险区划、农业气候区划以及热带作物农业区划等不同功能的专题区划，可用于指导农业生产、合理开发利用海南气候资源、开展应对气候变化等活动。《海南气候》的出版是海南省气象局加强气候、气候变化、生态与农业气象等业务建设的一项具体举措，为气象工作者进一步摸清海南气候事实，掌握海南气候资源，提高气候预测水平提供支持和帮助，对现代气候业务能力建设大有裨益。

希望海南省气象业务工作者在业务实践中不断提高气候业务、服务和研究能力，进一步丰富完善《海南气候》内容，加强气候业务建设，提高气候业务水平，为海南当地国民经济和社会发展以及人民的福祉安康提供更加优质的气象服务。

借此机会，我向为编撰本书付出辛勤劳动的海南省气象科技工作者表示祝贺。

中国气象局副局长　许小峰

2014 年 1 月

前 言

气候是人类赖以生存的自然环境的重要成员之一，对自然生态系统和社会经济系统的影响举足轻重。气候及气候变化与农业生产、生态环境、城市发展、经济建设息息相关。当前，全球气候变化以及由此引发的水资源匮乏、生态环境恶化等问题已引起世界各国政府和社会公众的极大关注，而气候资源的开发利用和保护更是一个关系到社会和国民经济可持续发展的重大战略问题。

海南地处热带，是祖国最南端的海洋大省。海洋性热带季风气候赋予了海南得天独厚的热带气候资源，丰富的光、热、水资源为海南提供了优质的热带农业气候资源、清洁可再生能源和旅游资源。然而，海南人民得益于暖热温润的热带气候的同时，同样面临着气候灾害的威胁。台风、致灾暴雨、干旱、低温等极端天气气候事件时有发生。了解海南气候特点，揭示海南气候事实，寻找海南气候变化发展规律，是海南人民趋利避害，保障粮食生产安全，建设社会主义新农村的基础；是保护海南自然生态环境，促进海南国际旅游岛建设的保障。研究海南气候对实现海南生态文明，建设资源节约型、环境友好型社会，实现人与自然和谐发展具有重要的现实意义。

《海南气候》是一本揭示海南省气候资源分布，分析海南省主要气候灾害、高影响天气气候事件以及气候变化特点的气象专著。该书内容丰富、资料翔实，是气象科学研究人员和天气气候相关专业气象工作者的重要参考书，同时也是从事经济建设特别是农、林、牧、渔业系统的领导同志和科技工作者的有益参考书。书中给出的台风、暴雨、干旱、低温、雷电等气象灾害风险区划、农业气候区划和热带作物专题区划是制定其他行业经济发展规划的参考依据。本书中有关气候资料年代的使用，如果没有特别说明，气候要素多年平均值按世界气象组织的规定取自最近的30年(1981—2010年)，少数观测站由于资料存在不均一性，分段统计后取最后一段的平均值；历史极值从建站至2010年的资料中挑选。

本书共分6章，内容为海南自然环境及气候概况；气温、降水、云量、辐射、日照、湿度、蒸发、气压、风等主要气象要素的天气特征；主要天气系统和气象灾害；气候资源和区划以及海南气候变化。本书由王春乙主编，各章的编写人员为：第1章由辛吉武主笔；第2章由吴慧主笔，主要贡献者为陈小丽、邢旭煌、车秀芬、黄海静、邱明宇、吴长宽；第3章由蔡亲波和张春花主笔；主要贡献者为李勋、许向春、李伟光和郭冬艳；第4章由陈汇林、黄彦彬和邢旭煌主笔；主要贡献者为陈小敏、李伟光、黄巧明、崔丹、李光伟和敖杰；第5章由张京红主笔，主要贡献者为刘少军、蔡大鑫、李伟光、吴胜安、高燚；第6章由吴慧、张京红和吴胜安主笔，主要贡献者为刘少军、张明洁和朱晶晶。吴慧、林熙、陈小丽和邢旭煌参与了各章的交叉互审工作。吴慧、林熙、陈小丽参与了全书的统稿工作。许向春、李玉梅、程守长、张国峰、姚少云、吴名杰、覃文娜等参与了资料整理、绘图、校对等工作。在《海南气候》编写工作中，胡玉蓉等组织了编写大纲制定和前期安排等相关工作，孙伟和许向春等组织了初稿编写与汇总、专家审稿以及统稿等工作。在此，对上述人员表示衷心感谢！

由于海南气候涉及面广，编写人员水平有限，加上编写时间仓促，错漏之处在所难免，恳请读者批评指正。

《海南气候》编委会

2014年1月

目　录

第 1 章　自然环境和气候概况

1.1 自然环境

海南省位于中国最南端，北以琼州海峡与广东划界，西临北部湾与越南相对，东濒南海与台湾省相望，东南和南面在南海中与菲律宾、文莱和马来西亚为邻。于 1988 年 4 月 26 日正式挂牌成立并建经济特区，简称“琼”，古有“南溟奇甸”之称，今有“南海明珠”之誉。海南省的行政区域包括海南岛、西沙群岛、中沙群岛、南沙群岛的岛礁及其海域。全省陆地面积 3.54 万 km^2，占全国面积的 0.35%；授权管辖海洋面积约 200 万 km^2，约占全国海洋面积的 60%，是我国陆地面积最小、海洋面积最大的热带海洋岛屿省份，也是我国跨纬度最大的省级行政区和我国最大的经济特区。其中陆地面积最大的是海南岛，全岛面积约 3.39 万 km^2，是我国仅次于台湾岛的第二大岛，地处北纬 18°10′～20°10′，东经 108°37′～111°03′之间，轮廓形似一个呈东北至西南向的椭圆形大雪梨，长轴作东北至西南向，长约 290 km；西北至东南宽约 180 km。

1.1.1 地形地貌

海南岛地形为一穹形山体，四周低平，中间高耸，以五指山、鹦哥岭为隆起核心，向外围逐级下降。中部超过 1500 m 的山峰有五指山、鹦哥岭、猴猕岭、霸王岭、吊罗山等。从中部最高峰五指山（海拔 1867 m）向外围由山地、丘陵、台地、平原、海涂逐级递降，构成层状垂直分布和环状水平分布带，梯级结构明显。山地和丘陵是海南地貌的主要特征，占全岛面积的 38.7%。山地主要分布在岛中部偏南地区，山地中散布着丘陵性盆地。丘陵主要分布在岛内陆和西北、西南部等地区。在山地丘陵周围，分布着宽窄不一的台地和阶地，占全岛面积的 49.5%。环岛多为滨海平原，占全岛面积的 11.2%。土壤类型主要有砖红壤、赤红壤、黄壤、水稻土等 15 种。海岸主要为火山玄武岩台地的海蚀堆积海岸、由溺谷演变而成的小港湾或堆积地貌海岸、沙堤围绕的海积阶地海岸。海岸生态以热带红树林海岸和珊瑚礁海岸为特点。西沙、南沙、中沙群岛地势低平，多在海拔 4～5 m，西沙群岛的石岛最高，海拔 15.9 m。

1.1.2 人文

海南省实行省直管市、县的行政管理体制，共有 3 个地级市、6 个县级市、10 个县（其中 6 个民族自治县）。省会设在海口市。2010 年第六次人口普查全省总人口为 8 671 518 人。其中，汉族人口为 7 225 726 人，占总人口的 83.33%；各少数民族人口为 1 445 792 人，占总人口的 16.67%，其中黎族人口 1 277 359 人，占总人口的 14.73%。海南是全国著名的三大侨乡之一，有海外华侨、华人近 300 多万人，省内归侨、侨眷 100 多万人。华侨、华人分布在 60 多个国家和地区，以东南亚地区居多，仅泰国就有 100 多万人。海南也是一个多民族聚居的省份，除汉族之外，还有48个少数民族。在少数民族中，黎族人口最多，有127万多人，其次是苗族、壮族和回族，其他44个少数民族人口都在1万人以下。汉族、黎族、苗族、回族是世居民族。少数民族人口主要分布在实行民族区域自治的琼中黎族苗族自治县、保亭黎族苗族自治县、白沙黎族自治县、乐东黎族自治县、昌江黎族自治县、陵水黎族自治县6个民族自治县和享受民族自治地方政策待遇的三亚、五指山、东方3市。汉族多居沿海平原；黎族多居山区，苗族多居深山密林，回族多居三亚羊兰镇。海南也是我国公认的语言复杂地区，有汉藏语系汉语闽南方言的海南话，汉藏语系汉语粤语方言系统的儋州话、迈话和疍家话，汉藏语系汉语北方方言西南官话系统的军话，汉藏语系壮侗语族的黎话、临高话、村话，另有汉藏语系苗瑶语族的苗话以及与南亚语有关的回辉话等。

1.1.3 水文

受地势影响，海南岛上江河呈辐射状，由中部山地向四周独流入海的河流有154条，其中集水面积超过100 km^2 的有38条，集水面积3000 km^2 以上的有南渡江、昌化江、万泉河。三大河流流域面积占全岛总面积的47%。北部的南渡江长约314 km；西部的昌化江长约230 km；东部的万泉河长约163 km。淡水总面积约13.6933万 hm^2。全岛海岸线长约1618 km，有天然港湾84个，浅海滩涂约2.5667万 hm^2，渔场面积6.56万 hm^2。岛上真正的湖泊很少，人工水库居多，著名的有松涛水库、牛路岭水库、大广坝水库和南丽湖等。

1.1.4 土壤

海南拥有占全国热带土地面积的42.5%，地表风化壳有三类：第一类是钙壳；第二类是铝壳，广大台地区可见到铝质积聚层；第三类是铁壳，这是主要的风化壳，呈红色风化层，胶结成为硬盘，比黄白色铝壳硬得多，分布也比钙壳和铝壳广。这些风化层经漫长的成土过程，形成砖红壤、赤红壤、黄壤、燥红壤、新积土、滨海沙土、石灰土、火山灰土、紫色土、珊瑚沙土、石质土、沼泽土、滨海盐土、酸性硫酸盐土、珊瑚沙土等多种土壤类型。土壤分布与地形密切关联，全岛滨海阶地是滨海沙土，依次向岛中山区是地带性土壤、山地土壤、砖红壤。由高到低的分布是山地灌丛草甸土、黄壤、赤红壤、砖红壤，构成我国热带较完整的土壤垂直带谱，砖红壤是其基带。砖红壤占全省陆地面积的51.26%，占土壤面积的63.85%，是海南的主要土壤类型。砖红壤所分布的地形，大部分是海拔300 m以下的低山丘陵台地，地势平坦。受热带季风影响，土壤富铝化作用较深，呈深厚的红色风化层，一般都有2～3 m，尤以玄武岩风化成土的厚度较深，可达3 m以上。然而，在海南的西部由于气候干燥，土壤的富铝化程度弱，形成了褐色砖红壤和燥红土。而在东部海拔700 m，西部海拔800 m的山地上，土壤受水化作用影响，出现黄壤。赤红壤也是海南山地土壤的主要类型之一。总体来看，海南土壤资源丰富，土壤类型很多，山地，丘陵为各种砖红壤或黄壤；低丘、台地为砖红壤；阶地，平原主要为水稻土；滨海地区为燥红土、潮砂土或热带砂土。海南土壤类型分布和占全省土壤面积的比例情况见表1.1。

表 1.1　海南省土壤类型一览表

土　壤	主要分布地区	占全省土壤总面积(%)
砖红壤	海拔 300 m 以下的低山丘陵台地	63.85
赤红壤	东部 400～700 m,西部 400～800 m 的高丘低山地区	11.96
黄壤	五指山山脉东部 700 m、西部 800 m 以上的中山山地上	4.25
燥红土	昌江、东方、乐东、三亚 4 市县的阶地、台地	3.09
新积土	南渡江、万泉河等大、小河流的两岸及中下游平原地区	1.36
滨海沙土	沿海 13 个市县的海岸带	2.15
石灰(岩)土	东方、琼中、五指山、儋州等市县的山麓缓坡处的石灰岩地区	0.12
火山灰土	海口、儋州、定安 3 市县的部分地区	1.35
紫色土	儋州、白沙、琼中、琼海等市县丘陵地带	0.89
石质土	海口、临高、澄迈、儋州、定安、昌江、东方等市县石质山地	0.78
沼泽土	零星分布于琼海、儋州的河流两侧或山间局部低洼地	0.01
滨海盐土	沿海市县的海陆之间的潮间带	0.14
酸性硫酸盐土	分布于海口、文昌等地的红树林保护区内	0.09
水稻土	阶地、平原地区	9.96
珊瑚沙土	三沙市的南海诸岛	很小

1.1.5　植被

海南受热带季风气候和复杂地形的影响,植被类型复杂多样。截至 2011 年底,全省有林面积达 208 万 hm^2,森林覆盖率达 60.5%,热带天然林约占全省森林面积的一半。现有 5 大热带原始森林区,各类自然保护区 52 个,国家森林公园 8 个。以森林植被为主要类型,且基本特征富于热带性,与生物环境相适应的地带性典型植被类型为热带常绿季雨林。在植物区系上,属于马来西亚植物区。植被的组成种类繁多,群落结构复杂,约有维管束植物 3600 多种,以热带科属占绝对优势(占 83%),也有亚热带的(占 11%)和少数温带的(占 6%)。植被在单位面积上种类的数量很大,优势种不明显,而植被组成成分中的特有种却很突出。植被的外貌和结构表现出很明显的热带林特征,原生性森林终年常绿,乔木高大(30～40 m),有板状根、茎花现象,层次多(有 6～7 层)。林中还有很多木质藤本植物,附生、寄生植物及"绞杀植物"等。有各类植物 4200 余种,原生热带植物有 3000 多种,其中海南特有的 600 余种,药用植物 2500 多种,占全国的 40%,被药典收载的有 500 种,经过筛选的抗癌植物有 137 种,南药 30 多种,其中最著名的是四大南药:槟榔、益智、砂仁、巴戟,是中国南方中草药主产地之一;乔、灌木 2000 多种,其中 800 多种经济价值较高(如橡胶、椰子、油棕、槟榔、咖啡、胡椒、剑麻、香茅、腰果、可可等),被列为国家重点保护的特产与珍稀树木有 91 种;粮食作物是海南种植业中面积最大、分布最广、产值最高的作物,主要有水稻、旱稻、山兰坡稻等,其次是番薯、木薯、芋头等;水果种类繁多,栽培和野生的果类有 29 科 53 属,商品化的水果主要有椰子、菠萝、荔枝、龙眼、香蕉、柑橘、芒果、西瓜、杨桃、菠萝蜜、红毛丹、火龙果、莲雾、青枣、百香果等;蔬菜有 120 多种,是全国重要的冬季瓜菜生产供应基地。南部地区已形成全国唯一的南繁育种基地。

1.2 气候概况

海南地处热带，属热带季风海洋性气候，长夏无冬，降水丰沛。基本特征为：四季不分明，夏无酷热，冬无严寒，气温年较差小，年平均气温高；干季、雨季明显，冬春干旱，夏秋多雨；光、热、水资源丰富，热带气旋、暴雨、雷电、干旱等气象灾害频繁。

1.2.1 气温

海南各地年平均气温分布基本呈中间低四周高的环状分布，各地年平均气温 23.1～27.0℃。冬季(12 月至翌年 2 月)，是一年中最冷的季节，各地平均气温 18.1～24.0℃；夏季(6—8 月)，是一年中最热的季节，各地平均气温 26.1～29.1℃。年极端最高气温出现在海南北部内陆，达 41.1℃；年极端最低气温出现在海南中部山区，为－1.4℃。

1.2.2 降水

海南是同纬度世界上降水量最多的地区之一，水汽来源充足，降水总量多，时空分布不均，降水集中、强度大。各地年降水量 940.8～2388.2 mm，呈环状分布，东部多于西部，山区多于平原，山区又以东南坡最多。海南干湿季分明。雨季一般出现在 5—10 月，干季为 11 月至翌年 4 月。雨季的雨量，占年降水量的 80.4%～90.5%，旱季只占 9.5%～19.6%。

1.2.3 日照

海南位于北回归线以南，太阳可照时间长，年平均日照时数为 1827.6～2810.6 h。大部分地区夏季日照最多，春季次之，冬季最少。

1.2.4 主要气象灾害

海南每年都受到气象灾害的侵袭，主要的气象灾害有热带气旋、暴雨、干旱、雷暴、高温、低温阴雨、雾等。

热带气旋：海南是我国受热带气旋影响最为频繁的地区之一，其影响活动期较长，一年四季都有可能发生，素有“台风走廊”之称。年平均影响个数 7～8 个，主要出现在 6—10 月，8 月和 9 月最多。年平均登陆个数 2～3 个，也主要出现在 6—10 月，8 月和 9 月最多。

暴雨：海南一年四季都有暴雨发生，是我国著名的暴雨中心之一。各地年平均暴雨日数约 5～11 d。暴雨主要出现在 5—10 月，约占全年暴雨总日数的 85.7%，8 月和 9 月为暴雨第一峰值月，5 月为次峰值月。

干旱：干旱是海南出现频率高、影响范围广、持续时间长的气象灾害。一年四季均有发生，以冬春旱为主，主要集中在 11 月至翌年 4 月；夏秋季因降水时空分布不均，或个别年份降水较少，也有可能发生夏旱或秋旱。

雷暴：海南是中国著名的多雷地区之一，一年四季均有雷暴活动。年平均雷暴日数 59～119 d，主要出现在 4—10 月，最多月份在 8 月。

高温：海南各地 35℃以上年高温日数分布差异悬殊，西南部沿海地区不足 1 d，西部内陆和北部内陆地区较多，西部内陆的昌江达 47 d。高温天气主要出现在 3—8 月。40℃以上高温天气极少出现。

低温阴雨:海南低温阴雨过程平均每年 2.1 次,主要出现在冬季 12 月至翌年 2 月。出现最频繁的地区为西北部和中部地区。西北部的临高年平均日数最多,达 12.3 d,南部的陵水最少,没有出现过低温阴雨天气。

雾:海南各地年雾日数差异很大。年平均雾日数最多出现在海南的中部山区,白沙为全省之最,达 99 d;北部地区在 18 d 以上;南半部沿海地区少于 3 d,三亚从未观测到雾,为“无雾之城”。秋冬以及初春季节(9 月至翌年 3 月)出现雾的比例较高,1 月最多。

1.2.5　影响气候形成的主要因子

一般认为,影响气候形成的主要因子有太阳辐射、大气环流、地理环境和人类活动。

太阳辐射:海南位于北回归线以南,终年太阳高度角大。夏至前后有两次太阳位于天顶,正午时,太阳高度角为 84°45′～86°45′;即使在冬至日,正午时,太阳高度角也为 46°05′～48°05′。各地夏至与冬至的昼长相差很小,因而,太阳辐射能丰富,日照充足,年太阳辐射总量为 4971～6378 MJ/m^2,年日照时数为 1827.6～2810.6 h,为热带气候的形成奠定了基础。

大气环流:海南位于东亚季风区,受季风影响较为明显。东风带系统和西风带系统对其均有影响。冬夏季风的转换,来自大陆腹地的干冷气流与来自热带海洋的暖湿空气交替侵入,造成了海南的干湿、寒暑变化。冬季,主要受东北季风影响,盛行干冷的偏北气流,气候干旱少雨。干冷气团在南移的过程中,由于下垫面不断增暖、增湿作用,到达海南时强度已大为减弱。偶尔也有较强的冷空气南下影响,造成明显降温、降水、大风天气过程。夏季,主要受来自南半球的东南季风和来自印度洋的西南季风影响,盛行偏南暖湿气流。主要天气系统有副热带高压、低压槽、热带辐合带等。在热带辐合带内可以生成热带气旋,时而影响海南,造成大风和暴雨天气。由于地处高温、高湿地带,热力性对流降水也十分频繁。春、秋两季是冬季风和夏季风转换的过渡季节。春季,来自北方的冷空气势力大减,暖湿的夏季风逐渐加强,副热带高压加强北抬、西伸,与西南低压槽交替控制,阻挡了北方冷空气南下,天气晴好,气温上升,雨量稀少,但偶尔也有较强的冷空气南下影响,形成低温阴雨天气。秋季,东北季风逐渐建立,取代暖湿的夏季风,但此时热带系统仍很活跃,海南常受热带气旋正面袭击,产生大风和强降水。在热带系统偏弱、热带气旋活动偏少的年份,雨量较少,会出现秋旱。另外,因海陆物理性质的差异造成了海陆温差,产生了海陆之间的空气流动,形成海陆风环流。沿海地区,一年四季均可有海陆风出现。

地理环境:海南处于低纬,且在海洋包围之中,低纬的热带海洋对其气候的形成起着重要的作用。岛上山脉纵横,五指山雄踞中部,有三列大致为东北—西南走向的相互平行的山脉。这些地形地貌对水热条件的再分配起着十分重要的作用,是造成本地气候地区性差异的主要因素。冬半年,北方冷空气南下,受地形的影响,使得南北、东西之间的气候要素有较大的差异。其中,较强的冷空气可以长驱直入,从北到南影响整个海南;较弱的冷空气常受山脉的阻挡,使北部的温度下降,阴雨连绵,而南部却晴空万里,气温宜人。夏半年,受暖湿的海洋气团影响,空气中水汽含量较多,易产生降水。由于地形的抬升作用,中部山区此时常产生对流性降水。海洋对海南气候的影响相当大。南海的海气交换,3—9 月为正值,10 月至翌年 2 月则相反,而南海各月辐射平衡皆为正值,说明南海终年为热源。由于海洋的调节作用,使得温度变化变缓。另外,洋流对本地气候的影响也比较大。

人类活动：人类活动会改变地表下垫面活动层的状况和大气成分。几十年来，大气中二氧化碳大量排放，温室效应日趋明显，从而在不同范围或程度上影响着气候的变化。海南现阶段仍以农业生产为主，人类活动的影响主要表现在自然环境的改变。社会的发展，人口的增加，城镇数量的增多及范围的扩展，热带作物的扩种，农业用地结构的改变，均破坏了原始森林植被，使天然林面积锐减。环境的改变，已对地方性小气候造成一定的影响，而且随着时间的推移，这种影响可能将越来越明显。

第 2 章　气候要素特征

2.1　温度

2.1.1　平均气温

2.1.1.1　年平均气温

海南地处热带季风区，气候长暖无冬，年平均气温 23.1～27.0℃。受地形影响，其分布基本呈中间低四周高的环状分布，受纬度影响，南部地区高于北部地区。中部山区的琼中和五指山地区最低，为 23.1℃，南部和西部沿海地区一般接近或高于 25.0℃，三亚为 26.3℃，其余各地介于两者之间。三沙（以永兴岛资料分析，下同）年平均气温 27.0℃（图 2.1）。

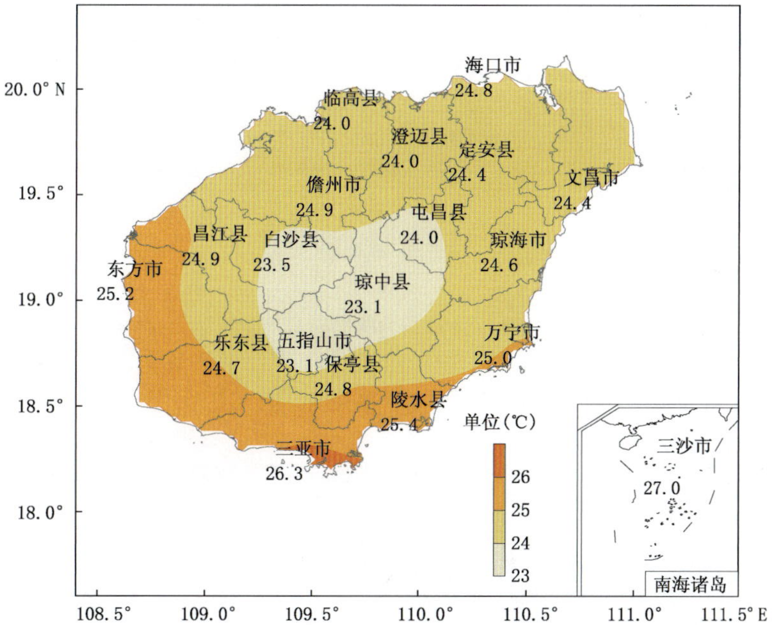

图 2.1　海南各地年平均气温分布

2.1.1.2　四季平均气温

冬季（12 月至翌年 2 月），是一年中最冷的季节，各地平均气温在 18.1～24.0℃。其等温线分布为南高北低，沿海地区高于内陆地区，由北向南基本呈舌型分布，五指山以南地区趋于纬向分布。中部和北部部分地区低于 19.0℃，琼中最低为 18.1℃。南部的三亚、陵水高于 21.0℃，三亚为 22.8℃，其余地区在 19.0～21.0℃。三沙为 24.0℃（图 2.2a）。

春季(3—5 月),各地气温明显回升。平均气温在 24.2～27.6℃。等温线的空间分布形状接近于冬季。最低值出现在琼中和五指山地区,为 24.2℃,其中北部的临高、儋州和中部的白沙均在 25℃以下;三亚地区为 27.1℃,其余地区一般在 25.0～26.0℃。三沙为 27.6℃(图 2.2b)。

夏季(6—8 月),是一年中最热的季节,平均气温在 26.1～29.1℃。其分布呈环状分布,中部丘陵、山区较低,其中五指山和琼中在 27℃以下,五指山最低为 26.1℃;其他地区均在 27℃以上,其中东方达到 29.4℃。与冬、春季平均气温分布不同的是,夏季平均气温的南北差异相对较小,沿海平原与丘陵、山区之间的差异相对较大。三沙为 29.1℃(图 2.2c)。

秋季(9—11 月)各地平均气温在 23.2～27.2℃。也呈环状分布,琼中和五指山等地区最低为 23.2℃,白沙和儋州在 24.0℃以下,其余地区高于 24.0℃,三亚达 26.6℃。三沙为 27.2℃(图 2.2d)。

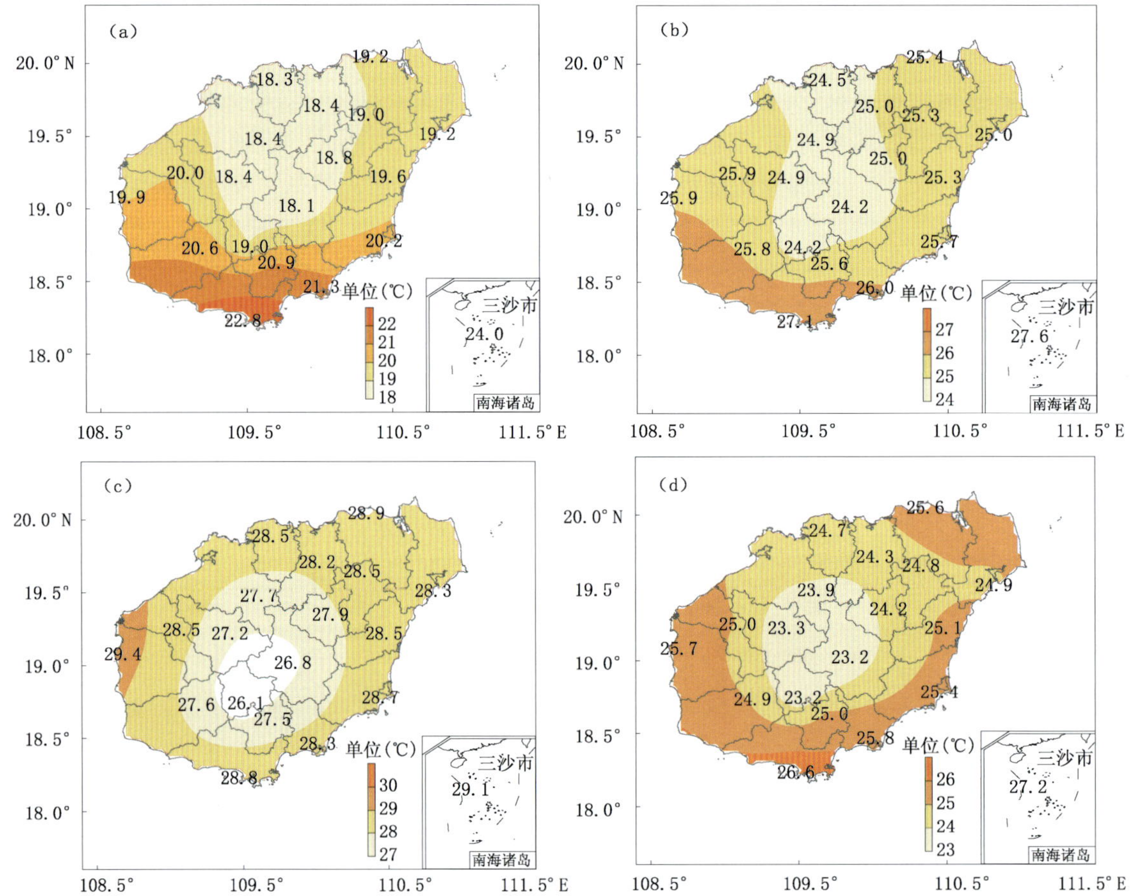

图 2.2 海南四季平均气温的空间分布

(a. 冬季; b. 春季; c. 夏季; d. 秋季)

2.1.1.3 最冷月和最热月平均气温

海南最冷月出现在 1 月份,各地平均气温 17.4～23.5℃。中部的大部分地区和西北部地区低于 18.0℃,最低出现在琼中为 17.4℃,三亚为 21.6℃,其余一般在 18.0～21.0℃。三沙为 23.5℃(图 2.3)。

最热月一般出现在6月(北部多出现在7月),各地6月和7月气温相差甚小。平均气温26.4(五指山)~29.6℃(东方),中部山区一般低于28.0℃,北部、西部和南部的沿海地区高于29.0℃,其余地区在28~29℃。三沙为29.3℃(图2.4)。

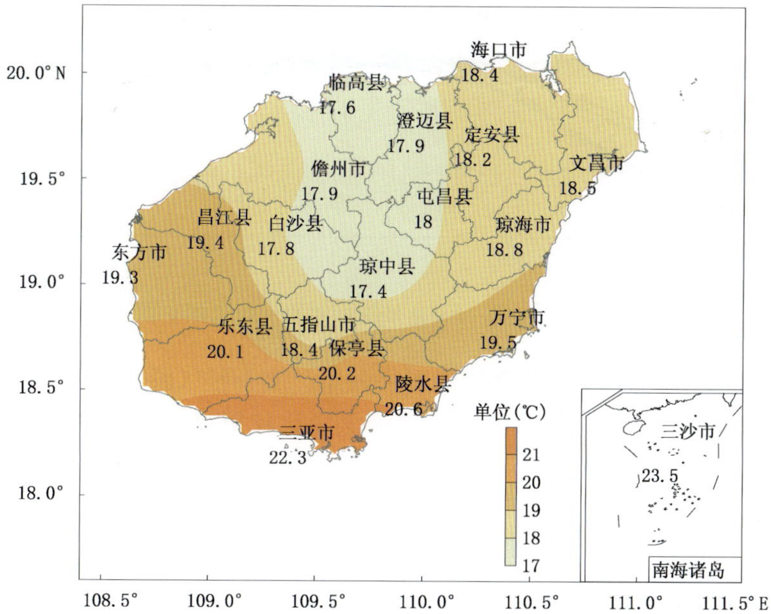

图2.3　海南各地最冷月平均气温分布

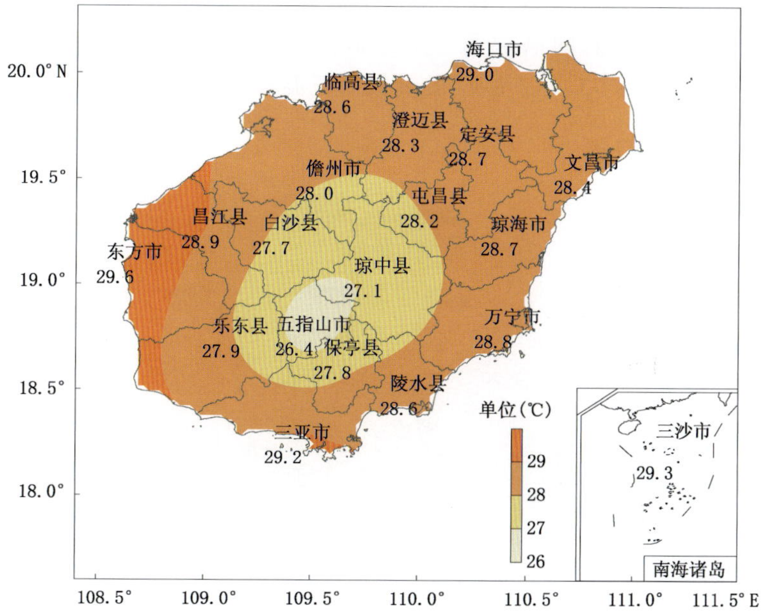

图2.4　海南各地最热月平均气温分布

2.1.1.4　平均气温的年变化

海南各月平均气温的分布呈单峰型(图2.5)。1月最低,2月起开始回升,3月之后平均气温迅速升高,各地均超过20.0℃;4月之后高于25.0℃,至6月或7月平均气温达到最高,随后逐月下降，其中 10 月之后快速下降，10 月和 11 月为 21.0～27.0℃。

海南的春季回暖比较早，气温升幅较大；秋季降温相对缓和，且各地降温比较接近，秋温略低于春温。下半年气温较明显的降温是在 11 月，约下降 2℃左右。

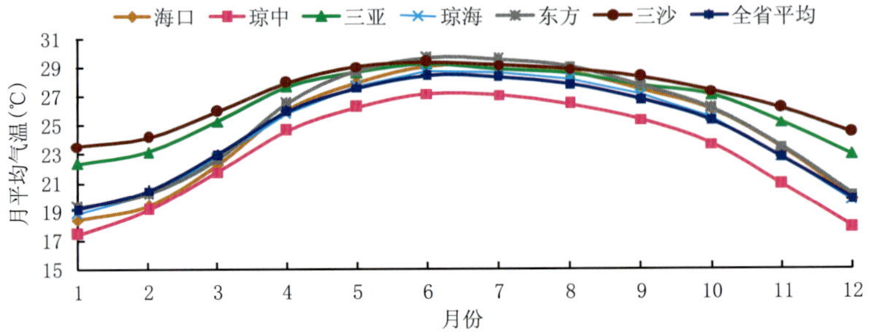

图 2.5　海南各代表站及全省平均气温的年变化

春季南部比北部回暖早，冬季北部比南部降温早。上半年气温升幅以 3 月最明显，南部比北部高约 3.0℃左右。下半年，西北部地区气温下降比较明显，尤其在 11 月，气温下降大于 3.0℃。12 月份，海口比三亚约低 3.0℃左右，琼中比三亚低 5.0℃左右。

2.1.2　最高气温和最低气温

2.1.2.1　年极端最高气温

海南平均气温的分布是南部高于北部，但年极端最高气温的分布却是北部高于南部。各地年极端最高气温在 34.9～41.1℃。以北部内陆的澄迈最高为 41.1℃，临高、儋州、昌江和白沙等地也出现过 40.0℃以上的高温天气；五指山和陵水等地低于 38.0℃，南部的三亚 35.9℃；其余地区 38.0～40.0℃。三沙年极端最高气温仅为 34.9℃(图 2.6)。

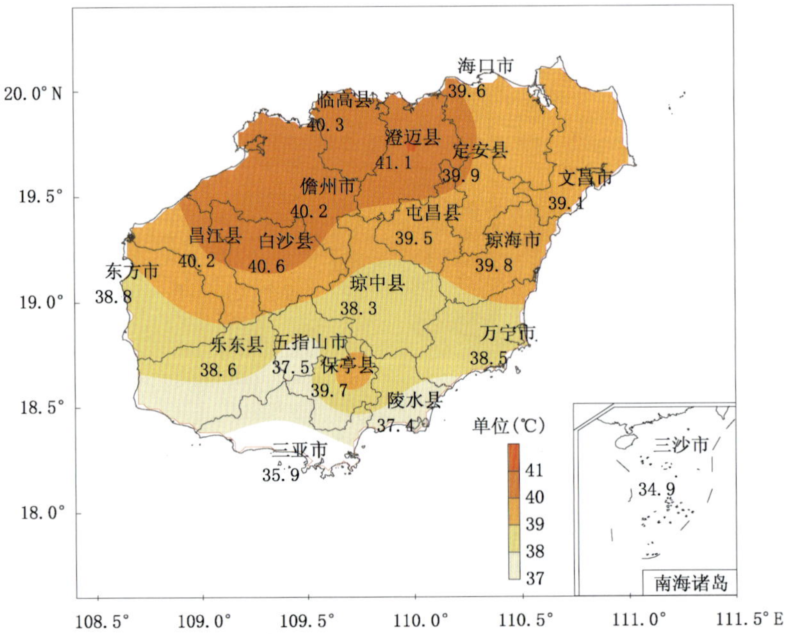

图 2.6　海南年极端最高气温分布

各地年极端最高气温以 4—5 月出现居多，屯昌、琼中、三亚、陵水等地则出现在 6—7 月。春、夏季在西南低压槽天气形势下，盛吹西南风，盛夏受副热带高压控制或处于台风前缘下沉气流时也出现闷热天气，因此，极端气温较高。海南虽位于热带，但极端高温在 40.0℃以上的酷热日较罕见，35.0℃以上的高温日数也不算很多。

全省月极端最高气温以 5 月最高，其次是 4 月，3 月位居第三高（图 2.7）。

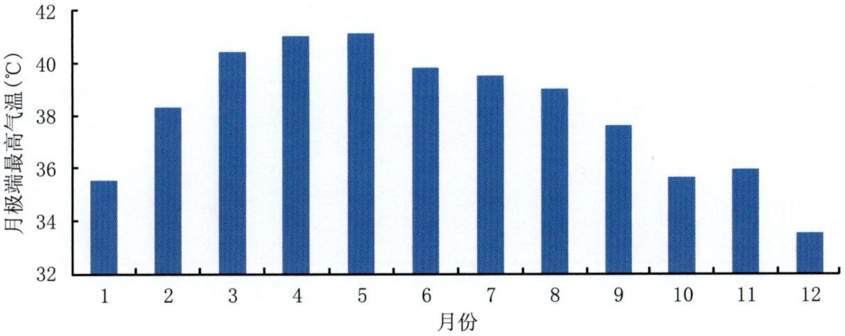

图 2.7　海南各月极端最高气温历史极值演变

2.1.2.2　年极端最低气温

海南各地年极端最低气温为－1.4～15.3℃，等温线呈中间低四周高的分布，北部低于南部。以白沙最低为－1.4℃，五指山和琼中次低为 0.1℃，儋州出现过 0.4℃；东南部的万宁较高，为 6.2℃；昌江、屯昌、文昌、三亚和陵水等地 3.0～6.0℃；其余地区为 1.0～3.0℃。三沙年极端最低气温达 15.3℃（图 2.8）。除昌江和文昌的年极端最低气温出现在 12 月外，其余地区均出现在 1 月。

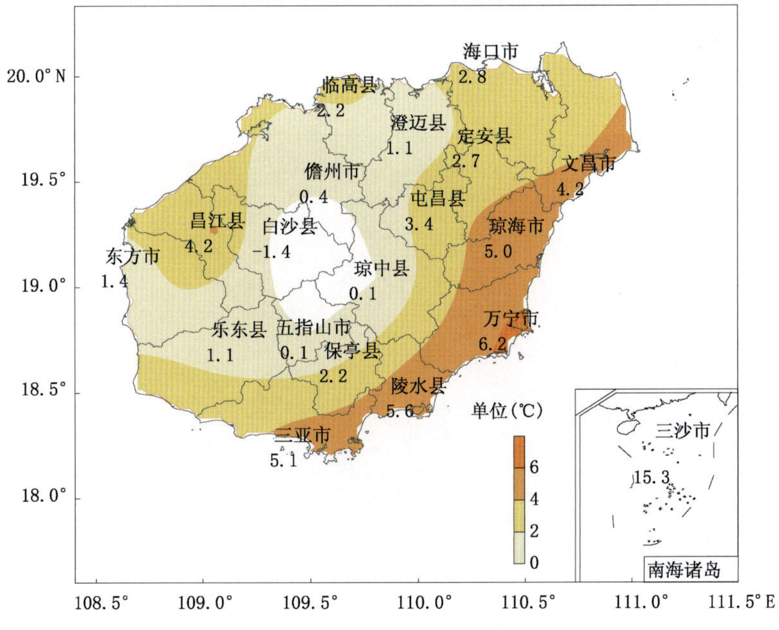

图 2.8　海南年极端最低气温分布

海南 1955 年、1963 年和 1974 年普遍出现过甚低气温，以 1955 年 1 月特大寒潮为最。当时县气象站甚少，据农场气象站记录，在白沙、屯昌、定安、儋州等西北部地区出现零下低温，如西华－4.3℃，西流－2.0℃，白沙－1.6℃、南坤－1.3℃、西联－1.1℃、中坤－0.6℃，中瑞－0.3℃等。乐东县尖峰岭天池1974年1月出现过－3.0℃的低温(高素华等，1988)。随着气候变暖，20世纪80年代以后年极端最低气温上升明显，未观测到0.0℃以下的低温，5.0℃以下低温天气也较之前有明显减少。

全省月极端最低气温出现在1月，次低值出现在12月，第三低值出现在3月(图2.9)。

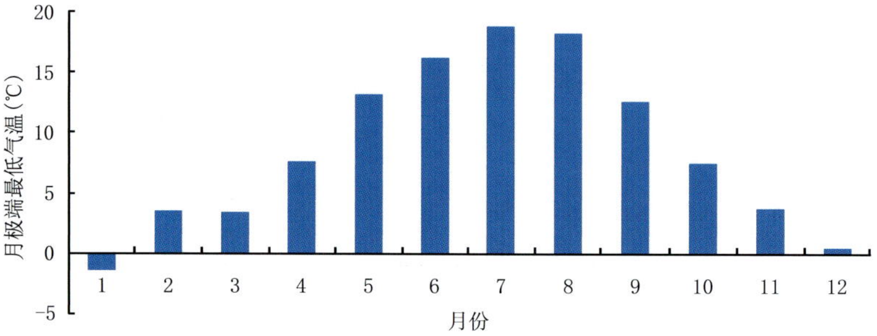

图2.9 海南各月极端最低气温历史极值演变

2.1.3 气温年较差和日较差

2.1.3.1 气温年较差

气温年较差是指一年中最热月与最冷月的气温差。海南各地气温年较差为5.8～11.1℃。等温线呈北高南低的纬向分布。儋州、屯昌、文昌以北地区大于10.0℃，临高达11.1℃；乐东、五指山、保亭、陵水以南地区小于8.0℃，三亚为6.9℃；其余地区为8.0～10.0℃。三沙为5.8℃(图2.10)。

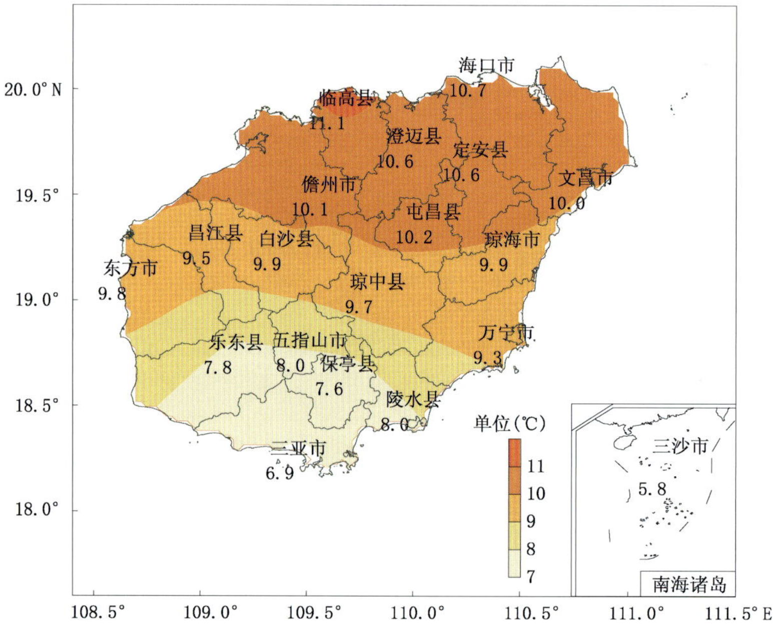

图2.10 海南各地气温年较差分布

2.1.3.2　气温日较差

气温日较差也称气温日振幅，是一天中最高气温和最低气温的差值。海南年平均气温日较差为 4.2～9.3℃。受海洋比热容特性和对太阳辐射吸收能力不同的影响，日较差等值线呈中部山区逐渐向四周沿海递减的环状分布。中部山区稍大于 9.0℃，乐东最大为 9.3℃；沿海地区普遍偏小，不足 7.0℃，万宁为 6.2℃。三沙气温日较差仅 4.2℃（图 2.11）。

年中各月大部分地区以冬、春季气温日较差最大（北部地区多以春季 4—5 月最大，南部地区多以冬季 1 月最大）；夏季次之；秋季最小。这与冬春少雨，夏秋多雨有密切关系。

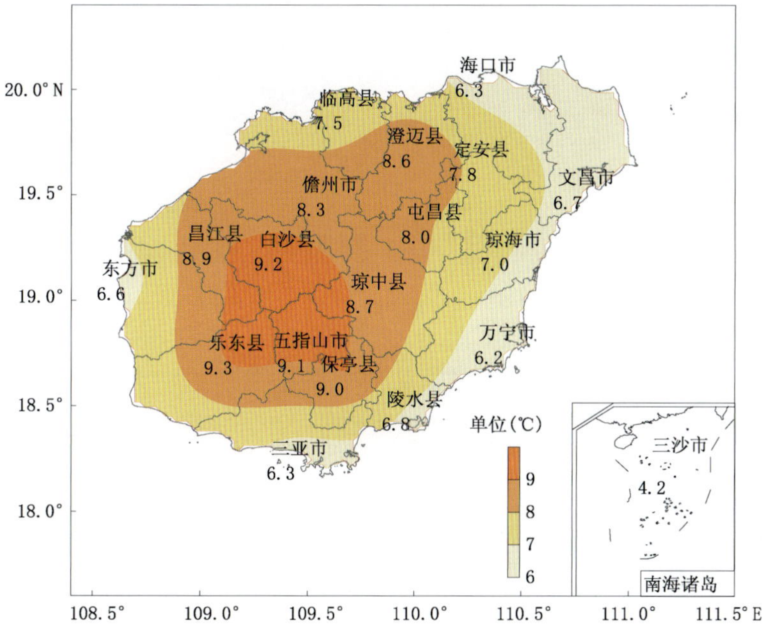

图 2.11　海南年平均气温日较差分布

各地气温日较差的年变化一般呈单峰型，不同地区峰型有所差别，最大值与最小值出现的时间差异亦较大，如最大值北部和东部地区的海口、琼海分别出现在 6 月和 8 月，中部地区的琼中出现在 4 月，西部和南部地区的东方和三亚主要出现在 12 月和 1 月；最小值海口出现在 12 月，琼海和琼中出现在 10 月，东方和三亚则分别出现在 6 月和 7 月（图 2.12）。

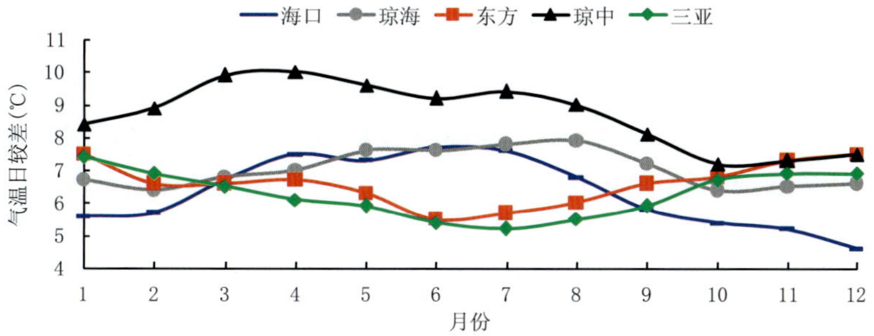

图 2.12　海南各代表站气温日较差的年变化

2.1.4 地温

2.1.4.1 平均地面温度

海南各地年平均地面温度为 26.1～30.8℃。呈中间低四周高、南部高于北部、西部高于东部的分布。中部地区及北部地区在 28.0℃以下，最低值在琼中为 26.1℃，南部、西部和东南部地区为 28.0～30.0℃，最高值在三亚为 30.8℃。三沙年平均地面温度 29.7℃(图 2.13)。

海南各月的地面温度比气温高，其中北部和中部地区两者相差 3.0～4.0℃，西部及南部地区相差超过 4.0℃。

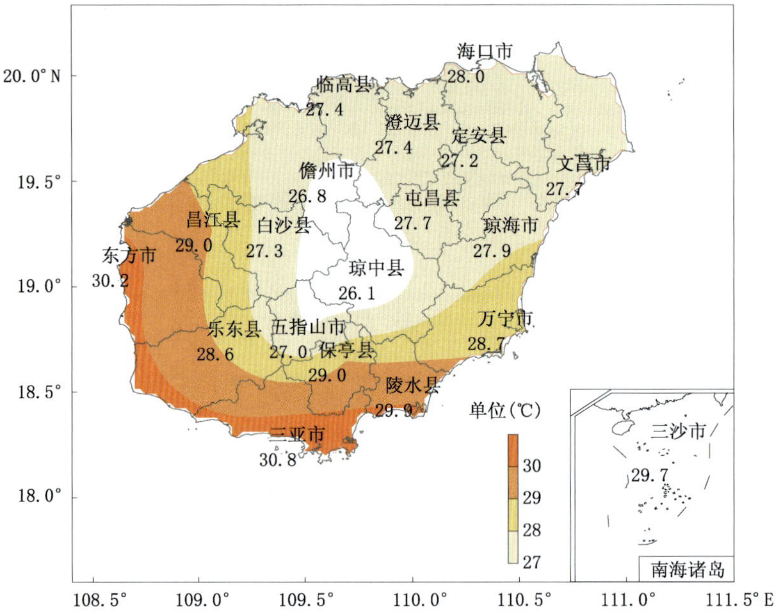

图 2.13 海南年平均地面温度分布

地面温度的最冷、最热月份大致与气温相同。最冷月基本出现在 1 月，为 20.1～26.1℃。北部和中部地区均在 21.0℃以下，琼中最低为 20.1℃；其他地区为 21.0～25.0℃，三亚最高为 26.1℃。北部的海口比南部的三亚低 5.4℃，东部的文昌比西部的东方低 2.5℃。三沙为 25.1℃(图 2.14)。

最热月以 7 月为主，各地为 30.1～35.7℃。大部分地区为 31.0～35.0℃，五指山最低为 30.1℃，琼中次之为 30.6℃；东方最高为 35.7℃。南部的三亚比北部的海口稍高 0.4℃，西部的东方比东部的文昌高 1.7℃(图 2.15)。春回暖时地温上升快于气温，秋降温时地温下降却慢于气温。年中月平均地面温度高于 30.0℃的月数，达到 8 个月的有三亚(3—10 月)；7 个月的有东方(4—10 月)、三沙(3—9 月)；6 个月的有海口、万宁、昌江、屯昌、陵水和保亭(4—9 月)；5 个月的有临高、文昌、琼海、白沙和乐东(4—8 月或 5—9 月)；4 个月的有澄迈、定安和儋州(5—8 月)；五指山 3 个月(5—7 月)；琼中 2 个月(6—7 月)。

2.1.4.2 极端最高地面温度

由于地表面吸收太阳热量后增温很快，故极端最高地面温度比极端最高气温高很多。各

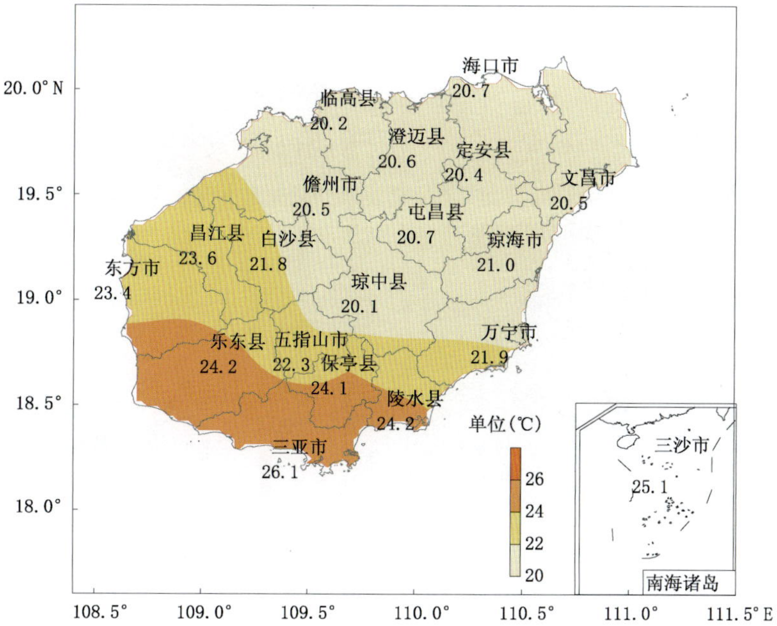

图 2.14　海南各地最冷月平均地面温度分布

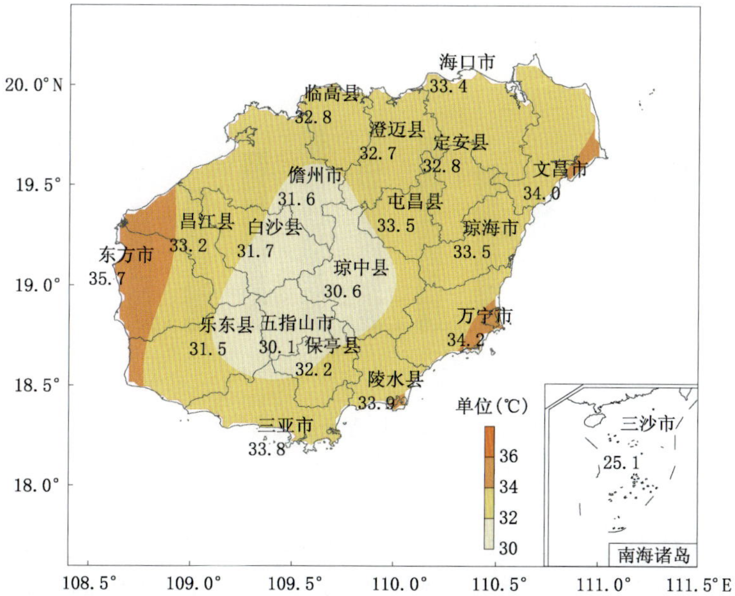

图 2.15　海南各地最热月平均地面温度分布

地极端最高地面温度为 64.3～74.4℃。定安、万宁、琼中、保亭和三亚等地低于 70.0℃，三沙最低为 64.3℃，其余地区超过 70.0℃，昌江最高为 74.4℃（图 2.16）。即使在最冷月，各地极端最高地面温度都超过 50.0℃。

各地年极端最高地面温度多出现在 5 月和 7 月份，也有出现在 4 月或 6 月。除了北部的澄迈、中部的琼中和南部的陵水出现在 4—5 月外，其余地区出现月份均与年极端最高气温出现月份相同。

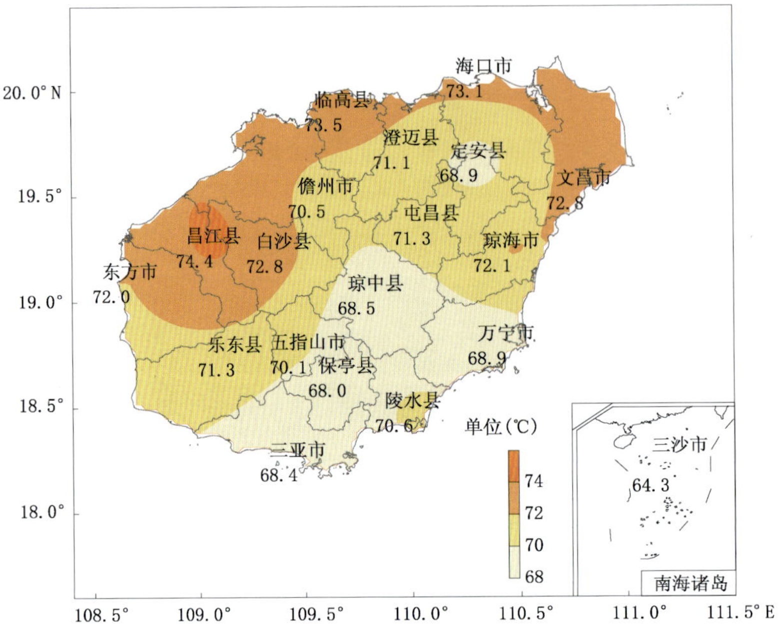

图 2.16　海南各地年极端最高地面温度分布

与极端最高气温不同，全省月极端最高地面温度最高值出现在 7 月，次高值出现在 5 月(图 2.17)。

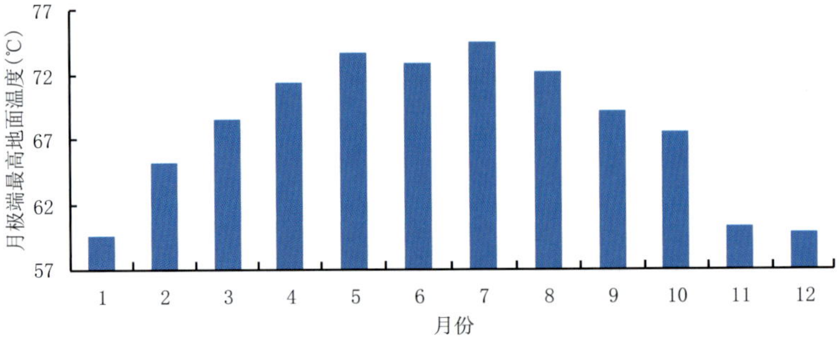

图 2.17　海南各月极端最高地面温度历史极值演变

2.1.4.3　极端最低地面温度

极端最低地面温度因各地的地形与土壤物理特性不同而异，多数比气温低。各地年极端最低地面温度为－1.5～11.7℃。大部分地区为 0.0～2.0℃，五指山最低为－1.5℃(1974 年 1 月)，琼中(1963 年 1 月和 1999 年 12 月为－0.2℃)，乐东(1999 年 12 月为－0.1℃)也都低于 0.0℃；定安、万宁和陵水等地在 3.0℃以上，万宁为 3.8℃。三沙年极端最低地面温度 11.7℃(图 2.18)。

各地年极端最低地面温度均出现在 1 月或 12 月，且在 11 月至翌年 3 月均低于 5.0℃。大部分地区年极端最低地面温度比年极端最低气温要低 1.0～3.0℃，特别是三亚年极端最低地面温度仅 0.5℃，比极端最低气温低 4.6℃；北部及西部两者比较接近。

全省月极端最低地面温度最低值出现在 1 月，次低值在 12 月(图 2.19)。

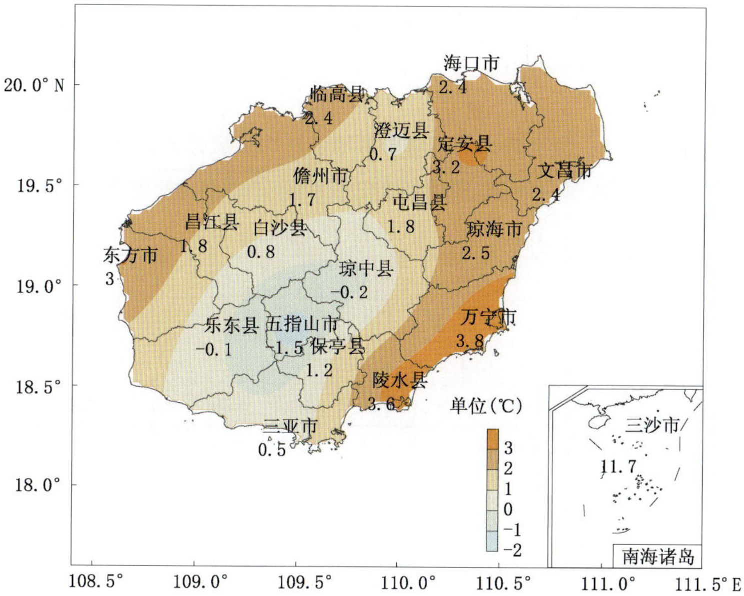

图 2.18　海南各地年极端最低地面温度分布

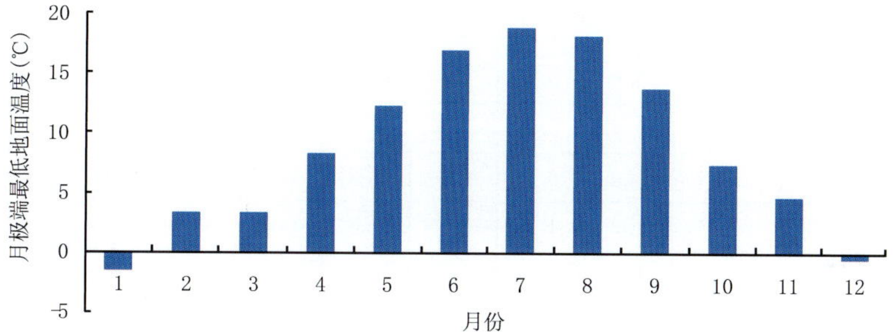

图 2.19　海南各月极端最低地面温度历史极值演变

2.1.4.4　地中温度

地中温度(指由地面至地中 5 cm、10 cm、15 cm、20 cm 各深度)有明显的季节与日变化及垂直变化。温度梯度最大是在地面至地中 5 cm 处,夏半年大于冬半年;地温年、日变幅在地面最大,随深度增加而减少,年、日变化均为单峰型,年变程中各深度最热月与最冷月基本相同(且与气温相同)。而在昼夜变化中(晴天)最高、最低温度位相有随深度增加而后移的特点。

表 2.1 为海口、琼海、东方、琼中和陵水等站各月地面温度与地中各层温度的差值。大致每年 3—8 月地温由地面向地中递增,北部、东部、中部和南部以 4 月或 5 月增幅最大,如:0～20 cm 增幅海口为 1.8℃;琼海为 1.3℃、陵水 1.7℃、琼中 1.2℃;西部以 9 月增幅较大,如东方 0～5 cm 增幅为 1.8℃。11 月至翌年 1 月则相反,地中温度低于地面,北部和西部以 11—12 月较明显,如海口低 0.6℃、东方低 1.0℃;东部和中部以 11 月至翌年 1 月较明显,如琼海低 0.7℃、琼中低 0.9℃;南部以 12 月较明显,如陵水低 0.5℃。在 10 cm 以下,温度梯度已较小。以 0～5 cm 的温度梯度而言,夏半年比冬半年大,北部、西部和南部比东部和中部大,例如 4—9 月,海口为 0.7～1.3℃,陵水为 0.7～1.3℃,而琼海和琼中分别为 0.6～1.0℃和 0.3～0.9℃。10 月至翌年 3 月,海口约 0.0～0.9℃,陵水为 0.1～1.0℃,琼海为 0.1～0.7℃,琼中

为－0.1～0.7℃。同样以0～5 cm的温度梯度为例，西部地区的夏半年亦比冬夏大，且冬夏之分比其他地区推迟约1个月，即东方5—10月为0.3～1.8℃；11月至翌年4月为－0.4～－0.1℃。

表2.1 海南各代表站地面与地中平均温度的差值(℃)

站名	深度	1月	2月	3月	4月	5月	6月	7月	8月	9月	10月	11月	12月	年
海口	5 cm	0.3	0.5	0.9	1.3	1.3	1.2	1.3	1.0	0.7	0.8	0.4	0.0	0.2
	10 cm	0.1	0.4	0.9	1.4	1.5	1.3	1.3	1.1	0.7	0.6	0.2	－0.2	0.8
	15 cm	0.0	0.4	1.0	1.6	1.5	1.4	1.4	1.1	0.6	0.6	0.0	－0.4	0.8
	20 cm	－0.1	0.4	1.1	1.8	1.7	1.5	1.5	1.1	0.5	0.5	－0.1	－0.6	0.8
琼海	5 cm	0.2	0.4	0.7	1.0	0.9	0.8	0.8	0.6	0.6	0.5	0.3	0.1	0.6
	10 cm	0.1	0.3	0.7	1.0	1.0	0.9	0.9	0.6	0.5	0.3	0.2	－0.2	0.5
	15 cm	－0.2	0.3	0.8	1.2	1.2	1.0	1.0	0.6	0.4	0.2	－0.2	－0.4	0.5
	20 cm	－0.4	0.2	0.8	1.3	1.3	1.1	1.1	0.6	0.4	0.1	－0.4	－0.7	0.5
东方	5 cm	－0.4	－0.4	－0.4	－0.1	1.1	1.2	0.9	1.2	1.8	0.3	－0.2	－0.3	0.4
	10 cm	－0.3	－0.4	0.2	0.1	1.2	1.4	1.2	1.2	1.6	0.1	－0.3	－0.6	0.4
	15 cm	－0.3	－0.4	－0.1	0.4	1.3	1.5	1.4	1.2	1.7	0.2	－0.4	－0.7	0.4
	20 cm	－0.4	－0.5	－0.1	0.4	1.3	1.4	1.3	1.1	1.4	0.0	－0.6	－1.0	0.3
琼中	5 cm	0.1	0.3	0.7	0.9	0.8	0.8	0.8	0.5	0.3	0.2	0.1	－0.1	0.4
	10 cm	－0.1	0.2	0.7	0.9	0.8	0.9	0.7	0.4	0.2	0.0	－0.1	－0.4	0.3
	15 cm	－0.2	0.2	0.8	1.0	0.9	0.9	0.8	0.4	0.1	－0.1	－0.3	－0.6	0.3
	20 cm	－0.3	0.2	0.7	1.2	1.0	1.0	0.8	0.4	0.0	0.2	－0.4	－0.7	0.3
陵水	5 cm	0.2	0.6	1.0	1.2	1.2	1.2	1.3	0.9	0.7	0.8	0.4	0.1	0.8
	10 cm	－0.1	0.5	0.9	1.3	1.3	1.2	1.3	0.8	0.6	0.6	0.2	－0.1	0.8
	15 cm	－0.1	0.6	1.3	1.6	1.5	1.4	1.5	1.0	0.7	0.6	0.1	－0.3	0.9
	20 cm	－0.1	0.7	1.5	1.7	1.7	1.5	1.6	1.0	0.6	0.5	0.0	－0.4	0.9

2.2 降水

海南是世界上同纬度地区中降水量最多，水资源丰富的地区之一。降水的气候特征可概括为：①水汽来源充足，降水类型复杂；②降水总量多，但年际变化大；③时空分配不均，旱季、雨季分明，雨量东多西少；④降水集中，暴雨强度大。

2.2.1 降水量

2.2.1.1 年降水量的分布

海南年降水量940.8～2388.2 mm。其分布呈环状，东部多于西部，山区多于平原，山区又以东南坡最多。东部多雨区1975.0～2070.0 mm，多雨中心琼中年平均雨量达2388.2 mm；西部沿海地区不足1000.0 mm(东方940.8 mm)，不及东部多雨区的一半。三沙年降水量为1473.5 mm(图2.20)。

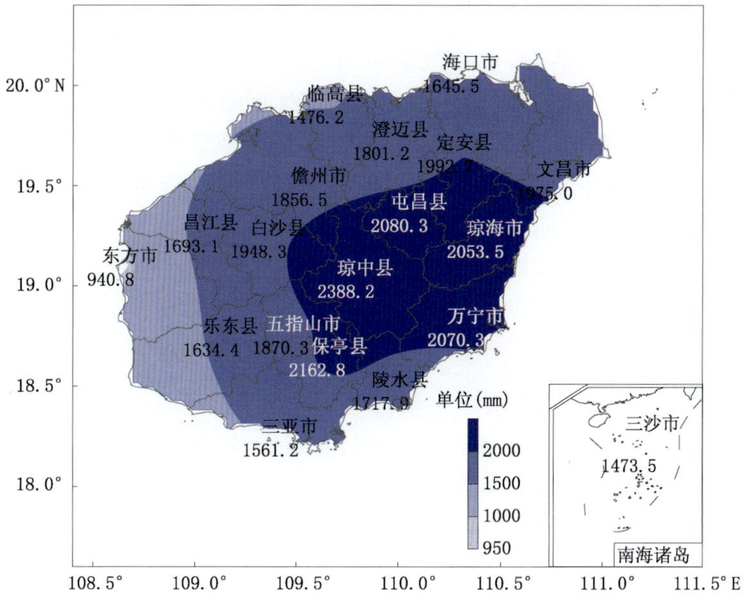

图 2.20　海南各地年降水量分布

海南中部的五指山区对降水的影响明显，使降水的空间分布不均匀，除东多西少差异悬殊以外，局部差异也很大。在迎风坡（东南侧与西南侧分别为东南风与西南风的迎风方向），山地对气流强迫抬升而促使成云致雨，增加降水。在喇叭口形的迎风谷地（有人称为雨窝）雨量特多。侵袭海南的热带气旋路径多为由东向西，故东（南）侧为降水强度较大的暴雨中心。山区降水量与降水时数都比平原区多。但在背风坡（需视风向而定，一般指本岛西部）则因雨影效应而少雨。西部沿海地区即处于五指山区的雨影区。对于偏东气流为下沉气流影响区，故干旱少雨。西南气流只有在抵达中部山地或山地较高海拔处才使降水明显增多。

五指山是孤立山地，可产生所谓“绕流效应”，山前为辐散区，山后为辐合区，在辐合点附近上空，风速增大，降水增多。对于不同方向的气流，其上风与下风方向显然不同，气流强弱所形成的辐合点位置也有所改变。如对于西南季风和东南季风，近的辐合点可分布在东北部或西北部。此外，五指山地阻碍天气系统（特别是低层天气系统）移行，从而使某些地区降水时间加长，降水量改变，如造成冬春季五指山区北坡的连阴雨历时较长。另外，山地对登陆热带气旋的阻挡削弱甚明显，尤其是东西向和南北向穿越五指山的台风衰减最明显，在 24 h 内可减弱三分之一。

海南降水类型复杂，大致可归纳为：热带气旋型、冷空气型、热带辐合带型、西南季风槽型和副高边缘型。各类型降水量占年降水量的比例：热带气旋型约为 30%；冷空气型约为 33%；热带辐合带型为 15%；西南季风槽型和副高边缘型降水相对较少且比重较接近，分别为 11% 和 12%（吴岩峻，2008）。

不同类型降水有明显的季节与地区差异。冷空气型出现在冬、春、秋季，春、秋季较多，影响范围以海南的东半部地区为主，东部沿海地区比重可达 35%～47%，西部内陆地区最少，比重为 26%。西南季风槽型降水主要活跃于夏季，在其影响盛期（6 月）出现海南降水的第一个高峰，降水形式主要是局地的强对流降水，多发生在午后到傍晚。其对年降水量贡献率的空间分布为北多于南、东多于西，高值中心位于北部内陆的定安达19%，低值中心在西部地区占5%。热带气旋影响期长达7个月以上，约在5—11月，盛期在8—9月，为全省降水的主高峰期。在热带气旋影响的初期或后期，热带气旋可与冷空气遭遇而延长降水天气过程和增加降水量。热带气旋型降水比重基本为西多东少的分布，西北部沿海地区、西部沿海地区和南部沿海地区比重一般为30%～40%，西部沿海地区最高，其余地区为23%～29%，南部的保亭最低。热带辐合带型降水在夏季出现最多，其次是秋季。热带辐合带对海南各地降水的贡献比较接近，相对的高值区在西南部地区，保亭最多为20%，万宁最少为12%。副热带高压边缘降水主要出现在每年的夏季和秋季，以夏季为最多。该类降水比重呈东北少西南多的特点，西部内陆地区比重最大达到17%，东部沿海地区的琼海比重最小为8%。

2.2.1.2 各季降水量的分布

海南四季降水量差异显著。冬季降水量最少，平均仅91.4 mm，占年降水量的5.1%；春季次之(平均328.1 mm)，占年降水量的18.3%；夏季最多(平均698.1 mm)，占年降水量的39%；秋季次多(平均672.5 mm)，占年降水量的37.6%。

海南四季降水量不仅有较大的差异，而且其地区分布也有不同的特征。从图2.21a可以看出，海南冬季降水呈明显东多西少的分布，多雨中心在东部沿海的万宁，接近200.0 mm，西部地区和南部沿海地区少于50.0 mm，少雨中心位于西部内陆的昌江，为33.7 mm，其余地区50.0～100.0 mm。三沙冬季降水量为82.4 mm。这主要是由于冬季海南受东北季风控制，冬季的降水主要产生于北方冷空气过境时的锋面降水以及锋面过后的变性高压底部的降水，而这些降水发生时，海南盛行东北风或偏东风。这就使得海南的东部特别是五指山区东侧的万宁一带成为迎风坡，冷锋过境时，一方面受到五指山的抬升作用增加了五指山北侧的降水量，另一方面冷锋本身也受到阻挡。当冷空气较弱时，无法越过五指山，沿五指山形成静止锋。正是由于五指山的这种抬升和阻挡的作用，造成了海南冬季降水的这种东部、北部多于西部、南部的分布特征。

春季是冷季向暖季过渡的季节，一方面，冷空气仍然可以南下影响海南的降水，另一方面西南季风开始爆发，因此，春季的降水是西南季风与北方冷空气南下共同影响的结果。与冬季相比，春季降水量有了明显的增加，降水的地区分布与冬季相比仍有相似之处，在海南省的分布总体仍为东多西少分布，但降水中心向中部内陆延伸，多降水的区域扩大了。中部山区的屯昌、白沙、琼中、保亭和北部内陆的定安，春季降水量大于400.0 mm，琼中最多；西北部沿海地区、西部沿海地区和南部沿海地区少于300.0 mm；东方最少，不足150.0 mm。三沙春季降水量也属较少地区为190.0 mm(图2.21b)。

海南夏季降水主要受热带系统的影响，主要有热带气旋、热带辐合带、西南季风槽及副热带高压。由于影响的系统多，而热带气旋和季风槽的影响又相对稳定，所以夏季降水量较大，分布相对均匀。各地降水量分布为中间多四周少，大部分地区为600.0～800.0 mm；最大值区在中部山区的保亭，达943.1 mm；较少地区在东部沿海和西部沿海地区，西部沿海的东方降水最少，不到400.0 mm。三沙夏季降水少于600.0 mm(图2.21c)。

秋季是暖季向冷季的过渡季节，影响海南降水的主要系统与热带气旋或冷空气和热带气旋共同影响有关。由于海南处在北方冷高压南侧和热带气旋北侧的东风气流中，因此，降水呈现明显的东多西少的特征，在五指山地区，由于东风气流在该地有地形抬升作用，增大了这一地区的降水。图2.21d显示，东、中部多雨区降水量一般在800.0 mm以上，降水中心位于中部山区的五指山，超过1000.0 mm，西北部沿海地区和西部地区少于600.0 mm，其中西部沿海地区仅有324.1 mm。三沙为651.1 mm(图2.21d)。

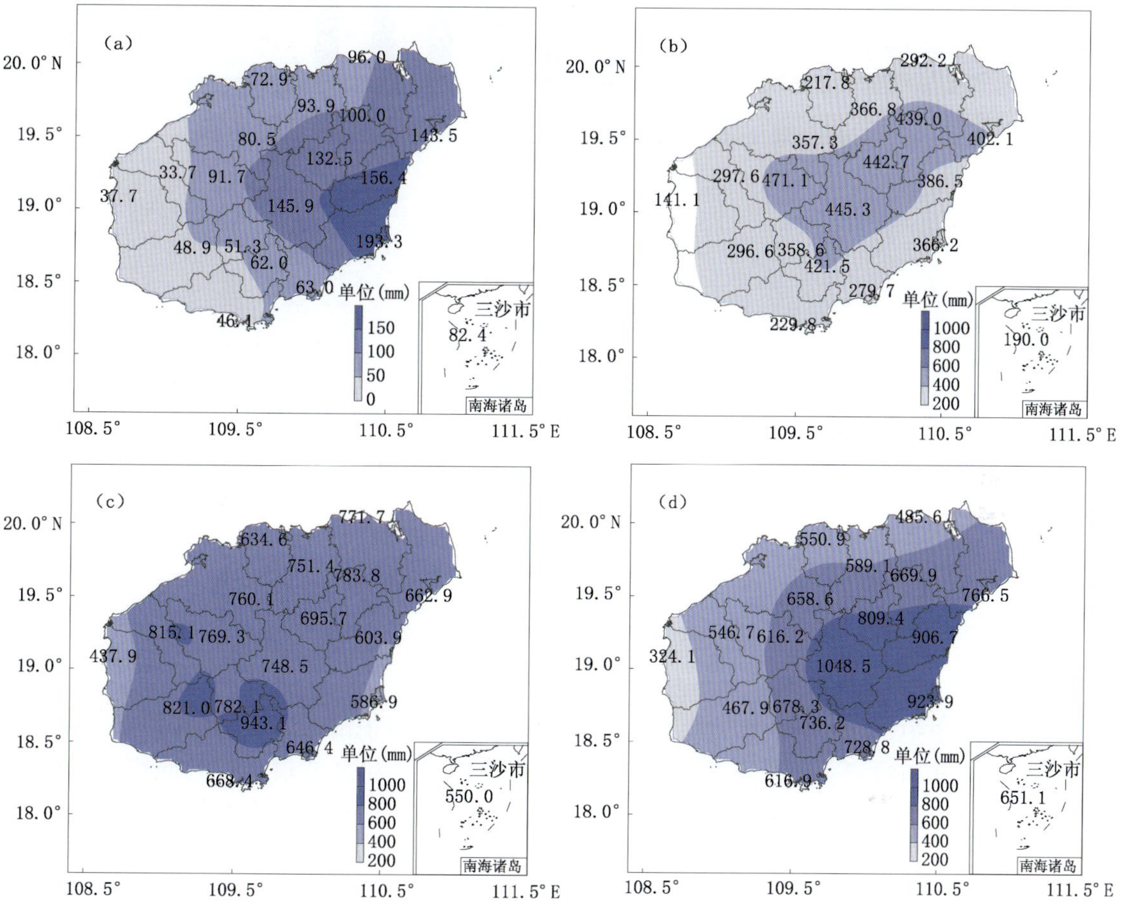

图2.21 海南各季降水量分布

(a.冬季；b.春季；c.夏季；d.秋季)

2.2.1.3 降水量的年变化

海南平均降水量的年变化呈单峰型分布(图2.22a)。12月至翌年3月降水较少，在50 mm以下，4月份增多至100 mm。5月夏季风和热带气旋开始影响后雨量迅速增多，达到200 mm左右，8—9月进入热带气旋影响高峰期，雨量再次增加到250 mm以上，至9月份平均降水量达到最多大约有300 mm。10月由于热带系统的影响还在，同时北方开始有冷空气南下影响，两者共同作用使海南的降水量仍很大。11月冬季风影响后雨量迅速减少，至12月至翌年1月达到最低值。

图2.22b为海南各代表站降水量的年变化。各地降水量的年变化与全省平均降水量的年变化不完全相同。北部海口、东部琼海和中部琼中为双峰型，主峰出现在9月或10月，次峰出现在5月或6月。西部东方、南部三亚以及三沙均为单峰型，峰值月依次出现在8月、9月和10月。

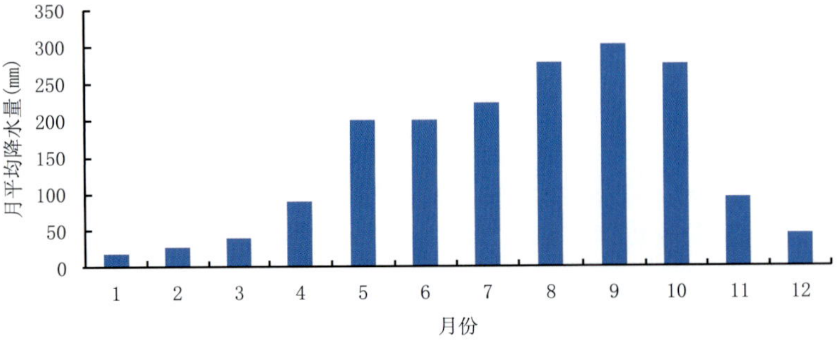

图 2.22a 海南平均降水量年变化

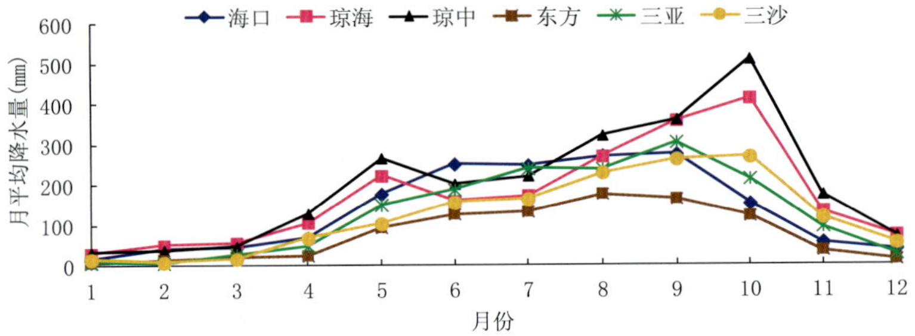

图 2.22b 海南各代表站降水量年变化

2.2.1.4 过程最大降水量和日最大降水量

海南降水集中，暴雨强度大，80%以上的降水量不仅集中于雨季，而且往往集中于雨季的几场大雨中。暴雨过程主要受热带气旋影响，少数为冷空气和热带辐合带共同影响所造成。各地的过程最大降水量可达 600～1800 mm，有近半数地区过程最大降水量出现在 2010 年 10 月(图 2.23)，当时受弱冷空气和南海辐合带共同影响，全省性的暴雨过程持续时间长达 9 d，为 1951 年有气象记录以来最长的暴雨天气过程。

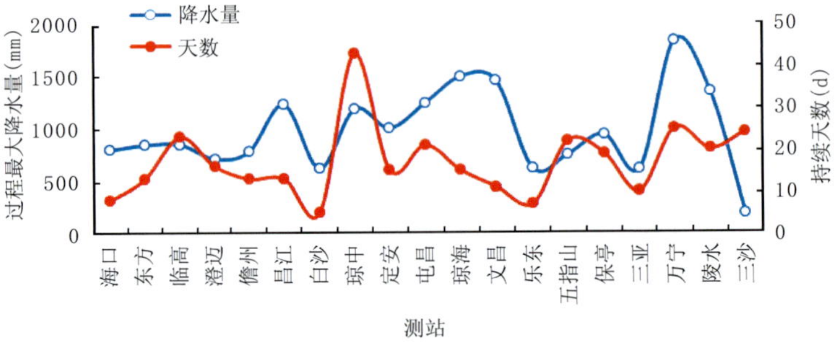

图 2.23 海南各地过程最大降水量及持续天数

海南各地日最大降水量都在 300.0 mm 以上，全省日降水量极值达 644.6 mm，出现在昌江，其次是三沙，达 633.8 mm，琼海居全省第三大值，为 614.7 mm。日最大降水量的相对小值主要分布在海南的北部地区和南部沿海地区(图 2.24)。各地日最大降水量主要出现在9 月或 10 月，少数地区出现在 7 月。

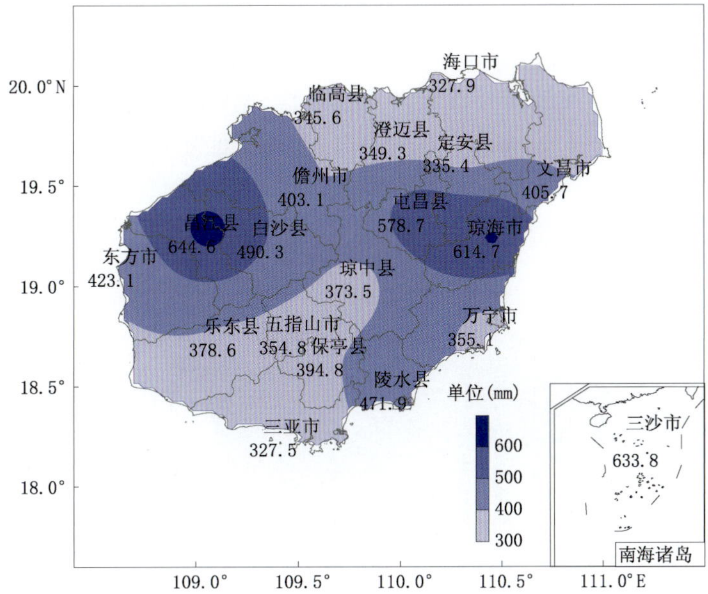

图 2.24　海南各地日最大降水量分布

2.2.2　降水日数和降水强度

2.2.2.1　年降水日数及强度

海南各地年降水日数为 85.1～183.9 d。年降水日数较多地区出现在琼中、白沙、三亚和屯昌，在 170.0 d 以上，琼中最多为 183.9 d；年降水日数较少的是西部地区和西北部沿海地区，少于 140.0 d，最少的东方仅 85.1 d，其余地区 115.0～160.0 d。三沙年降水日数为 120.2 d(图 2.25)。

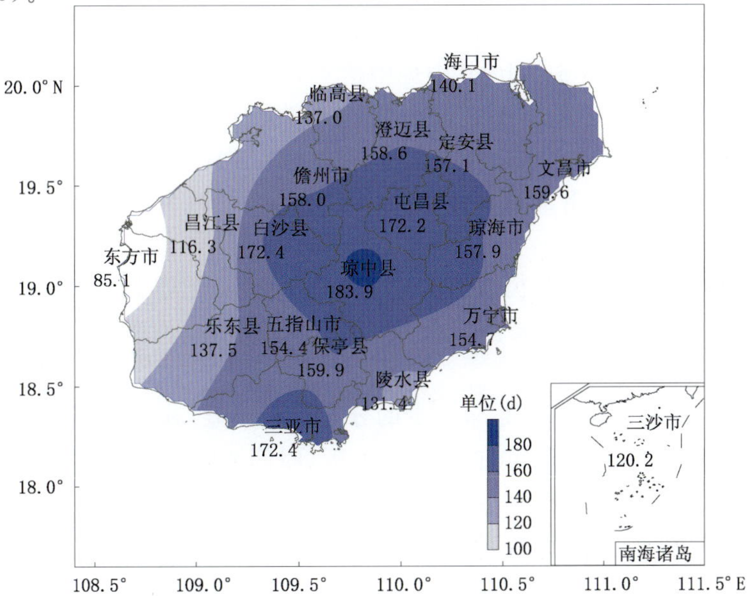

图 2.25　海南年降水日数分布

以年降水量与年降水日数的比值表征年降水强度。各地年降水强度差异较小。较大的地区在海南中部山区的保亭、东部沿海的万宁和西部内陆的昌江等地，一般在 13.0～15.0 mm/d，降水强度相对小的地区在海南的西北部和西南部地区，最小的南部沿海的三亚为 9.1 mm/d，其余地区降水强度在 11.0～13.0 mm/d。三沙年降水强度为 12.3 mm/d(图 2.26)。

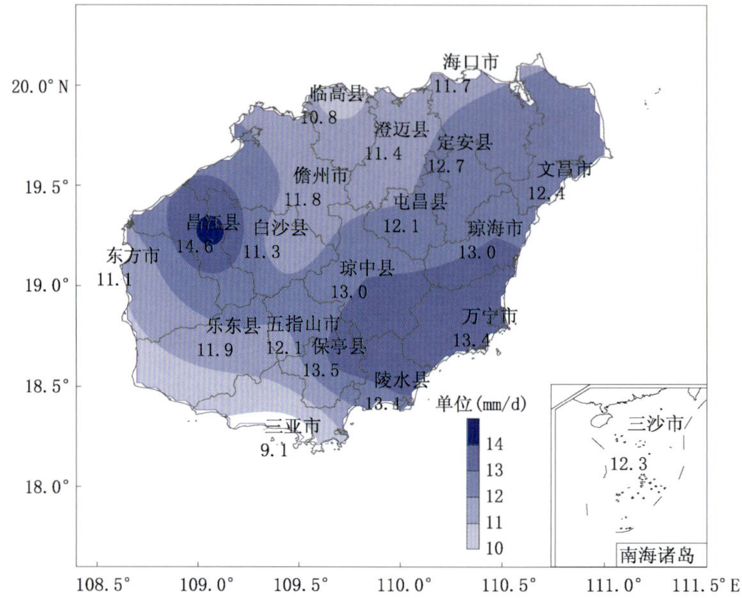

图 2.26 海南年降水强度分布

2.2.2.2 各季降水日数及强度

海南各地四季降水日数以夏、秋两季较多，冬季最少。其中万宁和三沙秋季降水日数多于夏季，琼海、文昌、琼中、昌江和东方夏秋两季基本相当；其余各地区夏季多于秋季。

各地各季降水日数的空间分布类似于相应季节的降水量分布。冬季降水日数以东部地区和中部山区为高值区，在 30.0 d 以上，其中琼中达 37.8 d；南部沿海地区、西部地区为低值区，少于 12 d，其余地区在 14.0～30.0 d；三沙为 25.0 d(图 2.27)。

春季降水日数以中部山区和北部内陆地区较大，屯昌、白沙、琼中、澄迈、定安等地达 40.0 d 以上，屯昌最多达 42.5 d；西南部沿海地区和三沙较少，一般为 16.0～20.0 d，其余各地为 25.0～40.0 d(图 2.28)。

夏季降水日数 26.3～61.8 d，仍以山区和北部内陆地区较大，达 50.0 d 以上，保亭为全省夏季雨日之冠。三沙和东方夏季降水日数较少，分别约 31.1 d 和 26.3 d，其余地区一般为 40.0～50.0 d(图 2.29)。

秋季降水日数 28.9～51.4 d。东多西少的分布相当明显，其中中部山区的琼中和东部沿海的万宁为两个高中心区，均超过 50.0 d，北部地区、西部地区和南部沿海地区则少于 40.0 d，最少的西部沿海地区不足 29.0 d。三沙降水日数较多，达 47.6 d(图 2.30)。

各季降水强度的分布：冬季最弱，各地在 2.8～6.2 mm/d，全省平均为 3.7 mm/d；春季次弱，各地在 6.5～12.1 mm/d，全省平均为 10.2 mm/d；夏季和秋季较强且强度比较接近，全省平均分别为 15.4 mm/d 和 16.0 mm/d。

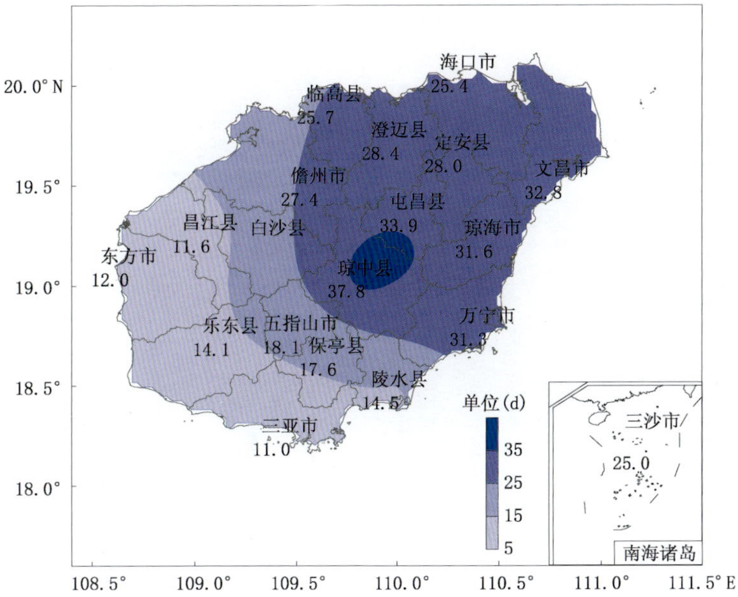

图 2.27 海南冬季降水日数分布

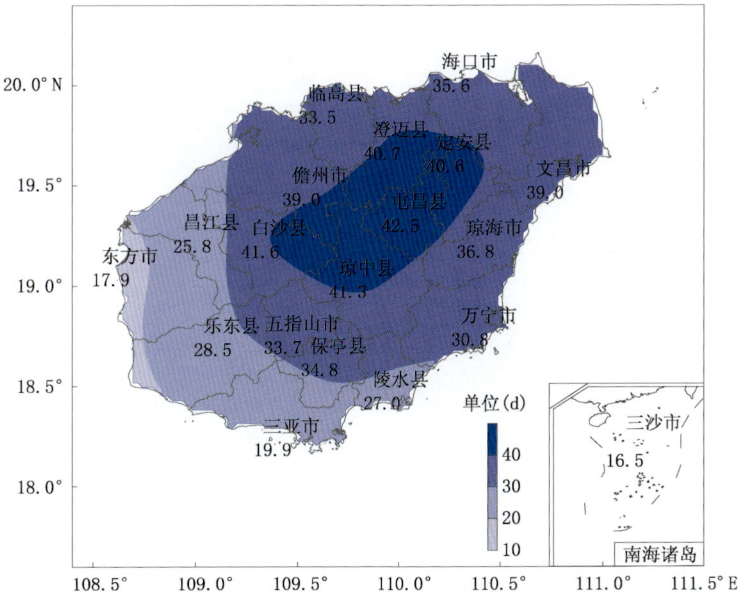

图 2.28 海南春季降水日数分布

2.2.2.3 降水日数和降水强度的年变化

全省平均的降水日数年变化与全省平均的降水量年变化不同，前者为双峰型分布，后者为单峰型分布。全省平均的降水日数在 1 月最少，平均仅 7.5 d；之后缓慢增多，至 5 月达到第一峰值月，平均降水日数 14.6 d；6—7 月略有减少，8—9 月再次增加，至 9 月达到第二峰值月（主峰月），平均降水日数为 17.4 d；之后不断持续减少，12 月平均降水日数只有 8.4 d（图 2.31）。

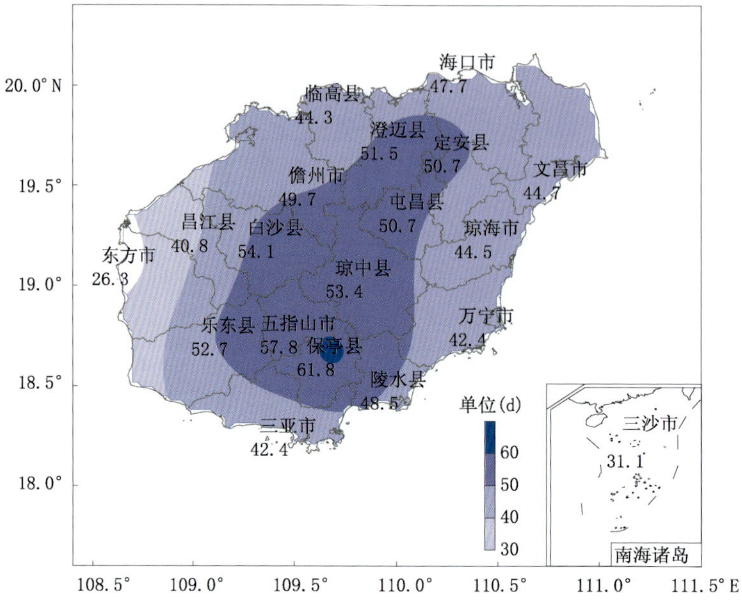

图 2.29　海南夏季降水日数分布

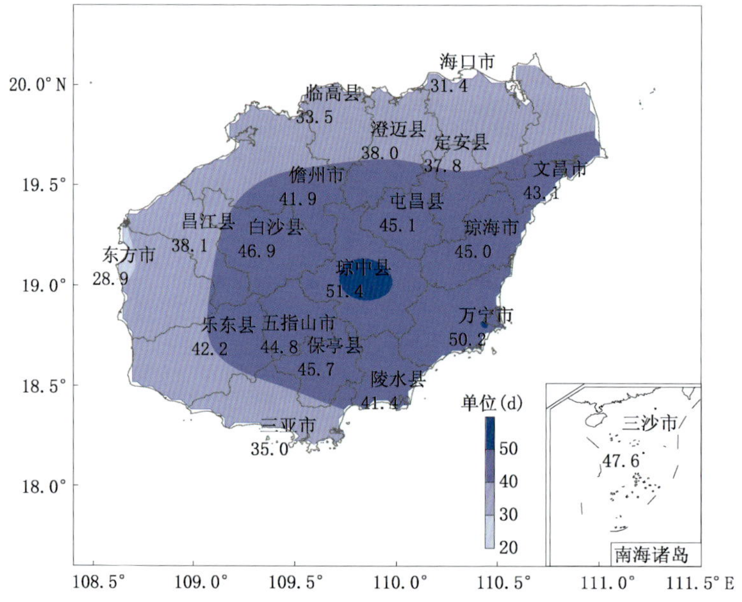

图 2.30　海南秋季降水日数分布

各地降水日数的年变化：北部海口、东部琼海、中部琼中和南部三亚地区为双峰型分布，西部东方地区和三沙市的永兴岛为单峰型分布。其中东部琼海和中部琼中降水日数的两个峰值均出现在 5 月和 8 月，月降水日数高达 15.0～20.0 d，8 月为主峰月；北部海口和南部三亚降水日数峰值出现在 6 月和 9 月，前者主峰月在 6 月，后者主峰月在 9 月，月降水日数均约 17.0 d；西部东方和三沙降水日数峰值分别出现在 9 月和 10 月，月降水日数分别为 13.0 d 和 18.0 d。(图 2.32)。

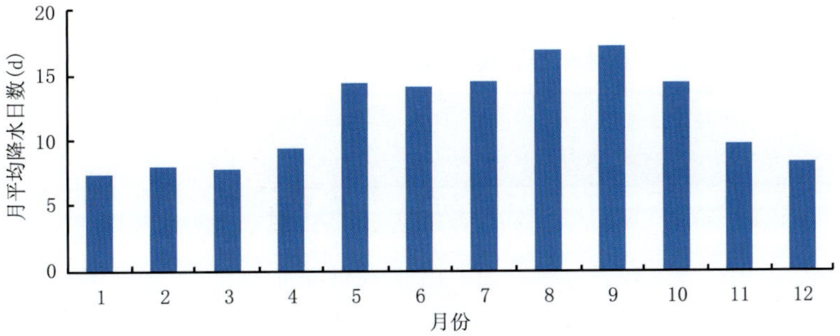

图 2.31 海南平均降水日数年变化

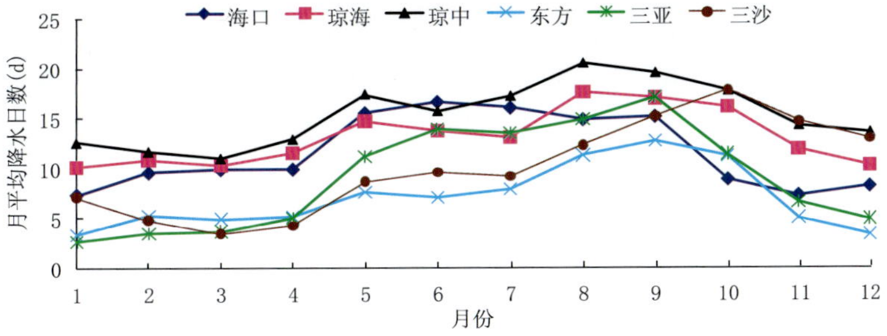

图 2.32 海南各代表站降水日数年变化

全省平均降水强度年变化呈单峰型，由 1 月份开始逐步增强，至 10 月份全省平均降水强度达最大值 19.0 mm/d，之后逐渐减弱。就各区域代表站分析，情况比较复杂：东部琼海、中部琼中和南部三亚地区为双峰型分布，峰值月分别为 5 月（南部为 7 月）和 10 月（南部为 9 月），西部东方为单峰型分布，峰值月出现在 6 月，三沙市永兴岛为三峰型分布，峰值月分别出现在 4 月、6 月和 8 月，8 月为主峰月。各地降水强度也有较大差异，中部地区主峰月降水强度达 28.9 mm/d，居全省之冠，东部地区也达 25.7 mm/d，南部地区峰值月的强度最小，为 17.2 mm/d。各地干季 1—3 月降水强度基本在 5.0 mm/d 以下（图 2.33）。

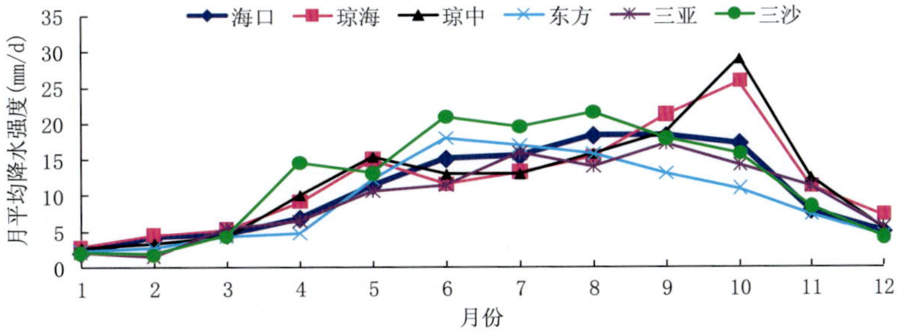

图 2.33 海南各代表站降水强度年变化

2.2.2.4 年最长连续降水日数

海南大部分地区年最长连续降水日数出现在 8—9 月份，三沙出现在 10 月。日数较长的是中部山区的琼中、屯昌、五指山和保亭，在 30.0～43.0 d，对应的降水量在 420.0 mm 以上，最多的琼中为 1188.8 mm。在年最长连续降水日数中，对应降水量较多的有万宁、琼中、琼海和临高，分别为 1840.9 mm、1188.8 mm、896.9 mm 和 852.6 mm(表 2.2)。

表 2.2　各地年最长连续降水日数、过程降水量及止日

站名	年最长连续降水日数(d)	过程降水量(mm)	止日
琼中	43	1188.8	1973 年 9 月 29 日
屯昌	34	604.2	1973 年 9 月 29 日
五指山	31	514.8	1978 年 9 月 22 日
保亭	30	428.2	2010 年 9 月 4 日
澄迈	26	329.2	1972 年 6 月 9 日
乐东	26	579.2	1964 年 9 月 2 日
昌江	25	550.8	1973 年 9 月 30 日
定安	25	534.2	1967 年 9 月 29 日
万宁	25	1840.9	2010 年 10 月 19 日
临高	23	852.6	1973 年 9 月 7 日
儋州	23	438.4	1973 年 9 月 27 日
白沙	23	413.6	2000 年 5 月 24 日
文昌	23	276.3	1985 年 9 月 1 日
琼海	21	896.9	1996 年 9 月 28 日
陵水	21	293.0	1973 年 9 月 8 日
东方	18	273.6	1973 年 9 月 29 日
三亚	18	245.8	1967 年 9 月 30 日
海口	16	748.7	1996 年 9 月 27 日
三沙	24	191.9	2000 年 10 月 30 日

2.2.2.5　年最长连续无降水日数

海南大部分地区年最长连续无降水日数出现在 11 月至翌年 3 月份，以西部地区和南部沿海地区最长，达 91～104 d，其余各地在 28～62 d(表 2.3)，各地出现年最长连续无降水的时间段，多发生在干旱季节。

表 2.3　海南各地年最长连续无降水日数及止日

站名	年最长连续无降水日数(d)	止日
东方	104	1974 年 3 月 10 日
三亚	98	1981 年 4 月 14 日
昌江	91	1991 年 3 月 14 日
五指山	62	1959 年 1 月 18 日
陵水	62	1959 年 1 月 18 日
临高	53	2004 年 11 月 24 日
海口	50	1976 年 2 月 8 日
儋州	49	1974 年 1 月 24 日
乐东	47	1986 年 1 月 25 日
澄迈	46	1983 年 12 月 16 日
保亭	46	2001 年 1 月 13 日
定安	39	2008 年 1 月 14 日
白沙	38	1983 年 12 月 24 日
琼海	35	1977 年 12 月 15 日

（续表）

站名	年最长连续无降水日数(d)	止日
万宁	34	1967 年 4 月 12 日
琼中	33	1977 年 12 月 13 日
文昌	32	1958 年 12 月 22 日,1994 年 1 月 18 日
屯昌	28	1983 年 12 月 12 日,2007 年 2 月 21 日
三沙	52	1992 年 4 月 13 日

2.2.3　降水变率

降水变率可以反映一个地区降水量离散的程度,分降水相对变率和降水绝对变率。降水相对变率是降水绝对变率与多年平均降水量的百分比。

降水量是热带地区变化最大的气候要素。海南省各地年降水量平均相对变率约为 14%～25%。其中西部沿海地区最大,中部地区最小,北部、东部和南部地区介于两者之间,且较为接近,三沙约 20%(图 2.34)。

各季节的降水相对变率一般规律是,冬季最大,春季次之,夏季最小。全省平均冬季降水量的相对变率达 52%,春季为 38%,秋季达 33%,夏季为 24%。

从各月看,干季各月降水相对变率较大,大部分月份各地降水相对变率一般在 50%以上,最大的达 123%(东方的 2 月份);雨季各月相对较小,大部分月份各地降水相对变率基本在 24%～60%(表 2.4)。

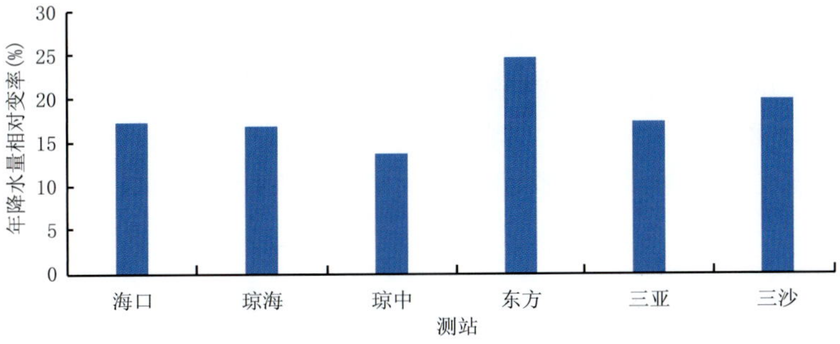

图 2.34　海南各代表站年降水量相对变率

表 2.4　海南各代表站各月降水量相对变率(%)

站名	1 月	2 月	3 月	4 月	5 月	6 月	7 月	8 月	9 月	10 月	11 月	12 月
海口	50.3	80.4	47.7	58.8	23.7	45.8	39.9	32.2	53.7	80.3	72.7	61.7
琼海	62.4	68.7	67.7	53.7	40.8	41.9	36.8	29.8	45.8	59.2	68.5	61.4
琼中	47.6	59.1	70.2	57.5	44.9	34.8	23.9	27.2	44.1	54.8	53.8	59.4
东方	98.6	122.7	83.9	82.5	64.4	66.6	61.6	51.5	60.5	57.6	88.1	79.0
三亚	94.1	114.8	111.4	71.0	62.5	35.6	32.0	32.4	42.9	52.6	100.0	115.6
三沙	70.0	82.1	123.4	94.0	63.8	77.9	54.5	50.8	57.5	39.9	56.8	88.3

2.2.4　雨季和旱季

由于冬夏季风环流的交替影响,海南的干湿季分明。雨季和旱季划分标准,当某旬旬雨量

≥多年平均旬雨量，从该旬起(包括该旬)往后连续3个旬中至少有2个旬的旬雨量≥多年平均旬雨量，雨季从该旬开始；如该旬旬雨量≥多年平均旬雨量的2倍，则从该旬起4个旬中有2个旬达到标准亦可。雨季结束期的定义：某旬旬雨量≥多年平均旬雨量，从该旬起往后不再满足雨季条件，则雨季于该旬结束。

根据此定义，海南雨季与旱季的交替在南北之间有一定差异，雨季的开始时间北部早于南部，东部早于西部。北、东部的局部地区雨季于4月下旬开始，西部沿海的东方迟至6月上旬，大部分地区雨季开始于5月上、中旬。三沙雨季开始于5月下旬。雨季的结束期则刚好相反，西部地区结束最早，大约在10月上旬结束；北部和南部地区在10月中下旬结束；东、中部的琼海、万宁、琼中等多雨区一般至11月上旬才结束。三沙雨季结束时间在11月上旬。主要原因是海南的东北半部地区春季有锋面活动影响，使其雨季比西南季风爆发略早；而秋季由于热带气旋和冷空气共同影响，东半部地区雨季比夏季风撤换时间约迟半个月至1个月左右才结束。

由此可见，海南大部分地区雨季的平均持续时间长达5～6个月，西部沿海地区最短，有4个多月(13个旬)。大部分地区雨季出现在5—10月，少数地区出现在5—11月或6—10月。与之相对应，绝大部分地区的旱季出现在11月至翌年4月。但各年之间由于环流形势的不同，雨季开始期、结束期和持续时间有很大差异。以海口为例，1951—2010年，雨季开始期最早出现在2月上旬(1997年)，最晚在7月下旬(1996年)，雨季结束时间最早在8月上旬(1966年)，最晚在12月上旬(1953年、1963年、1982年、1986年、1989年和2001年)。雨季持续时间最短的不足3个月(1977年，8个旬)，最长的长达9个月(1989年)。海南的雨季、旱季是东亚季风环流季节交替的结果，热带气旋活动期的早晚，亦使雨季的迟早、长短与降水量的大小发生相应改变。

海南各地雨季的降水量占年降水量的80.4%～90.5%，旱季只占9.5%～19.6%。可见，雨季降水量占年降水量的比重相当大。雨季降水比重较大的地区在西部内陆和南部地区，其中最大值在三亚；比重较小地区在东部沿海地区，最小在万宁(图2.35)。

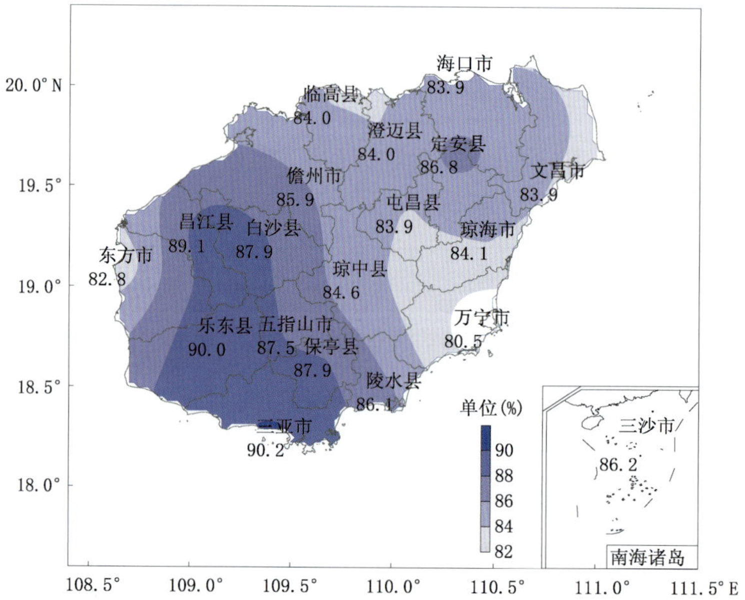

图2.35 海南各地雨季降水量占年降水量的比重

从旱季和雨季降水量分布看(图略),旱季降水量的空间分布类似于冬季降水量的空间分布,以中部山区和东部沿海为大值区,呈东多西少的喇叭口状等值线分布,东部沿海的万宁和中部山区的琼中、屯昌等地均超过 300 mm,西部沿海地区仅 130 mm 左右。雨季降水量空间分布则类似于年降水量分布,以中部山区的琼中为高值中心区(超过 2000 mm),呈中间多四周少的环型分布,但仍是东部多于西部,山区多于平原。雨季降水量的东西部差异及山区和平原的差异均小于干季。

2.3　云量、辐射与日照

2.3.1　云量

2.3.1.1　云量的分布状况

海南各地年平均总云量达 6~8 成,其中三沙最少,白沙最多,其余地区均为 7 成左右(图 2.36a);年平均低云量为 3~6 成,其中东方最少,琼中最多(图 2.36b)。

海南总云量季节变化规律为,夏秋季总云量大于冬春季,以夏季最大,冬春季最小,各个地区变化基本一致。平均总云量夏季以三亚最多为 9 成,其他地区为 7~8 成;冬季与秋季各地的总云量基本相同,均为 6~7 成;春季除三沙 5 成外,其余地区均 6~7 成。

由于各季节的相对湿度、温度、风速都有所不同,导致各季节的低云量差异性显著高于总云量。平均低云量夏季东方最少,仅有 2 成;中部和东南部地区最多,达 5 成;其他地区均 3~4 成。冬季北部和中部最多达 7 成,西部的东方最少为 5 成,其他地区 6~7 成;春季东南部的陵水最多为 6 成,西部的东方和三沙最少仅 3 成,其他地区均为 5 成;秋季各地平均低云量差相差较大,其中中部的琼中最大为 7 成,西部的东方最少为 3 成,其余地区均为 4~5 成。

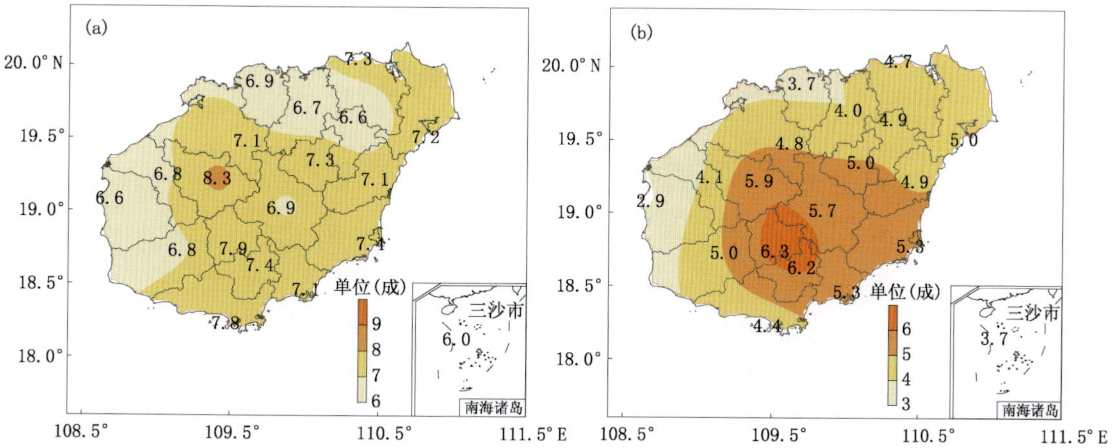

图 2.36　海南年平均总云量(a)和低云量(b)分布图

2.3.1.2　云量的年变化

云量的变化与大气环流、天气系统的季节变化有关。海南平均总云量与低云量的年变化明显不同,总云量以夏季 6—8 月为最多,约 8 成,其他月份相对较少,春季 3—4 月最少,仅为

6 成。低云量则以夏季 6—8 月最少约 4 成，冬季较多，其中 2 月最多约 6 成(图 2.37)。

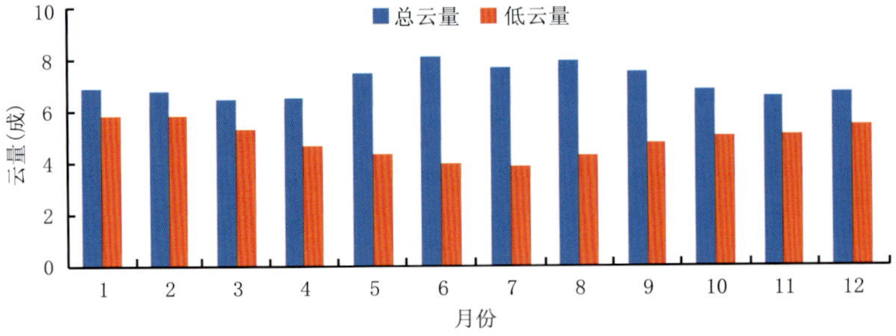

图 2.37 海南各月平均总云量及低云量分布

2.3.2 日照时数

2.3.2.1 日照时数的分布状况

海南各地年日照时数差异比较大，为 1827.6～2810.6 h。北部的定安最少为 1827.6 h，中部山区的琼中和保亭在 1900.0 h 以下，西南部沿海地区在 2300.0 h 以上，东方达到 2558.2 h，其余大部分地区为 1900.0～2300.0 h。三沙为 2810.6 h(图 2.38)。

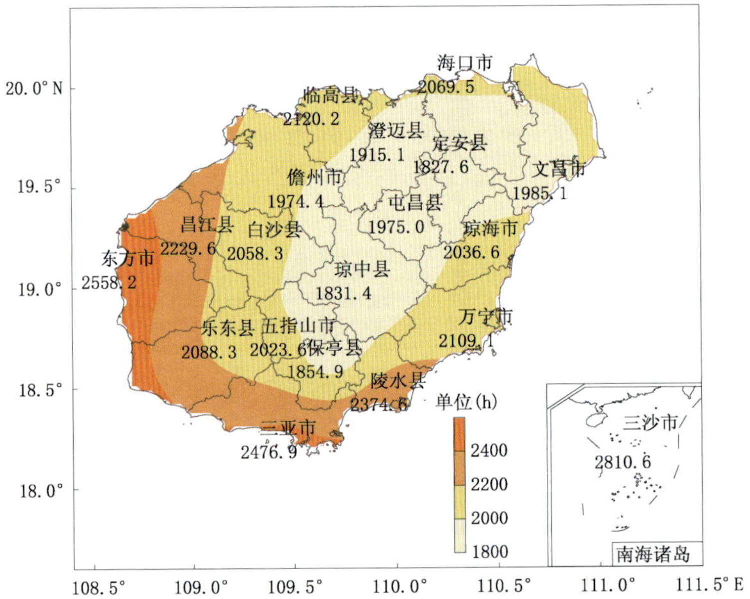

图 2.38 海南各地年日照时数分布

海南春季日照时数为 462.1～830.9 h。保亭最少为 462.1 h，定安次少为 490.9 h，东方、三亚和陵水都在 600.0 h 以上；北部部分地区及东部文昌、中部琼中和南部乐东等地为 500.0～550.0 h，其余地区则为 550.0～600.0 h。三沙达 830.9 h(图 2.39a)。

海南夏季日照时数最多，各地为 514.4～778.1 h。南部地区和中部地区较少，其中保亭最少为 514.4 h，琼中、五指山以及乐东等地均在 530.0～600.0 h。定安、澄迈、儋州、白沙、昌江为 600.0～650.0 h,东方达 744.2 h,其余地区为 650.0～700.0 h。三沙高达 778.1 h(图 2.39b)。

海南秋季由于冷空气和热带低值系统的影响,常产生较长的连阴雨天气过程,日照时数相对较少,为 384.1～630.6 h,其中琼中最少,东方最多。三亚和三沙较多,在 600.0 h 以上。海口、临高、昌江、乐东和陵水等地在 500.0～570.0 h,其余地区为 400.0～470.0 h(图 2.39c)。

海南冬季多受静止锋天气造成的阴雨天气影响,日照时数为一年之中最少,呈现由南向北递减的趋势。各地日照时数为 292.7～598.0 h,其中北部内陆的定安最少,不足 300.0 h,西南部沿海的三亚、陵水、东方等地较多,在 500.0 h 以上,其余地区为 300.0～500.0 h。三沙达 598.0 h(图 2.39d)。

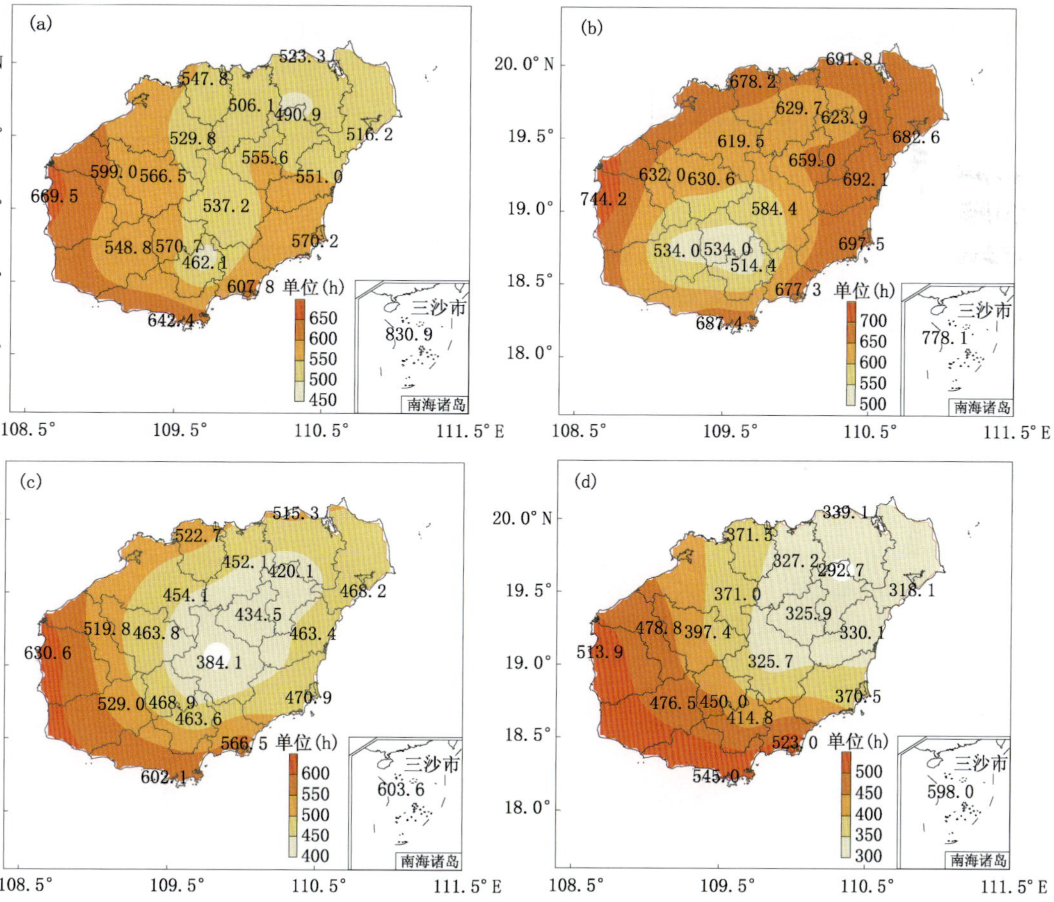

图 2.39　海南各季日照时数分布
(a. 春季; b. 夏季; c. 秋季; d. 冬季)

2.3.2.2　日照时数的年变化

日照时数年变化呈双峰型分布。日照时数 2 月最少为 124.7 h,之后逐渐上升,5 月份达到第一次峰值 218.3 h,6 月份有所下降,7 月份达到全年最高值 233.7 h,7 月后又开始逐渐下降(图 2.40)。

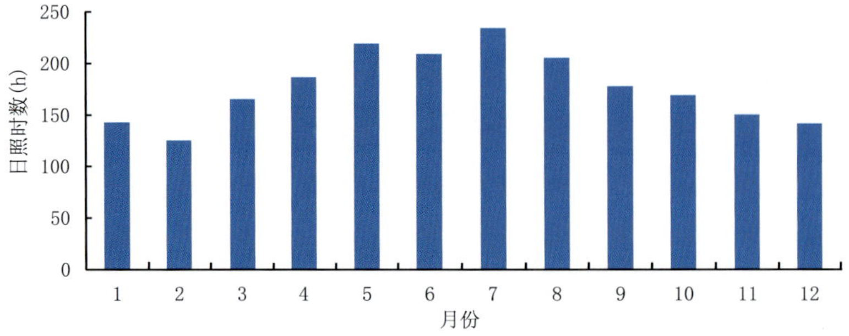

图 2.40 海南日照时数年变化

海南绝大部分地区日照时数均以夏季最多，占全年日照时数的 26%～34%(中部山区的五指山和三沙春季多于夏季)，冬季最少占 16%～23%，春季各地均占 25%以上。各地秋季均比春季少，占 21%～25%。

2.3.2.3 日照百分率的分布

实照时数与可照时数之比为日照百分率，它可以衡量一个地区的光照条件，表明天空的晴朗程度。

海南年日照百分率为 40%～62%，其分布特点与年日照时数类似，总体呈南部大于北部，西部大于东部的分布。其中三亚、陵水、东方和三沙为高值区，在 50%以上，三沙最高，达 62%以上，保亭最低为 40%以下，其余地区为 40%～50%(图 2.41)。

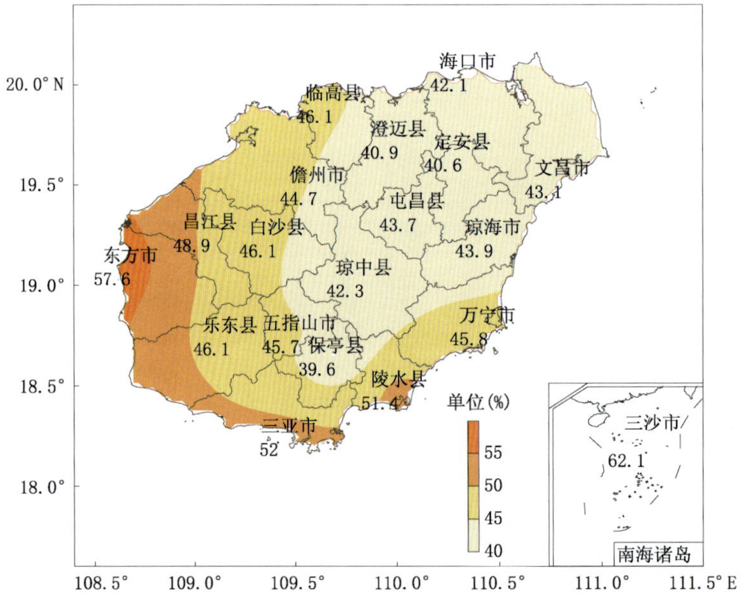

图 2.41 海南各地年平均日照百分率分布

2.3.2.4 日照百分率的年变化

海南日照百分率的年变化呈单峰型分布，2 月和 12 月最小为 38%，7 月份日照百分率最大为 56%，5 月、6 月和 8 月次之，为 52%，其他月份均在 40%～50%(图 2.42)。

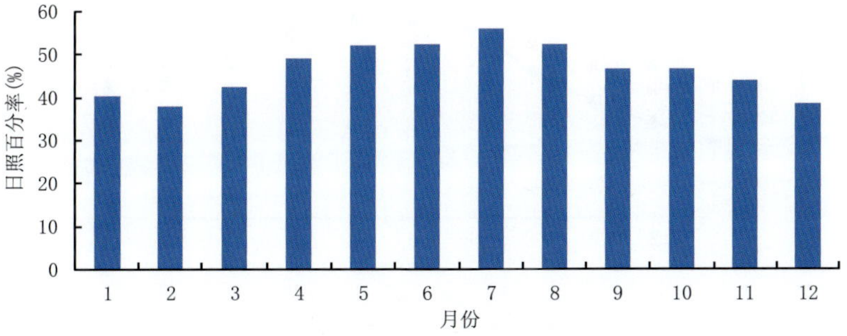

图 2.42　海南各月日照百分率变化

从各季看，日照百分率随季节变化也比较明显，大部分地区以夏季最高。除了五指山区、保亭和乐东夏季日照百分率为 40%～45%外，其他地区均在 50%以上，三沙和东方分别达 63%和 64%。冬季各地日照百分率最低，大部分地区在 40%以下，海口和定安均只有 29%。春季大部分地区平均日照百分率为 40%～45%，保亭最低为 37%，南部和西部为 50%左右，三沙高达 70%。秋季北部、东部和中部等大部分地区平均日照百分率为 40%左右，西部和南部地区则在 50%左右，东方最高为 60%，三沙为 55%(图 2.43)。

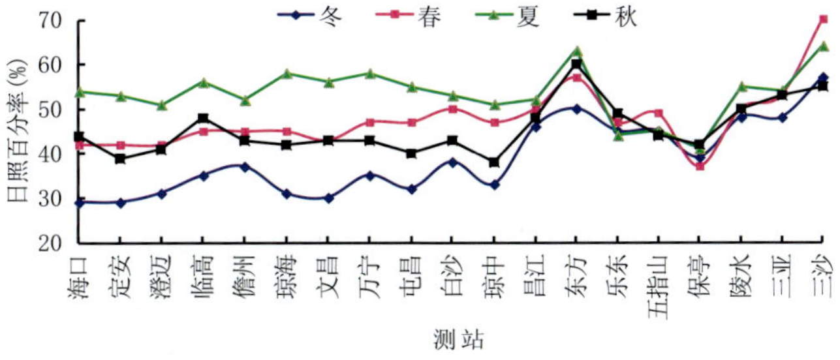

图 2.43　海南各地各季日照百分率分布

2.3.3　太阳辐射

太阳辐射是指太阳向宇宙空间发射的电磁波和粒子流。太阳辐射通过大气，一部分到达地面，称为直接太阳辐射；另一部分为大气的分子、大气中的微尘、水汽等吸收、散射和反射，被散射的太阳辐射一部分返回宇宙空间，另一部分到达地面，到达地面的这部分称为散射太阳辐射。到达地面的散射太阳辐射和直接太阳辐射之和称为总辐射。

海南有太阳辐射观测的地区为海口、三亚及三沙，三地太阳年总辐射量分别为 5174.7 MJ/m^2、5875.5 MJ/m^2 和 6378.0 MJ/m^2。三地太阳总辐射量随季节变化均为双峰型，但峰值月和谷值月有一些小差异。其中海口地区各月太阳能总辐射以 1 月份最少，仅 241.9 MJ/m^2，5 月出现一个次高值，7 月份最多为 616.4 MJ/m^2；三亚地区太阳总辐射量以 2 月份最少为 391.7 MJ/m^2，5 月出现最高值，达为 617.8 MJ/m^2，7 月份出现次高值；三沙总辐射量第一峰值月也出现在 5 月份，达到 644.7 MJ/m^2，7 月也有一个次高值，12 月份最少为 385.5 MJ/m^2(图 2.44)。

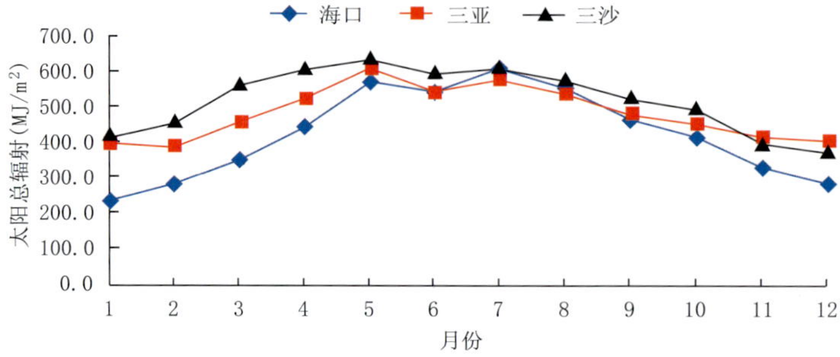

图 2.44　海口、三亚、三沙太阳总辐射量逐月变化

2.4　湿度与蒸发

2.4.1　水汽压

2.4.1.1　水汽压分布状况

海南属热带季风气候，水汽丰沛，温度较高，因此，水汽压较大。各地年平均水汽压23.6～29.9 hPa。其等值线呈中间低四周高的分布，东部高于西部，南部高于北部。中部山区一般小于 26.0 hPa，五指山最小，为 23.6 hPa，东南部沿海地区较大，大于 26.0 hPa，万宁和三亚达到 27.0 hPa(图 2.45)。三沙年平均水汽压为 29.0 hPa。

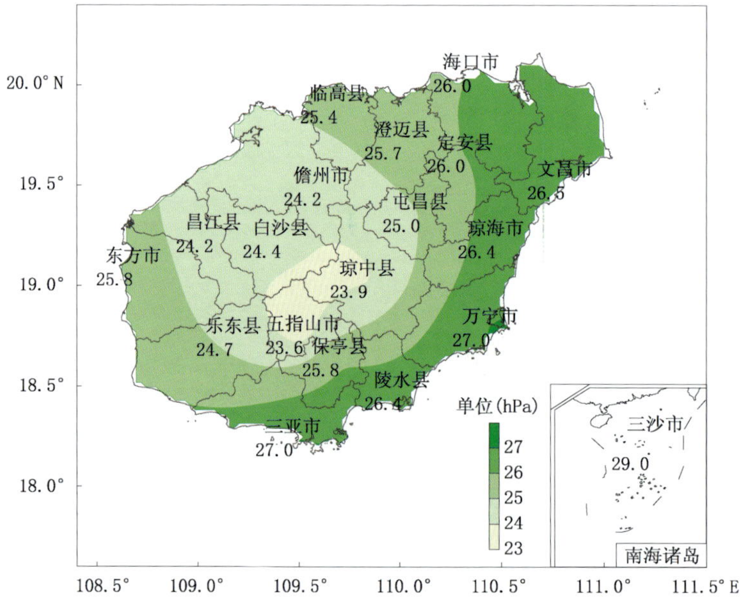

图 2.45　海南各地年平均水汽压空间分布

各季平均水汽压有明显差异，其中冬季由于温度最低、水汽最少，各地平均水汽压也最小，为 17.6～20.3 hPa；春季次小，为 24.5～28.2 hPa；夏季温度最高，水汽充沛，各地平均水汽压最大，达到 28.4～32.6 hPa；秋季次大，为 23.9～27.3 hPa。各季平均水汽压均表现为相似的

空间分布，一般在中部山区为低值区，东南部沿海地区为高值区。三沙冬、春、夏、秋季平均水汽压分别为 23.5 hPa、29.7 hPa、33.1 hPa 和 29.5 hPa。

2.4.1.2　水汽压年变化

海南水汽压的年变化呈现单峰型。除西部地区高峰出现在 8 月外，其余地区均在 6 月，低谷均在 1 月。大部分地区高峰月平均水汽压达 28.8～32.2 hPa，低谷月仅为 17.1～18.8 hPa。三沙高峰月水汽压达 33.5 hPa，谷值月水汽压为 22.5 hPa(表 2.5)。

表 2.5　各代表站各月平均水汽压(hPa)

站名	1 月	2 月	3 月	4 月	5 月	6 月	7 月	8 月	9 月	10 月	11 月	12 月
海口	18.2	19.7	22.7	27.3	30.2	31.9	31.7	31.8	30.2	26.5	22.7	18.8
琼海	18.7	20.8	23.7	27.8	30.4	32.0	31.7	31.6	30.1	27.2	22.9	19.3
琼中	17.1	18.7	21.1	24.7	27.4	28.8	28.6	28.7	27.5	25.2	21.4	17.9
东方	18.2	19.8	22.6	27.1	29.9	31.4	31.3	31.7	30.2	27.0	22.4	18.5
三亚	20.0	21.3	24.6	28.8	31.2	33.0	32.5	32.2	30.2	27.0	23.1	19.7
三沙	22.5	24.3	26.8	30.0	32.3	33.5	32.9	32.9	31.7	29.7	27.1	23.8

2.4.2　相对湿度

相对湿度就是空气中的实际水汽压与当时温度下的饱和水汽压的比值。相对湿度可反映空气距离饱和的程度。当其接近 100%时，表示当时空气接近于饱和状态。当水汽压不变时，气温升高，饱和水汽压增大，相对湿度会减小。

2.4.2.1　相对湿度分布状况

海南地处热带地区，终年湿度大，年相对湿度为 77%～86%，其分布呈现由西南沿海向东北沿海逐渐递增的趋势，最大值在东北部的文昌，最小值在西部内陆的昌江。三沙年平均相对湿度为 81%(图 2.46)。

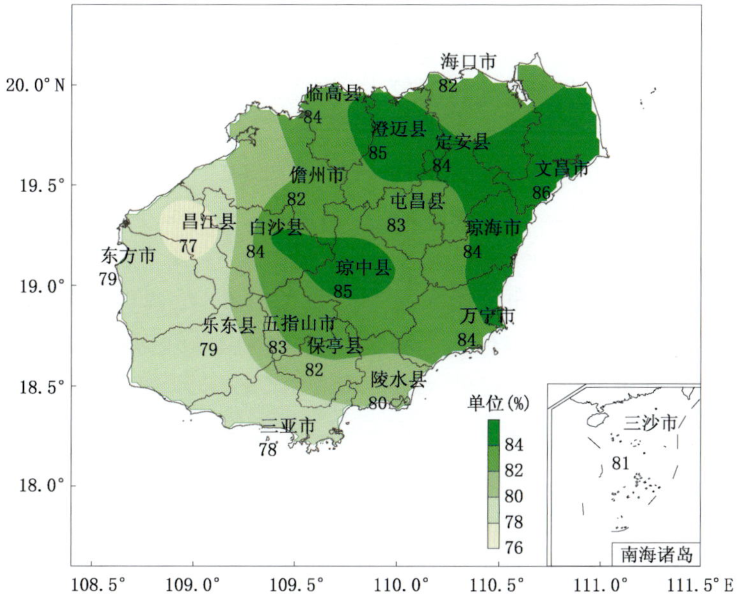

图 2.46　海南各地年平均相对湿度分布

各地各季平均相对湿度相差也较小。冬季平均相对湿度为73%～86%，春季为76%～87%；夏季为76%～86%，秋季为77%～88%。在空间分布上，各季平均相对湿度的低值区基本在西南部地区，高值区一般在东北半部地区。最低值一般在西部内陆地区或南部沿海地区，最高值所在地随季节不同而不同，冬、春季在东北部的局部地区；而夏、秋季在中部的局部地区。

2.4.2.2 相对湿度的年变化

各代表站相对湿度的年变化表现为：南部三亚为单峰型，其中7—8月为高值月；北部海口、东部琼海、中部琼中和西部东方为双峰型，第一峰出现在1月或2月，第二峰一般出现在9月(中部琼中出现在10—12月)(表2.6)

表2.6 各代表站各月平均相对湿度(%)

站名	1月	2月	3月	4月	5月	6月	7月	8月	9月	10月	11月	12月
海口	85	87	85	82	81	81	80	82	83	79	79	80
琼海	86	87	86	85	83	82	82	84	85	84	83	83
琼中	87	85	82	82	82	82	82	85	86	87	87	87
东方	81	83	82	79	76	76	77	80	82	80	78	77
三亚	74	76	77	78	81	82	83	83	82	76	73	70
三沙	78	81	80	80	81	82	82	83	83	82	80	78

2.4.3 蒸发量

由于蒸发而消耗的水量称为蒸发量。气象站测定的蒸发量是水面(含结冰时)蒸发量，是指一定口径的蒸发器中，在一定时间间隔内因蒸发而失去的水层深度，以毫米(mm)为单位。测量蒸发量的仪器有E-601B型蒸发器和小型蒸发器，以下的分析采用小型蒸发器的观测数据。

2.4.3.1 蒸发量分布

海南全年气温较高，加之沿海地区风速较大，故蒸发量较大。各地年蒸发量呈西南高、东北低的分布，中部山区和东北部地区不足1800.0 mm，最少的文昌为1542.0 mm，西南部沿海高于2200.0 mm，最多的东方达2389.0 mm。三沙为2234.4 mm(图2.47)。

各季蒸发量有一定的差异。冬季气温最低，因此，蒸发量最小，为228.5～565.4 mm，秋季次小，一般为333.5～592.4 mm，夏季最大，达到454.3～773.8 mm，春季次大，为415.6～681.0 mm。各季蒸发量的空间分布类似于年蒸发量的分布，呈西南多东北少的分布，一般在西部沿海地区或南部沿海地区最大，在东部的文昌或中部山区的局部地区最小。

2.4.3.2 蒸发量的年变化

从各月蒸发量多年平均值看(表2.7)，大部分地区蒸发量的年变化为双峰型，5月为第一峰(次峰)，蒸发量为181.1～268.9 mm，7月第二峰(主峰)，蒸发量为190.8～272.3 mm；北部海口、东部琼海为单峰型分布，7月为高峰月，蒸发量分别为210.0 mm和227.2 mm。大部分地区2月蒸发量最小，一般为70.0～170.0 mm。中部琼中12月蒸发量最小，为73.1 mm。

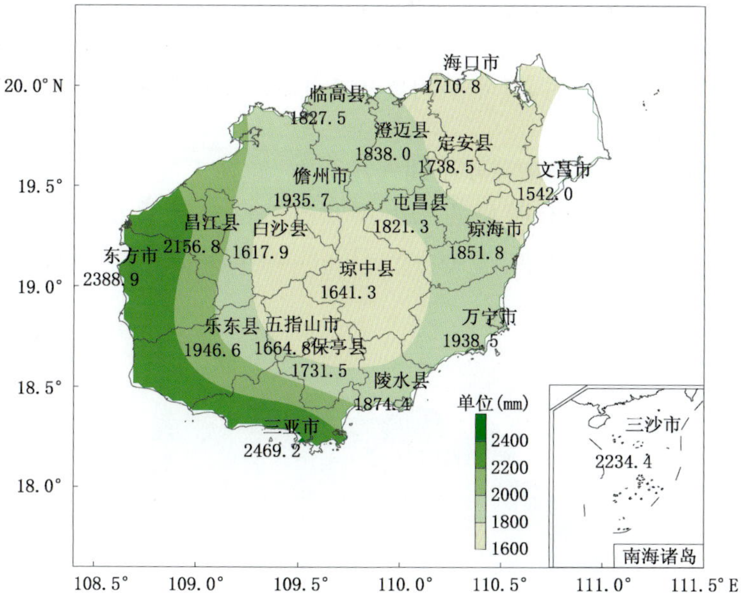

图 2.47　海南各地年蒸发量分布

表 2.7　各代表站各月平均蒸发量(mm)

站名	1 月	2 月	3 月	4 月	5 月	6 月	7 月	8 月	9 月	10 月	11 月	12 月
海口	82.4	72.8	124.5	149.5	182.3	187.1	210.0	178.1	159.6	141.7	119.9	102.9
琼海	90.4	89.6	142.5	170.1	205.0	206.7	227.2	197.5	165.5	151.7	113.3	92.3
琼中	84.2	94.5	149.6	169.9	181.1	179.1	190.8	173.5	141.0	119.2	85.3	73.1
东方	136.1	121.6	166.4	213.1	268.9	266.8	272.3	234.7	192.5	190.1	171.9	154.5
三亚	197.9	168.3	200.8	215.3	248.3	213.8	227.9	205.3	191.3	200.1	201.0	199.2
三沙	164.1	155.6	198.8	210.7	220.3	207.0	210.4	194.5	173.8	175.9	162.5	160.8

2.5　气压与风

2.5.1　气压

海南岛各地年平均气压分布呈四周沿海向中部山区降低的特征(图 2.48)。大致分成三个层次：

第一个层次是环岛高压区。该气压区位于丘陵、台地和平原地区，海拔高度在 50 m 以下，主要包括海口、文昌、琼海、万宁、陵水、三亚、东方、临高、定安和澄迈等地，其年平均气压一般在 1005.5～1010.5 hPa，三亚最高。

第二个层次是过渡区。位于海拔 50～180 m 的地区，主要包括儋州、屯昌和昌江等地，以及乐东、保亭的部分区域。该过渡区年平均气压在 990.5～1005.5 hPa。

第三个层次是中部低压区。海拔高度一般都在 180 m 以上，境内分布着海南岛所有的高大山脉，如五指山、黎母山等山脉。主要包括位于中部山区的五指山、琼中和白沙等地，以及保亭、乐东、儋州等部分区域。气象观测站所在海拔高度范围内，年平均气压一般在 974.4～990.5 hPa，五指山最低。

三沙海拔高度仅 5.0 m 左右，其年平均气压为 1010.0 hPa，相当于第一个层次的环岛高压区。

年中各季气压的空间分布类似于年平均气压分布，即各季气压同样都具有由四周沿海向中部山区降低的特征，并且都有明显的三个层次。春季和秋季相差不大，各地气压都在 974.2～1011.7 hPa；夏季全年最低为 968.8～1005.3 hPa；冬季全年最高，一般在 979.9～1017.0 hPa。

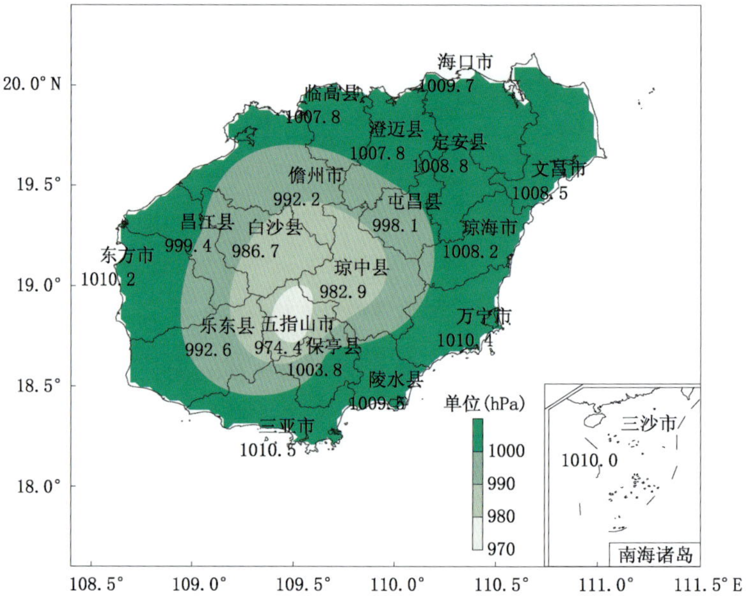

图 2.48　海南年平均气压分布

上述气压分布特征，与所处地理位置的海拔高度有关。图 2.49 给出气压随高度变化的情况。图中实线表示气压随高度变化的基本趋势，表明气压随高度增加而降低，高度上每上升 10 m，气压就相应地下降 1.1 hPa。

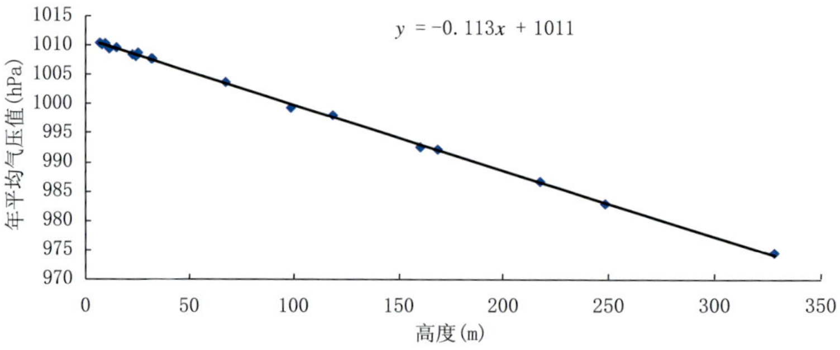

图 2.49　海南气压随高度变化

各地气压除了有随高度变化的特点，还具有明显季节性变化的特征(图 2.50)。一年中的气压变化，以冬季 12 月气压最高，1 月次高；春季开始逐渐降低；进入夏季 7—8 月下降到全年最低，但夏季各月相差不大；秋季各地的气压开始逐渐上升，至秋末基本回升到冬季的高值区。气压的季节性变化，由冷、暖两种不同性质气团的交替影响造成。一般来说，冷性气团影响时气压高，暖性气团影响时气压低。海南地处东亚季风区，冬半年主要受冷性气团影响，气压上升；夏半年则主要受暖性气团影响，气压下降。

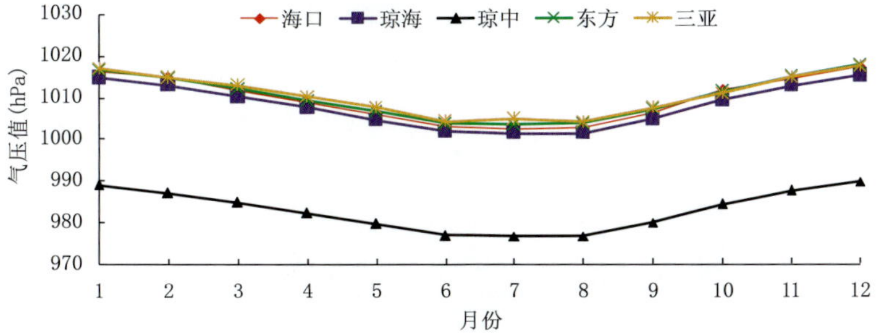

图 2.50　海南各代表站本站气压的年变化

2.5.2　平均风速

海南年平均风速最大的地方位于西部沿海一带，如东方达 4.3 m/s，中部山区风速最小，只有 1.2～1.3 m/s，其他地方年平均风速一般为 1.3～4.3 m/s。三沙达到 4.2 m/s。

一年中，各地一般是夏秋之交风速较小，而冬春之交和秋冬之交的日子，风速一般都比较大。由儋州、白沙、屯昌等地构成的三角地带(位于西北部内陆)，是全岛一年当中风速变化最小的区域，西部、东南部、东北部等地沿海的风速变化一般都比较大(表 2.8)。

表 2.8　各代表站各月平均风速(m/s)

站名	1月	2月	3月	4月	5月	6月	7月	8月	9月	10月	11月	12月
海口	1.9	2.1	2.2	2.3	2.1	2.1	2.1	1.8	1.7	2.0	2.0	2.0
儋州	2.2	2.2	2.2	2.0	2.0	2.0	2.1	1.9	1.9	2.3	2.3	2.1
琼海	2.1	2.3	2.5	2.5	2.3	2.2	2.2	1.8	1.9	2.3	2.3	2.2
琼中	1.0	1.3	1.5	1.4	1.3	1.3	1.4	1.2	1.0	1.0	0.8	0.9
东方	4.1	3.9	4.0	4.1	4.4	5.1	5.0	4.1	3.4	4.1	4.5	4.6
三亚	1.5	1.6	1.5	1.5	1.6	1.6	1.6	1.6	1.5	1.7	1.8	1.7
三沙	4.2	3.6	3.6	3.5	3.6	4.8	4.6	4.6	3.4	4.3	5.0	5.1

2.5.3　最大风速和极大风速

这里所谓最大风速或极大风速，它们都是关于风速的一种统计量。在某段时间内，挑选其中任意 10 min 平均风速的最大值，我们把这个最大值称为该段时间的最大风速。而在某段时间内出现的瞬时风速的最大值，则称为该段时间的极大风速。对于同一地点来说，同一时段的极大风速总是大于最大风速。

最大风速和极大风速都反映了风力的极端情况，当二者达到足够大，就会对建筑、航运、航空等造成很大危害，一般后者比前者的破坏力大。最大风速相应的破坏力虽然相对较小，但是也不可以低估。最大风速反映的是一种持续性的破坏过程。有些建筑或物体可以经受住瞬时风速极大的风，但却经不起最大风速达到了一定程度的风的持续摧残而损毁。

海南年最大风速大于 30.0 m/s 的地区，主要分布在东南部、南部和西部的沿海一带，其中三亚为全省最大，达到 37.0 m/s；西部内陆地区，由于中部高大山脉的屏障作用，年最大风速为全省最小，其中白沙仅 16.7 m/s，三沙年最大风速为 30.0 m/s(图 2.51)。

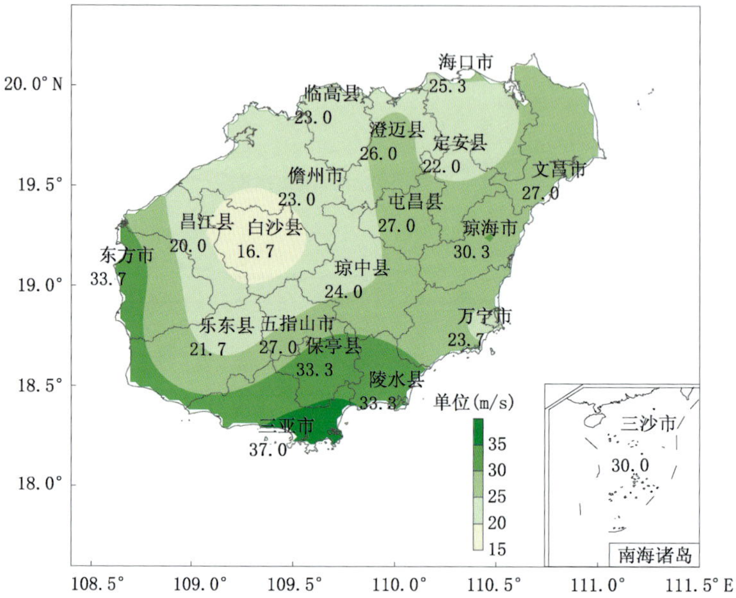

图 2.51　海南年最大风速分布

海南大部分地区年极大风速在 30.0 m/s 以上，达到 35.0 m/s 以上的有海口、东方、屯昌、保亭、三亚、陵水。三亚的年极大风速为全省最大，超过 50.0 m/s；其次为海口，达 42.8 m/s。与年最大风速相似，西部内陆地区的年极大风速也是全省最小，其中乐东仅 24.2 m/s。三沙年极大风速为 41.6 m/s(图 2.52)。

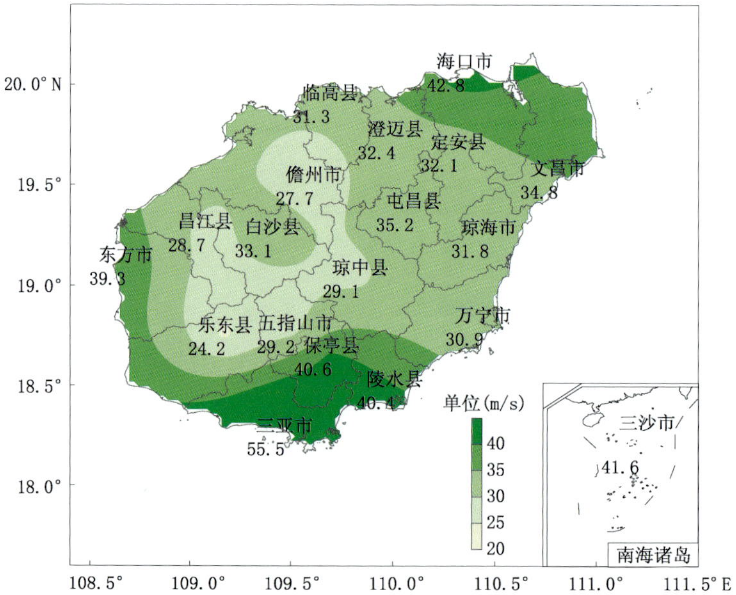

图 2.52　海南年极大风速分布

图 2.53 给出了海南最大风速和极大风速的年变化。由图可见，最大风速和极大风速都是 10 月最大，7 月次大，冬春季各月中则是 1 月为风速大值月，2 月为全年中的风速最小值月。

需要指出的是，由于观测仪器的限制，海南未能记录到真实的最大风速和极大风速。比如 1973 年的 7314 号超强台风于琼海登陆时，中心经过的地方无数大树被拔掉或折断，房舍被夷为平地，水塔顶的装水箱被扫下，直径超过 30 cm 的高压电杆被半腰折断，被强风吹飞的瓦片插入椰果深达 2 cm。由于当时的测风仪被吹毁，无法记录到真实的风速，只能靠科学的推算估计。经灾后勘察与估算，超强台风登陆琼海时的最大风速约达 60.0 m/s，极大风速达 70.0～80.0 m/s(中国气象灾害大典编委会，2008)。

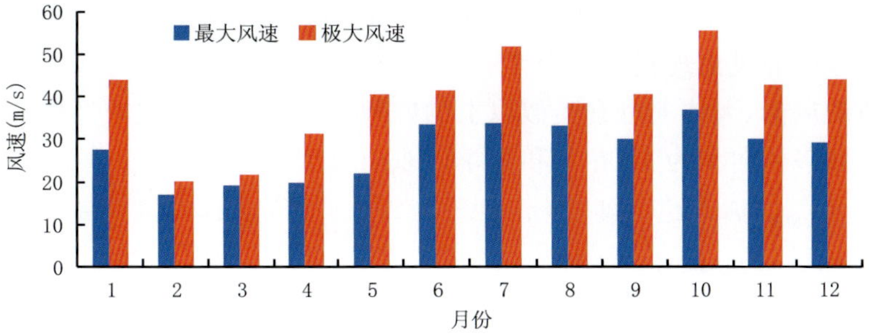

图 2.53　海南最大风速和极大风速年变化

2.5.4　大风日数

海南以 7—10 月比较容易出现大风天气(平均风速≥17.2 m/s)。出现大风天气的原因，主要是热带气旋、冷锋过境和局地性风暴(如龙卷风)等的影响。一年中，出现大风日数最多的地方是位于海南岛西部沿海的东方，全年为 13.5 d，其次是三沙为 11.0 d，海口为 6.3 d。海南岛内陆地区的大风日数普遍较少，其中琼中最少，全年大风日数不足 2.0 d，其他沿海地区的大风日数一般在 2.0～4.0 d(表 2.9)。

表 2.9　海南各月大风日数(d)

站名	1月	2月	3月	4月	5月	6月	7月	8月	9月	10月	11月	12月	年
海口	0.0	0.1	0.3	0.6	0.6	0.9	0.9	0.8	0.7	1.2	0.2	0.0	6.3
儋州	0.0	0.0	0.0	0.0	0.1	0.2	0.4	0.2	0.2	0.4	0.0	0.0	1.5
琼海	0.0	0.0	0.0	0.1	0.1	0.2	0.5	0.3	0.4	0.5	0.1	0.0	2.2
琼中	0.0	0.0	0.0	0.0	0.0	0.2	0.4	0.3	0.3	0.2	0.0	0.0	1.4
东方	0.9	0.6	0.9	1.2	0.9	0.8	1.4	1.5	1.2	1.5	1.4	1.2	13.5
三亚	0.1	0	0.1	0.2	0.2	0.3	0.6	0.6	0.6	1	0.4	0.1	4.2
三沙	0.2	0.0	0.0	0.2	0.5	1.0	1.4	1.5	1.4	1.9	1.5	1.4	11.0

2.5.5　风向

一年中出现最多的风向，又称主导风向，海南各地主导风向概括起来有四种不同类型。

一是东北风型。东北风出现频率明显高于其他风向。主要出现在西部沿海的临高、乐东、东方、白沙和三沙等地，最典型的是白沙(图 2.54a)。

二是东南风型。一般是东南风及相邻风向出现的频率明显多于其他风向。主要出现在中部山区的琼中、五指山，西部内陆的昌江和南部的三亚等地，最典型的是琼中(图 2.54b)。

三是多风向型。这是一种很特别的类型，主导风向一般以偏东风为主，除主导风向外，还有两个以上频率次多的风向。出现此类型的地区有屯昌、澄迈、儋州、陵水和保亭等地，其中最典型的是屯昌(图 2.54c)。

四是双风向型。除主导风向以外，还有一个出现频率接近主导风的次多风向，且二者风向互相背离。出现这种类型的主要有北部的海口、定安，东部的文昌、琼海和万宁等地，最典型的是琼海(图 2.54d)。

各地静风出现的频率以保亭、琼中和白沙等地为最大，达到 43%～48%，其余地区为 12%～34%。三沙的静风出现频率仅为 3%。

海南各季节的风向，大体上也有类似以上的四种类型。其中双风向型出现比较少，冬季和秋季以东北风型和多风向型为主，春季和夏季以东南风型为主。

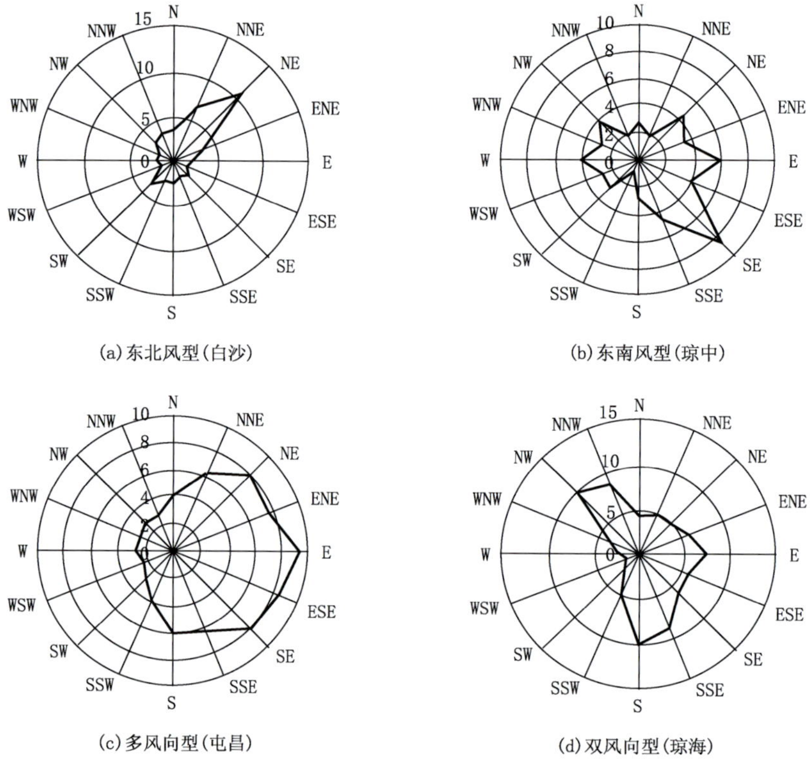

(a) 东北风型(白沙)　　(b) 东南风型(琼中)

(c) 多风向型(屯昌)　　(d) 双风向型(琼海)

图 2.54　海南主导风类型示意图

(a. 东北风型；b. 东南风型；c. 多风向型；d. 双风向型)

第 3 章　主要天气系统和气象灾害

3.1　主要天气系统

海南地处热带，常年四季受副热带西风、赤道西风和热带东风三种基本风系的影响。这三种风系的位置、强度及范围随季节的变化有较大的变化。基本风系的变化以及其结构特点构成了海南特定的天气和气候。由于海陆热力特性和海温结构的差异，海南还受到季风环流和海陆局地环流的影响。

海南处于欧亚大陆的东南端和太平洋的西侧，位于东亚季风区。夏季盛行西南季风和东南季风；冬季盛行东北季风。季风是海南气候的基本制约性因素，冷暖、干湿变化都与季风活动有密切关系。

10 月至翌年 3 月份，影响海南的天气系统比较单一，主要为冷空气类，表现为地面冷锋及冷高压出海变性后的变暖高压脊。此外，发展深厚的南支槽东移时，也会对海南的天气产生明显影响；4—9 月份，影响海南的天气系统非常复杂，有热带气旋、热带辐合带、季风槽、东风波、低空急流和副热带高压等；春、秋季节南亚高压对海南的天气也有重要影响。

3.1.1　冷空气类天气系统

冷空气是影响海南的重要天气。海南地处热带，每年的 10 月至翌年 4 月，受北方暴发的冷空气南下影响，带来降温、降水以及海上大风天气。影响海南的冷空气一般从 9 月下旬开始，到次年的 4 月中下旬结束。但每年环流形势各不相同，冷空气影响的开始和结束时间也不同。

冷空气南下影响海南的主要路径有两条。第一条（东路）是冷空气主力从河套地区沿 110°E 以东南下，经两湖盆地东部地区，粤东或浙闽地区，以后东移出海影响海南；第二条（西路）是冷空气主力从河套地区（110°E）以西经青藏高原及其东侧，进入四川盆地、云贵高原南下影响海南；地面冷高中心大多数可移到华中—川贵高原，海南位于冷高压脊的南侧。通常西路冷空气较东路冷空气强、湿度小，降水持续时间较东路冷空气短，降温幅度大。

冷空气以冷锋过境、冷锋静止和冷锋锋消三种形式影响海南。我们将影响海南的冷空气分为冷空气偏东南下冷锋天气过程（EF）、冷空气偏东南下静止锋天气过程（EQ）、冷空气偏东南下锋消天气过程（ES）、冷空气偏西南下冷锋过境天气过程（WF）、冷空气偏西南下静止锋天气过程（WQ）、冷空气偏西南下锋消天气过程（WS）六类过程。

3.1.1.1　冷空气偏东南下冷锋天气过程（EF）

（1）过程划分标准

① 冷空气到达华南沿海时，重庆 24 h 变压小于汉口，850 hPa 高空图上冷高压中心从重庆以东地区南下，冷空气主要从 110°E 以东地区侵袭海南。

② 锋面南下过湛江为过程开始，过程中冷锋扫过海南，当另一过程开始时本过程即被代替而告结束。

(2) EF 过程的频次及持续时间

EF 过程集中出现在 10 月至翌年的 4 月份，以 1 月份最多，平均 1.5 次，而 10 月份最少，平均 0.1 次；5—9 月份没有出现 EF 过程。过程持续天数平均每次为 4.7 d，以 12 月份最长为 6.5 d，4 月份最短为 3.3 d。过程最长持续天数为 9.0 d(出现在 12 月份和 1 月份)，最短为 1.0 d。

(3) 天气特点

降水：EF 过程的降水一般从冷锋接近海南时开始，冷锋锋面南压过海南岛进入南海后结束。几乎每一次 EF 过程都会带来降水，但降水的分布不均匀，主要以小雨为主。以一天中各地出现的最大降水量级来看，EF 过程的降水绝大部分是小雨，中雨和大雨少见。大雨仅出现在 2—4 月份及 11—12 月份，中雨则在 1—3 月份多些，小雨则主要出现在 1 月份。由于冷锋过境后，海南及南海北部低空被强大的东北气流控制，没有明显的水汽来源，所以，EF 过程不会给海南造成暴雨天气。

从降水量分布来看，以海南北部和东部、中部为最多，西北部次之，西南部最少，过程造成大范围的降水以 1—2 月份最多，其余多属于局地降水。

海上大风：按标准定义海面风速大于或等于 5 级的风为海上大风。EF 过程给南海北部和海南造成了大风。据统计，南海北部出现大风的概率为 86%，其中 1 月、3 月、11 月出现概率为 100%；最长持续时间 11 月份可达 7.0 d，4 月份仅 2.0 d；平均持续时间，全年为 2.6 d，最长为 11 月份 5.5 d，最短为 4 月份 1.5 d。各月份出现的大风最大强度为 7～8 级。

低温：按最低气温≤12℃的标准，统计 EF 过程低温出现的情况，结果是约有 58%的 EF 过程有低温出现，而且只出现在 12 月至翌年 2 月份，其他月份没有出现，1 月份出现概率最大，达 82%。低温持续天数最长为 6.0 d，各月相差不大。

3.1.1.2 冷空气偏东南下静止锋天气过程(EQ)

(1) 过程划分标准

① 冷空气到达华南沿海时，重庆 24 h 变压小于汉口，850 hPa 高空图上冷高压中心从重庆以东地区南下，冷空气主要从 110°E 以东地区侵袭海南。

② 锋面南下过湛江为过程开始，过程中锋面在雷州半岛—琼州海峡—海南或海南南部沿海静止。当另一过程开始时，本过程即被替代而结束。

(2) EQ 过程的频次及持续时间

EQ 过程主要出现在春季及初夏，7—8 月份和 10—12 月份没有出现过，个别年份的 1 月份也会出现，但个例极少。这是因为盛夏副高位置偏北，冷空气势力较弱，不易南下至到达南海地区，秋季冷空气活跃，缺乏暖空气的对峙，也不易形成这类过程。EQ 过程平均每年有 4.6 次，平均持续时间为 3.7 d，最长有达 12.0 d(2 月)和 11.0 d(5 月)，最短的仅 1.0 d，可见这类过程的变化还是比较复杂的。

(3)天气特点

降水：EQ 过程给海南带来最显著的影响就是阴雨天气。几乎每个过程都会给海南带来降水，雨量以小雨居多。降水量的大小与季节有很大关系，1 月份小雨过程较少，2 月份绝大部分都是小雨，仅有个别次数出现中雨，3 月份小雨仍占多数，并开始有大雨和暴雨出现，4 月份以后，本类过程的雨量显著增大，基本上都是大雨和暴雨，因为这些季节暖空气活跃，有持久的冷暖空气交汇，则可能造成大范围的持续强降水，这也是海南春季主要降水型式之一。

降水量的分布不均匀，小雨级别以北部最多，东部、中部次之，中雨级别以北部和东部、中部居多，大雨级别以西北部和北部居多，暴雨主要出现在东部和中部地区，其他地区较少。

海上大风：EQ 过程由于强度较弱，大风出现的概率仅为 38%，但 1—2 月份的大风概率为 100%，这是因为冷空气的强度还比较强的缘故，3—4 月份有时出现大风，5—6 月份和 9 月份的 EQ 过程几乎没有大风。

大风持续的时间较短，最长的为 3.0 d，平均为 1.6 d，以 3 月份为最长。大风的最大强度为 7～8 级，以 2—3 月份较强，1 月份和 4 月份最大强度仅为 6 级。

低温：由于静止锋的冷空气势力弱，EQ 过程造成低温的概率很小，只占过程总数的 10%，而且都是发生在 2—3 月，其他月份没有低温出现。2 月份有低温的过程占三分之一，3 月份占十分之一。最长持续天数为 2.0 d，平均为 1.5 d，最低气温为 10.1～12.0℃。

3.1.1.3 冷空气偏东下锋消天气过程(ES)

(1) 过程划分标准

① 冷空气到达华南沿海时，重庆 24 h 变压小于汉口，850 hPa 高空图上，高中心从重庆以东地区南下，冷空气主要从 110°E 以东地区侵袭海南。

② 锋面在华南沿海或以北地区消失，冷空气南下过湛江为过程开始，至另一过程替代为过程结束。

(2) ES 过程的频率及持续时间

ES 过程主要出现在秋冬季节，以 11 月份最多，5—8 月份较为罕见，这类过程的次数均较其他冷空气过程为多，平均每年为 11.3 次。由于 ES 过程往往没有维持所有演变阶段就开始了新的过程，所以次数显得多些。

ES 过程的年平均持续天数有 3.7 d，最长为 12.0 d，以 10 月份和 12 月份为最长，最短的过程仅为 1.0 d，短过程大多出现在春夏季节。

(3)天气特点

降水：大部分 ES 过程都会带来降水天气，其中绝大部分为小雨。特别是 11 月至翌年4 月份以小雨居多，大雨和暴雨只出现在 9—11 月份，在这些月份里的南海低压槽的活动及冷高压在华东北部出海，形成海南至华南沿海一带受偏东气流控制，与水汽来源有比较密切关系。

降水量的地区分布，小雨级别以东部、中部最多，北部次之，西北部又次之。中雨级别以东部、中部占多数，大雨级别和暴雨级别也以东部、中部居多。西北部未出现过大雨级别，西南部和西北部未出现过暴雨级别。

海上大风：ES 过程出现大风的概率为 43%，其中主要出现在 10 月至翌年 1 月份，2—3 月份较少，4—9 月份没有出现过。但 10—11 月份的大风多数出现在南海北部和西沙群岛附近海面，这是由于与南海低压共同作用的结果，与单纯的冷空气作用不同。

大风平均可以维持 2.6 d，最长的为 7.0 d，最短的仅为 1.0 d。大风的最大强度为 7～9 级，发生在与热带低压系统共同作用时。12 月至翌年 2 月份最大强度为 7～8 级，3 月份为 6 级。

低温：本类过程出现低温的概率为 30%，但在 12 月份达到 50%，1 月份达到 78%，3—9 月份没有低温出现。秋末冬初本类过程的低温与菲律宾以东的台风活动有关，故有时温度也比较低。低温的平均持续天数为 3.2 d，最长为 8.0 d，平均而论，以 12 月份持续时间最长。所达到的最低温度，10 月、11 月和 2 月份为 5.0～8.0℃，12 月至翌年 1 月份为≤5.0℃。

3.1.1.4　冷空气偏西南下冷峰过境天气过程(WF)

(1) 过程划分标准

① 冷空气到达华南沿海时，重庆 24 h 变压大于汉口，850 hPa 高空图上高中心从重庆以西地区南下，冷空气主要从 110°E 以西地区侵袭海南。

② 锋面南下过湛江为过程开始，过程中冷锋扫过海南岛，当另一过程开始时本过程即被替代而告结束。

(2) WF 过程的频率及持续时间

除盛夏 7—8 月份外，其他月份均有 WF 过程出现，但以 1 月份最多，6 月份最少，3—5 月份和 10—11 月份较多。年平均为 5.8 次，平均持续天数为 4.4 d，以 1 月份的 5.7 d 最长，2 月份次之，12 月份最短；最长持续天数达 14.0 d，也是出现在 1 月份，最短的过程只有 2.0 d。

(3) 天气特点

降水：几乎每次 WF 过程都会给海南带来降水，12 月至翌年 3 月份一般以小雨或中雨为主，5—10 月份降雨强度基本都在中雨以上，9—10 月份还会有大雨以上降水出现。由于 WF 过程冷空气比较活跃，只要水汽、稳定度条件合适，一般降水级别是较大的。

降水的地区分布，中小雨级别仍像其他冷空气过程一样，以东部、中部和北部最多，大雨级别以东部、中部占大多数，暴雨级别只出现在东部、中部和北部，但以东部、中部为多。

海上大风：偏西路径的冷空气往往势力强，因此，WF 过程是大风出现概率最大，达 89%，尤以 1 月和 3 月为最多，大风平均持续天数为 2.0 d，以 11 月份的 3.2 d 最长，2 月份及 6 月份最短为 1.0 d；最长持续天数为 5.0 d。大风的最大强度为 7～9 级，以北部湾北部地区出现最多。

低温：本类过程出现低温的概率很小，仅为 21%，且只在 1—2 月份出现，其他月份则未出现过。低温平均持续天数为 5.5 d，最长持续天数为 14.0 d，最低气温低于 5.0℃，都是以 1 月份最为显著。

3.1.1.5　冷空气偏西南下静止锋天气过程(WQ)

(1) 过程划分标准

① 冷空气到达华南沿海时，重庆 24 h 变压大于汉口，850 hPa 高空图上高中心从重庆以西地区南下，冷空气主要从 110°E 以西地区侵袭海南。

② 锋面南下过湛江为过程开始，过程中锋面在雷州半岛、琼州海峡、海南或海南南部沿海静止。当另一过程开始时，本过程即被替代而结束。

(2) WQ 过程的频率及持续时间

WQ 过程是各类冷空气过程中出现次数最少的一类。全年除 12 月至翌年 1 月份外，其他各月均有出现，但以 5 月份最多。平均每年有 1.1 次，其持续天数平均为 3.4 d，最长为 9.0 d，最短为 1.0 d，以 4—6 月份和 9—11 月份为较长。可见这类过程在冷暖空气均较活跃的时期容易出现。

(3) 天气特点

降水：几乎所有 WQ 过程都会带来降水，与其他冷空气过程不同，WQ 过程出现小雨级别很少，只出现于 3—4 月份，其他月份都在中雨以上，中雨级别产生于 5—6 月份、8—9 月份和 10 月份，大雨级别产生于 4—5 月份和 9—10 月份，暴雨级别产生于 5—7 月份和 9 月份。

日最大降水量的分布，小雨级别除西南部没有外，其他各区差不多，中雨级别也是各区相差不多，大雨级别以东部、中部最多，西北部次之，暴雨级别仍是东部、中部最多，西南部最少。

海上大风：WQ 过程的大风出现概率不大，仅为 36%，其中 12 月至翌年 2 月份和 7 月份没有出现过本类过程的大风，其他月份均发生过。大风平均持续天数为 2.2 d，以 4 月份和 11 月份较长，最长持续天数为 5.0 d，出现于 11 月份，最大强度为 7～8 级，在 4—5 月份出现，其余月份最大为 6 级，说明这类过程的强风较弱。

低温：WQ 过程冷空气强度弱，基本上不会造成出现最低温度小于 12.0℃ 的低温天气。

3.1.1.6　冷空气偏西南下锋消天气过程（WS）

（1）过程划分标准

① 冷空气到达华南沿海时，重庆 24 h 变压大于汉口，850 hPa 高空图上高中心从重庆以西地区南下，冷空气主要从 110°E 以西地区侵袭海南。

② 锋面在华南沿海或以北地区消失，冷空气南下过湛江为过程开始，至另一过程替代为过程结束。

（2）WS 过程出现频率及持续时间

本类过程出现的次数仅次于 ES 过程，而比其他冷空气过程多。年平为 8.9 次，其中以 9—12 月份较多，春季各月份较少，5—6 月份最少，7—8 月份未出现过。过程平均持续 4.4 d，最长的达 12.0 d(9—10 月)，最短的仅 1.0 d。

（3）天气特点

降水：大部分 WS 过程都会带来降水，降水以中小雨为主，小雨级别在 9 月至翌年 4 月均有出现，以 12 月至翌年年 1 月较多，中雨、大雨和暴雨级别均以 9—10 月份为主。

降水量的地区分布，各级别都是以东部、中部出现最多，北部次之很少有全区性降水。暴雨、大雨绝大多数出现于东部、中部，西北部从未出现。

海上大风：WS 过程出现大风的概率为 44%，以 11 月份的 75% 为最高，3 月份及 5 月和 6 月份的 WS 过程未出现大风。大风平均持续 2.9 d，最长持续天数可达 9.0 d，以 11 月份为最长。大风最大强度达 7～9 级，发生在 9—11 月份的热带气旋系统与冷空气共同作用时。

低温：本类过程出现低温的概率为 40%，11 月至翌年 1 月份最高，达 75%～80%，3—9 月份没有低温出现。低温的平均持续天数为 3.6 d，最长可达 9.0 d，11 月至翌年 1 月份的最低温度可达 5.0℃ 以下，2 月份也达 5.0～8.0℃。

3.1.1.7　变暖高压脊

变暖高压脊是由我国大陆的地面冷高压东移出海变性而成。海南平均每年有 60.4 d 受变暖高压脊影响，每次过程约 3.4 d，最常持续 15.5 d。年中除去 7 月和 8 月份外，其余月份均有出现，以 10 月至翌年 4 月居多(其日数占本类系统的 87%)。

3.1.2　低压槽类天气系统

低压槽按其出现位置分为西南低压槽、南海低压槽、华南沿海低压槽及越南低压槽。

3.1.2.1 西南低压槽

(1)过程划分标准

以 3 个标准确定西南低压槽影响海南：

①主力在西南地区(常被冷空气南压到中印半岛北部)。

② 850 hPa(约 1500 m)高空，海南气流呈气旋性弯曲，多属西南气流。

③湛江以南无锋面，海南附近气压梯度大。

(2)西南低压槽控制下的海南天气的特点

冬半年西南低压槽常呈东北—西南向，海南在其南方或者东南方，海南出现偏南风，风速较小，以晴好天气为主。

春季西南低压槽自云南、广西一带东伸，海南处在其南方或东南方，常阻挡冷空气南下，不致影响海南，此时海南偏南风大。东、西部沿海地区午后常出现 6 级左右的偏南风，天气较好。如西南低压槽控制海南时间久时，就可能出现干旱，其特点是高温，相对湿度小，降水多常呈局部性，多数出现在北部和东部、中部内陆。

初夏以后西南低压槽主力南移至越南北部、广西一带，其槽伸到北部湾(少数主力可至北部湾北部)。盛夏至初秋可以伸至南海西部，低压中心在北部湾附近。海南处在低压槽顶部，辐合气流较强，此时天气较坏，大部分地区均有雷阵雨，强度较大，大到暴雨多数产生在此季节内(4—7 月)。

3.1.2.2 南海低压槽

东西向的南海季风槽控制南海中部或北部(有时有低压中心及槽线，或有辐合线在 15°～20°N)，我们将其定义为一次南海低压槽天气过程。南海低压槽控制海南时，越南至北部湾可能有低压槽或低压，海南高空吹东北、东或东南风，典型的吹东南风。若辐合线横过海南时，南部吹偏西风。

海南平均每年有 20.1 d 受南海低压槽影响，每次过程约 2.9 d，最长持续 9.0 d。南海低压槽主要出现于 5—9 月，以 8—9 月较多。

南海低压槽影响时，海南有降水，基本上为阵性对流降水，降水量与低压槽强度、位置、高低空天气系统配置密切关联，从小雨到大暴雨均有可能出现。降水分布以北部、中部、东部地区较多。

3.1.2.3 华南沿海低压槽

当南海季风槽位置偏北，控制华南沿海时，我们将其称为华南沿海低压槽。海南位于低压槽的南侧，低空吹西北、西或西南风，典型的吹偏西风。

这类系统出现频率较少，平均每年仅 9.1 d，每次过程约 2.8 d；过程最长 7.5 d，主要出现于 6—9 月，以 8 月份最多(占 42%)。

受华南沿海低压槽影响，海南多干热天气。在 5—6 月份，东部容易出现 36.0℃以上的高温天气。如有降水，则以阵性对流降水为主，降水区主要分布在北部内陆和中部地区。

3.1.2.4 越南低压槽

夏季，来自阿拉伯海的低空偏西风经过孟加拉湾，进入南海，与副热带高压西侧的东南风汇合，发生向北偏转，气流呈气旋性弯曲，在中南半岛地区形成一个开口向北的低压槽，我们称之为越南低压槽。越南低压槽有时扩展到中印半岛其他区域或延伸至南海南部。

越南低压槽平均每年出现 16.1 d，每次过程约 3.4 d，最长持续 11.0 d，出现于 4—10 月，大部分出现在 6—8 月。

越南低压槽控制海南时，高空副热带高压脊控制华南并伸向海南（有时从南海伸向海南），海南吹东南到偏南气流。降水多以小到中阵雨为主，主要分布在西部、中部和南部地区。

3.1.2.5 南支槽

南支槽也称副热带南支西风槽，它是冬半年副热带南支西风气流在高原南侧孟加拉湾地区产生的半永久性低压槽，是南支西风上的扰动。

南支槽可以分为 10 月建立、11 月至翌年 2 月加强、3—5 月活跃和 6 月消失转换四个阶段，生命期为 10 月至翌年 5 月。南支槽大多数呈准静止或移动很少，但有时亦向东移经过我国境内。南支槽移动速度很慢，据统计，南支槽从孟加拉湾开始东移，平均每天仅移动 4～8 个经距，移动到海南岛时一般需要 3.0～4.0 d。移动性南支槽过境时可造成地面温度降低，湿度减小，风向由偏南转为偏北，雨区也自西向东移动，移动性南支槽在东移的过程中不但提供水汽输送，槽前上升运动也为降水增强提供必要的动力条件。

单独的南支槽影响，海南省一般不会出现较强降雨，如果低空有其他系统与之配合（如地面冷锋、偏东回流等），则可给海南带来一次大范围的大到暴雨过程。如果南支槽位置偏北，槽底高于 20°N，则对海南影响不明显。发展深厚的南支槽东移经过海南时，槽后还会引导北方强冷空气从西路南下，给海南带来一次大风降温过程。

3.1.3 副热带高压

在南北半球的副热带地区，存在着主要由于动力作用而形成的副热带高压带，由于海陆的影响，常断裂成若干个高压单体，这些单体统称为副热带高压（简称“副高”）。

副热带高压是一个长年存在的、稳定少动的暖性深厚系统。其强度和范围，冬夏有很大不同，夏季，高压特别强大，范围广，冬季，强度较弱，范围较小。

副热带高压对海南天气有重要影响。副高的短期活动，特别是西伸和东撤，会给海南带来降水天气。当副高脊西伸时，由于其西端原来为低压槽控制，脊刚伸到海南沿海时，副高西端的东南气流给中低空带来大量水汽，海南的东南部和中部山区会有一次降水过程。当副高脊线位于华南，海南处于它的南缘，副高南侧常有东风波生成并东移影响海南。由于副高内部盛行下沉气流，当副高主体西伸控制海南时，海南以晴热天气为主。

海南平均每年有 30.0 d 受西太平洋副热带高压影响，每次过程约 3.8 d，最长持续 17.5 d。它主要出现于 4—9 月（占 89%），2—3 月也有影响，但日数较少。12 月至翌次年 1 月海南基本没有副高影响。

3.1.4 南亚高压

南亚高压是夏季出现在青藏高原及邻近地区上空的对流层上部的大型高压系统，又称青藏高压或亚洲季风高压（朱乾根等，2007）。它在 100 hPa 附近最强大，是夏季 100 hPa 高度上除极涡以往最强大、最稳定的系统。

南亚高压的强度和位置有明显季节变化。冬半年南亚高压位于 10°N 左右的太平洋中部上空，强度很弱，在月平均图上绘不出闭合中心。到 4 月份，南亚高压才出现闭合中心，位于菲律宾东南洋面上，强度较弱；5 月份高压中心北移到 23°N，位于中南半岛北部，高压中心有所增强;6 月份,跳上青藏高原,强度明显增强,7—8 月主要活动于青藏高原和伊朗高原上空。高压最强盛、范围最大,从非洲西岸(20°W 附近)起,经南亚到达西太平洋(160°E 附近),几乎占地球圆周的 1/2,成为 100 hPa 上最强大、最稳定的环流系统;8 月份,南亚高压位置到达最北,脊线位于 31°N 左右,9 月份脊线又回到 28°N 附近;10 月份,高压向东南退缩至太平洋上空,远离亚洲大陆。高压中心和强度有十几天到几十天的东西振荡和明显的年际变化,有人认为准 3 年周期比较突出。南亚高压是影响中国夏季天气和大范围旱涝分布的重要环流系统。特别是高压南缘与高压密切相连的热带东风急流,对南亚、中南半岛和中国低纬一带的降水有很大影响。

春秋两季,当南亚高压位于中南半岛北部或南海北部上空时,海南对流层上层辐散明显,如低空有辐合抬升作用时,可出现大范围的持续强降水。海南历史上出现的大范围致洪暴雨,往往都有南亚高压配合。

3.1.5 低空急流

低空急流是指出现在对流层低层,风速最大值达 12 m/s 以上的强风区。低空急流一般在 850 hPa 和 700 hPa 层上最明显,其附近风的水平和垂直切变很强(孙淑清和高守亭,2005)。低空急流和暴雨的发生发展有密切关系,据统计,有 80%以上的暴雨过程都伴有低空急流。暴雨和低空急流有比较固定的相互配置,多数暴雨发生在低空急流轴左侧 200 km 之内的地区。

有两支低空急流对海南的降雨有重要影响,分别是南海西南低空急流和南海偏东低空急流。

南海偏东急流主要出现在春季的 4—5 月和秋季的 9—10 月,它的形成与北方冷空气和南海季风槽密切相关。春秋两季,南海季风槽位置偏南,槽线位于 10°N 左右,北方冷空气势力不强,南下的冷空气一般只到达华南地区,地面冷高从浙闽一带东移出海,北高南低的系统配置有利于低层显著加压,南海北部气压梯度增强,形成偏东急流。

南海偏东急流是造成海南春、秋两季致洪特大暴雨的最重要的低层天气系统,一方面,急流从南海东北源源不断地输送大量水汽,另一方面,当急流经过海南陆地时,由于海岸地形的衰减辐合和中部山区的强迫抬升作用,可造成长时间的强烈降水,强降水区主要分布在东部的陵水、万宁、琼海、文昌,和中部山区的琼中、五指山、保亭等地区。2000 年 10 月 13 日和 2008 年10 月 11 日,发生在海南东部和中部的特大暴雨过程就是由南海偏东急流引发的。

3.1.6 东风波

在副热带高压南侧对流层中、下层的东风气流里,常存在一个槽或气旋性曲率最大区,呈波状自东向西移动,这种活动在东风气流里的热带波动成为东风波(朱乾根等,2007)。

东风波从南海东部移近海南时,一般都会带来降水和雷暴等坏天气,当东风波与低层的低涡、低空急流或与南海季风槽相互作用,可造成大范围强降水。如 2007 年 10 月 13 日,即是东风波和低空偏东急流互相作用,造成海南全省出现大范围强降水,文昌、琼海、琼中部分地区出现大暴雨,局部特大暴雨,其中琼海长坡镇日雨量达 416.7 mm。

东风波自海洋上生成后,自东向西移动,移动速度比较稳定,一般为 20～25 km/h。东风波加强时,移速会减慢。若西移过程中与西风槽接近,两者都会减速。南海如有热低压存在,东风波移到热低压上空时，可促使热低压发展成为台风(朱乾根等，2007)。

3.2 主要气象灾害

3.2.1 热带气旋

3.2.1.1 分布特征

热带气旋是海南最主要的气象灾害，严重威胁人民生命财产安全和制约国民经济的发展。1973 年 9 月 7314 号超强台风造成全岛近千人死亡，2005 年 9 月超强台风“达维”造成海南直接经济损失超过 100 亿元。

当热带气旋中心进入 15°～23°N、106°～114°E 区域达 2 个观测时次以上，即为影响海南的热带气旋。按此统计标准，热带气旋一年四季均可影响海南，年平均影响个数约 7～8 个。主要影响期为 6—10 月，影响个数占全年总数的 90%，8—9 月达到影响盛期(表 3.1)。影响海南初旋(第一个影响海南的热带气旋)平均时间在 6 月中旬，影响海南终旋(最后一个影响海南的热带气旋)平均影响时间在 10 月下旬。最早初旋出现在 1 月 26 日(1975 年)，最晚终旋出现在 12 月 29 日(1981 年)。

每年登陆海南的热带气旋平均为 2～3 个。登陆的热带气旋从 4 月持续到 11 月，主要影响期也为 6—10 月，登陆个数占全年总数的 90%，8—9 月也为登陆高峰月。多年平均的登陆海南初旋(第一个登陆海南的热带气旋)时间在 7 月上旬，登陆海南终旋(最后一个登陆海南的热带气旋)时间在 9 月中旬。0801 号台风“浣熊”于 2008 年 4 月 18 日登陆东部沿海的文昌市，为最早登陆海南初旋，它也创下初台登陆我国的百年最早记录(谭燕等，2010)，而 1950 年 11 月 23 日登陆万宁市的 5040 号强热带风暴为 50 年中最晚登陆海南的终旋。

表 3.1　各月平均影响海南的热带气旋频数(1961—2010 年平均)

月份	1—3	4	5	6	7	8	9	10	11	12	年
影响个数平均(个)	0.02	0.08	0.30	0.80	1.44	1.62	1.84	1.18	0.54	0.04	7.86
登陆个数平均(个)		0.04	0.09	0.23	0.44	0.58	0.53	0.28	0.07		2.26

表 3.2 为登陆海南热带气旋的逐月空间分布频数。从登陆地点看，在东部沿海地区(包括文昌、琼海、万宁)登陆的热带气旋最多，占登陆总数的 67%，其中又以文昌最多，达到 33 个；其次是南部沿海地区(包括陵水、三亚、乐东)，占总数的 27%；在北部和西部沿海地区登陆的热带气旋较少。从登陆地点的月际分布来看，5 月热带气旋以在东部和南部沿海地区为主，6—9 月以在东部沿海地区登陆为主，10 月和 11 月在东部沿海和南部沿海地区的登陆个数接近，其中 10 月在三亚登陆的次数最多。从强度来看，在东部沿海地区登陆的热带气旋最强，其中 1973 年 9 月在琼海登陆的 7314 号台风是 1949 年以来登陆海南最强的台风，登陆时中心最低气压 925 hPa，测风仪被刮坏，估计最大风速达 60 m/s。北部沿海登陆热带气旋的个数虽少，但登陆时中心最低气压极值与南部沿海地区的相当。

表 3.2 登陆海南热带气旋的空间分布频数(1961—2010 年)

月份	北部沿海	东部沿海	南部沿海	西部沿海
4		2		
5		2	2	
6		9	3	
7	1	17	3	
8	2	18	7	
9	2	18	5	1
10		8	7	1
11		2	3	
合计	5	76	30	2
登陆时中心最低气压极值	960 hPa	925 hPa	960 hPa	990 hPa

3.2.1.2 生成源地

影响海南的热带气旋源地在南海和西太平洋，其中南海生成的热带气旋约占总热带气旋数的 52%，西太平洋生成的热带气旋约占影响总数的 48%。不同季节，影响的热带气旋的源地有差异，5—6 月和 8—9 月，南海的热带气旋频数较多，7 月、10—12 月以西太平洋的热带气旋频数占多数。

图 3.1 为 1961—2010 年每 2°× 2°经纬度范围的热带气旋生成个数分布图。影响海南的热带气旋源地主要集中在以下两个海区。

(1)南海中北部

南海中北部偏东洋面是热带气旋生成的高频区，这个高频区近于圆形盘踞在南海中北部。主要位于 6°～20°N、112°～120°E 的范围内，高发中心位于 16°～17°N、118°～120°E，是整个南海和西太平洋热带气旋生成频率最高的区域。整个南海海区平均每年约有 3.5 个，约占热带气旋生成总数的三分之一(图 3.1)。

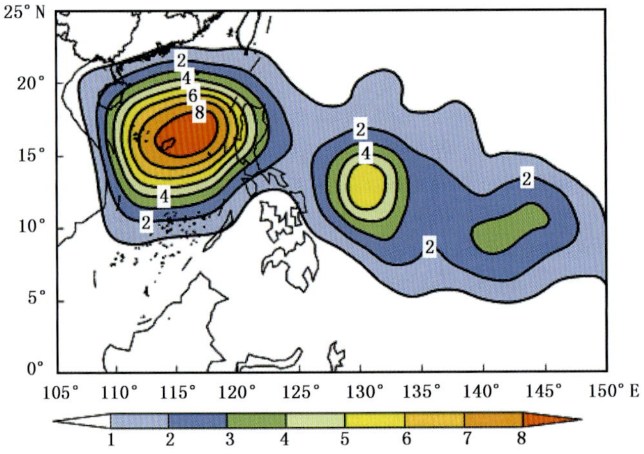

图 3.1 影响海南的西太平洋、南海热带气旋发生频数

(2)菲律宾以东、加罗林群岛附近洋面

在菲律宾以东至加罗林群岛之间洋面(10°～14°N,128°～134°E)、加罗林群岛一带洋面(8°～12°N,136°～150°E)是西太平洋热带气旋生成的高频区域(图 3.1)。

3.2.1.3　移动路径

图 3.2 给出影响海南的热带气旋总体及各月路径频数。由图可以看出,影响海南岛的热带气旋主要由 16°～18°N 一带进入,一支沿 17°N 继续西行,登陆越南;另一支从 112.5°E 折向西北,从万宁至文昌一带登陆穿过海南岛,进入北部湾。

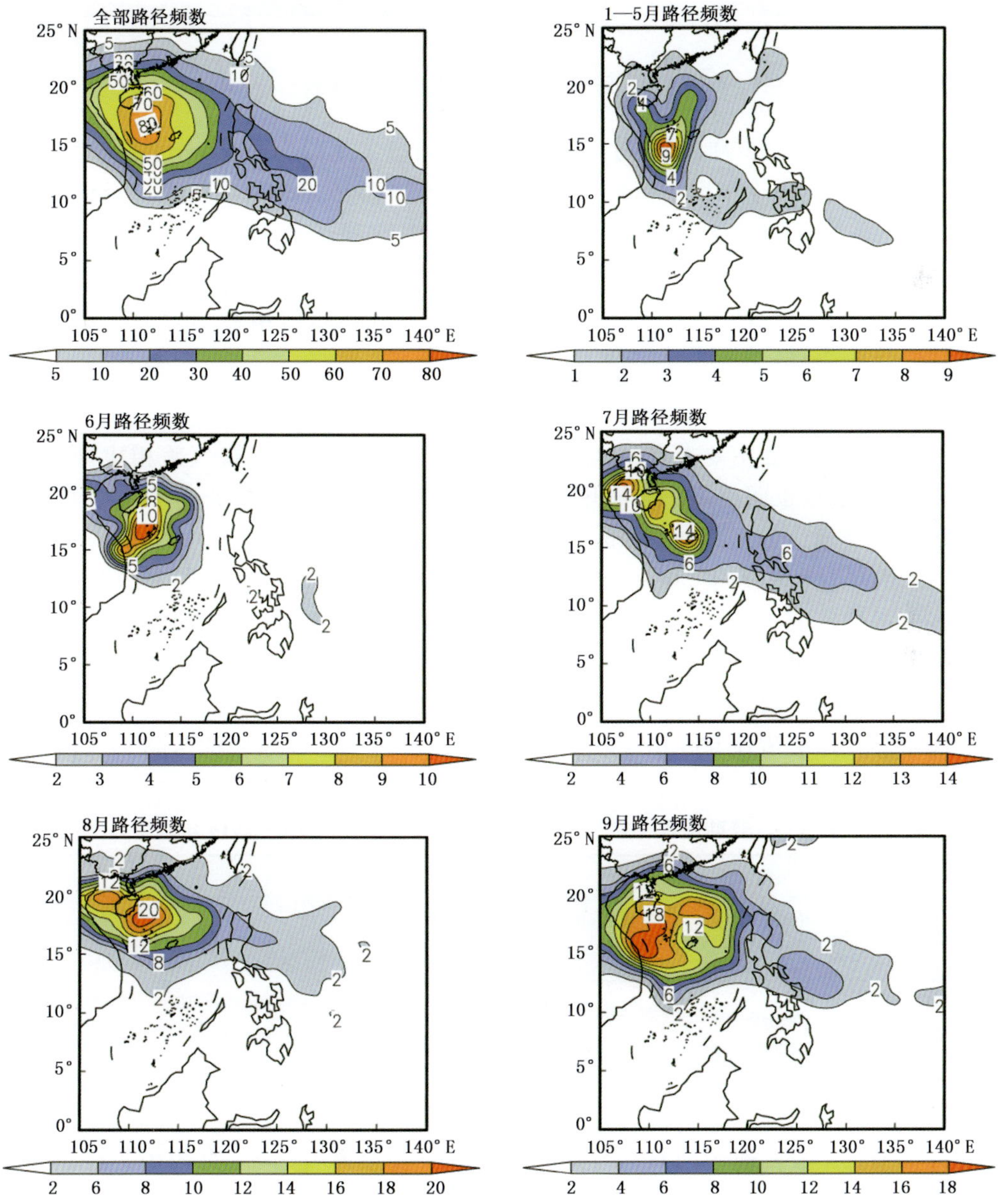

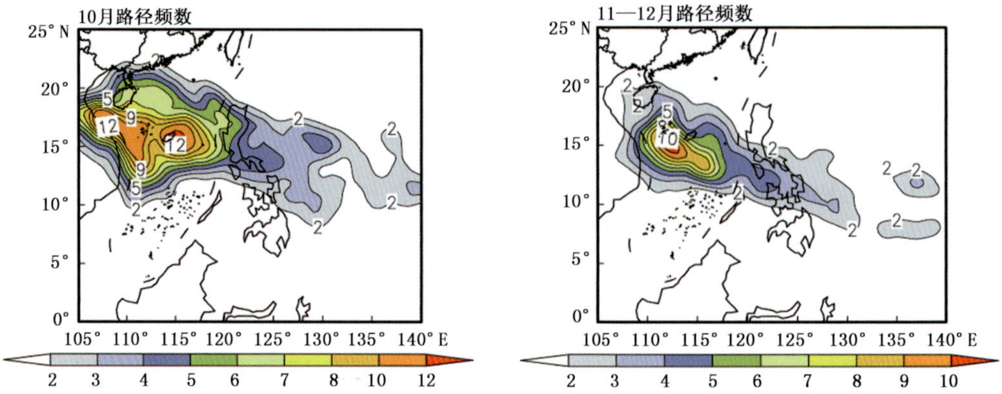

图 3.2　影响海南的热带气旋路径频数

从各月分布来看，1—5 月，影响海南的热带气旋路径主要分为两支，分别位于海南的东侧和西侧，生成源地主要位于南海中西部；6 月，热带气旋主要影响海南的东南部，路径以西北行和北行为主；7—8 月，西太平洋生成的热带气旋影响海南的频数逐渐增多，路径以西北行为主，8 月的影响路径有所北移，以西北行为主；9 月，影响热带气旋的路径以北行为主；10 月，热带气旋主要影响海南的南部地区。11—12 月，热带气旋在靠近海南时趋于消亡，只有少数热带气旋直接登陆海南岛。

3.2.1.4　强度

登陆海南的热带气旋主要来自西太平洋。与来自西太平洋的热带气旋相比，南海热带气旋的尺度小得多，强度也弱得多。南海热带气旋的水平半径一般为 400～600 km，而西太平洋热带气旋水平半径可达 500～1000 km。在西太平洋热带气旋生命史中，约有 50%以上的热带气旋中心最大风速值曾大于 50 m/s，而南海热带气旋只有 9%。约有 30%的西太平洋热带气旋中心气压极值曾低于 960 hPa，而南海热带气旋中心相应值只有不到 10%。

登陆海南的 113 个热带气旋中，中心气压极值在 996～1000 hPa 的最多，有 26 个；其次是 991～995 hPa，有 16 个，971～975 hPa 的有 12 个，966～970 hPa 和 976～980 hPa 的有 11 个。极个别台风中心气压极值在 950 hPa 以下，7314 号强台风中心气压极值达到 925 hPa(表 3.3 和图 3.3)。

表 3.3　登陆海南热带气旋中心气压等级频数表(1961—2010 年)

项目	中心气压(hPa)												
	>1000	996～1000	991～995	986～990	981～985	976～980	971～975	966～970	961～965	950～960	940～950	930～940	<930
过程中心极值	5	19	13	7	7	13	8	12	6	12	6	2	3
登陆时中心气压	9	26	16	7	6	11	12	11	6	6	2	0	1
离岛时中心气压	41	42	21	8	1	0	0	0	0	0	0	0	0

表 3.3 也给出了登陆海南的热带气旋过程中心气压值统计特征，过程中心气压值在 996～1000 hPa 的频数最多，达 19 个；991～995 hPa 和 976～980 hPa 这两档的，有 13 个；950～960 hPa 和 966～970 hPa 这两档有 12 个。7314 号台风登陆时中心气压比登陆前 6h 下降了

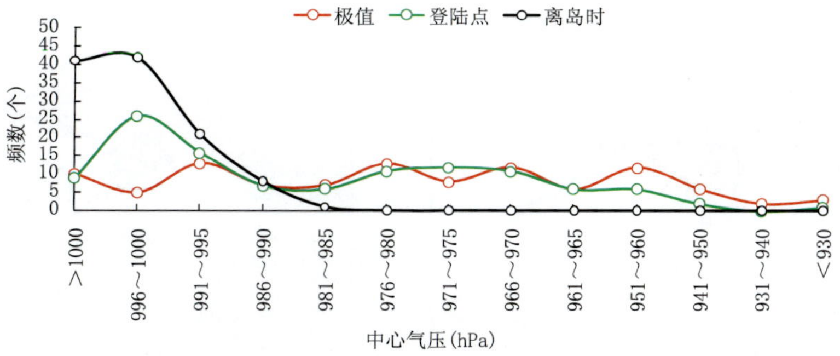

图 3.3　登陆海南热带气旋中心气压分级频数曲线(1961—2010 年)

50 hPa，比登陆前 12 h 下降了 48 hPa。

由表 3.3 还可以看出，大部分登陆海南的热带气旋登陆时中心气压值等于过程中心气压极低值，也就是说大部分登陆海南的热带气旋在接近岛屿时强度增强，并维持最大强度登陆海南。

表 3.3 同时给出了热带气旋移离海南时的中心气压值统计特征，中心气压值在 996～1000 hPa 的为最多频数，达 42 个；其次是大于 1000 hPa 和 991～995 hPa 这两档，分别有41 个和 21 个。离岛时各级中心气压值频数与登陆时中心气压值频数相比较，可以发现大多数热带气旋强度登陆后迅速减弱，这说明地形摩擦对热带气旋强度有明显的减弱作用。中心气压值在 980 hPa 以下的热带气旋，通常比登陆时中心气压值迅速升高，7317 号台风登陆时中心气压值为 925 hPa，离岛时中心气压值为 970 hPa，登陆后中心气压升高了 45 hPa。

3.2.1.5　登陆历时

登陆海南的热带气旋，穿越岛屿所经历的时间差别很大，随热带气旋路径、登陆点、中心强度和当时的环流形势而不同。表 3.4 给出了 1961—2010 年 113 个登陆热带气旋穿越海南岛时所经历的时间。其中，7619 号和 0114 号热带气旋从登陆到离岛持续时间长达 38 h 以上。而 7705 号、8415 号、8934 号、9033 号、9612 号、0016 号热带气旋在海南岛上只停留了 2～3 h。40 年中共有 92 个热带气旋在 24 h 之内穿越本岛，另有 11 个和 7 个热带气旋分别历时 30 h 和 36 h 穿越海南岛。

7619 号台风于 1976 年 9 月 22 日 21—22 时登陆儋州，近于南北向地穿越海南岛，从陵水附近进入南海。于 26 日 06—07 时再次登陆万宁，沿东部沿海北上，从文昌东北角移出，再次进入南海，向东北方向移去而后消失(图 3.4a)。

0114 号热带风暴前后 2 次登陆海南，第一次于 2001 年 8 月 29 日 17 时登陆文昌，向西北方向移动进入北部湾，8 月 31 日 11 时登陆广西北海，而后向东移动穿越雷州半岛，再向南折，绕海南回旋运动，于 9 月 10 日 05 时再次登陆海南三亚(图 3.4b)。

3.2.1.6　热带气旋大风

对影响海南的热带气旋过程的极大风速进行统计，过程极大风速在 10～19 m/s 的频数最高为 50.6%，其次是 20～29 m/s。而影响海南的热带气旋极大风速在 10 m/s 以下占到 53.5%，10～19 m/s 的占 25.5%，20～29 m/s 的有 15.2%。登陆、影响海南热带气旋的极大风速主要在 30 m/s 以下，占比约达到 80%以上(表 3.4)。

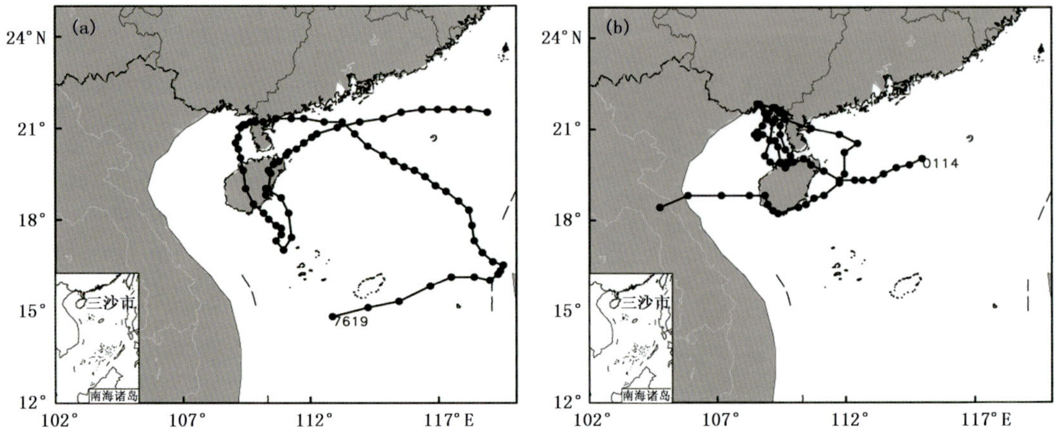

图 3.4　影响海南的 7619(a)和 0114 号(b)热带气旋路径图

表 3.4　影响海南热带气旋各级极大风速频数(1961—2010 年)

风速等级(m/s)	影响		登陆	
	频数	频率(%)	频数	频率(%)
<10	159	53.5	0	0
10～19	76	25.6	41	50.6
20～29	45	15.2	23	28.4
30～39	15	5.1	15	18.5
≥40	2	0.6	2	2.5
合计	297		81	

热带气旋登陆海南东部沿海地区时，乐东、五指山、保亭、万宁、陵水和三亚等市县以西南风为主，风速在 10～14 m/s。除了海口和临高以外，五指山以北各市县以偏西风为主，大多数市县风速超过 15 m/s，东方、昌江和儋州等西北部地区平均风速达到 20 m/s 及以上，其中东方风速最大，为 23 m/s(图 3.5)。

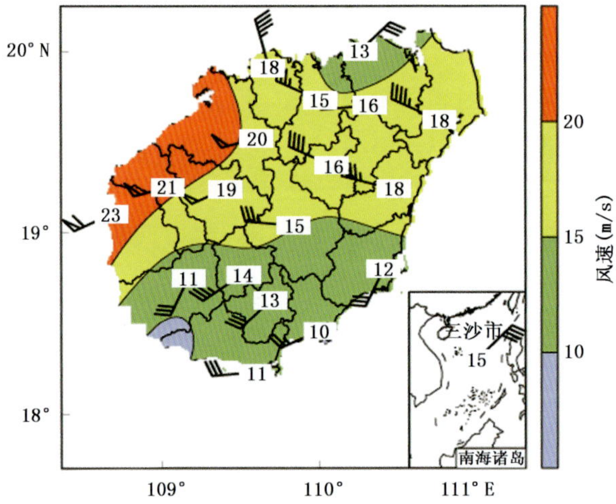

图 3.5　登陆海南东部沿海地区热带气旋的过程平均风速和风向分布

总体而言，登陆海南南部沿海地区热带气旋的过程大风分布，大部分市县以东南风为主，除了临高、澄迈和定安等少数北部市县风速为 9 m/s 以外，其余市县风速均超过 10 m/s，西部和南部地区风速最大，陵水、琼中、保亭、五指山、乐东以及东方等市县风速超过 15 m/s，其中东方风速最大，达到 21 m/s(图 3.6)。

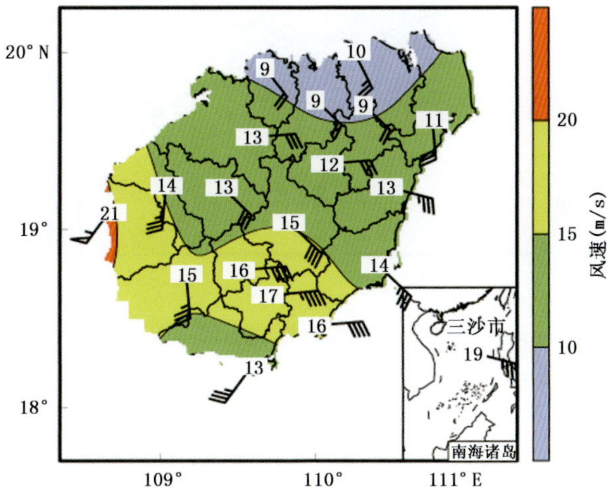

图 3.6 登陆海南南部沿海地区热带气旋的过程平均风速和风向分布

热带气旋登陆海南北部沿海地区的过程大风分布，以五指山、琼中、屯昌及定安作为西南—东北走向的分界线，分界线的左侧，大风主要以偏西风为主，风速大多达到或超过 15 m/s，其中临高和东方达到 20 m/s 及以上。分界线的右侧，大风主要以偏南风或西南风为主，风速大多在 15 m/s 以下(图 3.7)。

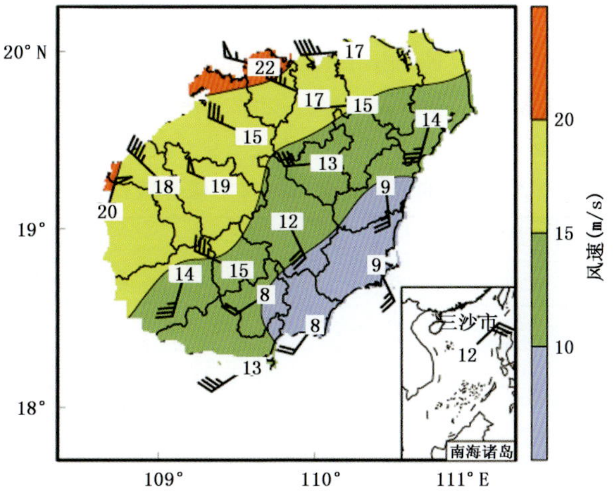

图 3.7 登陆海南北部沿海地区热带气旋的过程平均风速和风向分布

据统计，登陆海南西部沿海地区热带气旋的过程大风，主要影响区域是南部地区以及东方市，南部地区风向以东南风为主，五指山风速达到 22 m/s(图 3.8)。

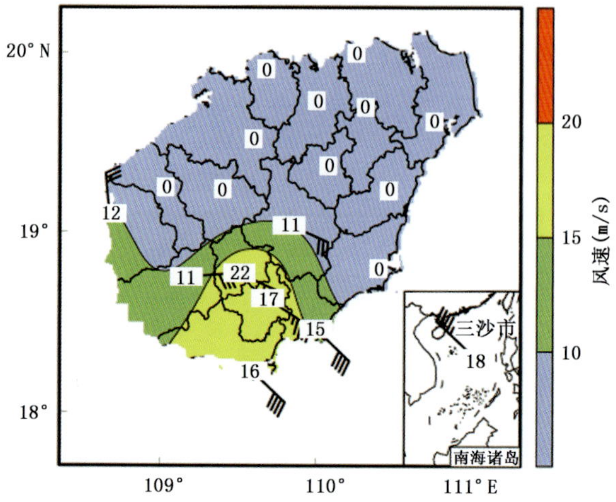

图 3.8 登陆海南西部沿海地区热带气旋的过程平均风速和风向分布

3.2.1.7 热带气旋降水

登陆海南的热带气旋降水过程一般可维持 2～4 d，长者甚至达 8～11 d(6810 号、7619 号台风)。过程平均降水量，西部、南部 50～90 mm，大多数地区在 90 mm 以上。其中，中部山区达 120 mm。过程最大降水量，多数地区为 300～600 mm，极大值达 727.2 mm(屯昌县，7619 号台风)。过程最大日降水量，各地均在 250 mm 以上，东南部、中部可达 400～500 mm(如：1977 年 7 月 490.3 mm)，部分地区甚至高达 700～900 mm。

热带气旋暴雨产生概率，中部山区、西部内陆较高，约占 50%，东部、西北部次之，约 30%～40%，其余地区约 20%～30%。200 mm 以上的热带气旋大暴雨产生概率，中部山区、西北部较高，在 10%左右，其余地区在 7%以下。

登陆海南热带气旋降水量等级，日最大降水量：100～199 mm 等级极值的频率最高，占 40.7%，其次 200～299 mm 等级极值，占 28.3%，300～399 mm 等级极值占 20.4%，400 mm 等级极值以上占 7.1%。过程最大降水量：200～299 mm 等级极值的频率最高，占 32.7%，依次是 100～199 mm，为 25.7%，300～399 mm，占据 23.9%，400 mm 以上只占 10.6%(表 3.5)。

表 3.5 影响海南热带气旋降水量等级频率(%)

雨量等级(mm)	24 h 最大雨量				过程最大雨量			
	影响		登陆		影响		登陆	
	频数	频率(%)	频数	频率(%)	频数	频率(%)	频数	频率(%)
＜50	123	31.3			57	14.5	0	
50～99	82	20.8	4	3.5	48	12.2	8	7.1
100～199	88	22.4	46	40.7	113	28.8	29	25.7
200～299	46	11.7	32	28.3	79	20.1	37	32.7
300～399	34	8.7	23	20.4	65	16.5	27	23.9
400～499	11	2.8	5	4.4	18	4.6	6	5.3
500～599	9	2.3	3	2.7	11	2.8	4	3.5
＞600					2	0.5	2	1.8
合计	393		113		393		113	

热带气旋对海南降水影响均较为明显，各地热带气旋降水在年总降水中的比重均超过25%；内陆地区，热带气旋降水在年总降水中的比重大致为 26%～29%；沿海地区，除了海口、文昌、琼海和万宁以外，其他沿海地区都达到或超过 30%，西部沿海地区最大，其中东方达40%(图 3.9)。

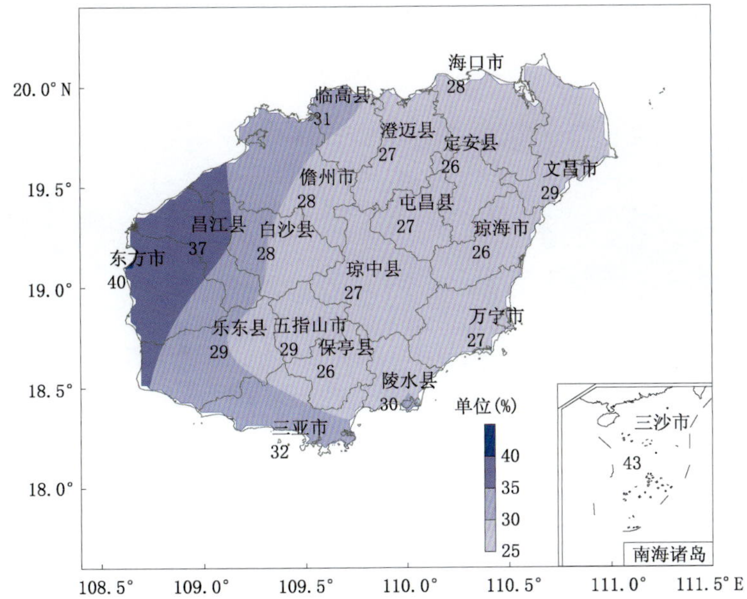

图 3.9　海南热带气旋年降水量占年总降水量比重的空间分布

在东部(包括文昌、琼海、万宁)沿海地区登陆的热带气旋，过程平均总降水量北部多南部少，从东方、昌江、白沙、琼中到万宁以北地区过程平均总降水量均大于 100 mm，而以南地区则相反，小于 100 mm；过程平均总降水量最大的地区是昌江到白沙一带，分别为 165 mm 和151 mm。日最大降水量西北部多东南部少，除东方、陵水和三亚之外，绝大部分地区均超过200 mm，其中有昌江、白沙、五指山、儋州和澄迈等地超过 300 mm；日最大降水量最多的地区是白沙地区，达 354 mm(图 3.10)。

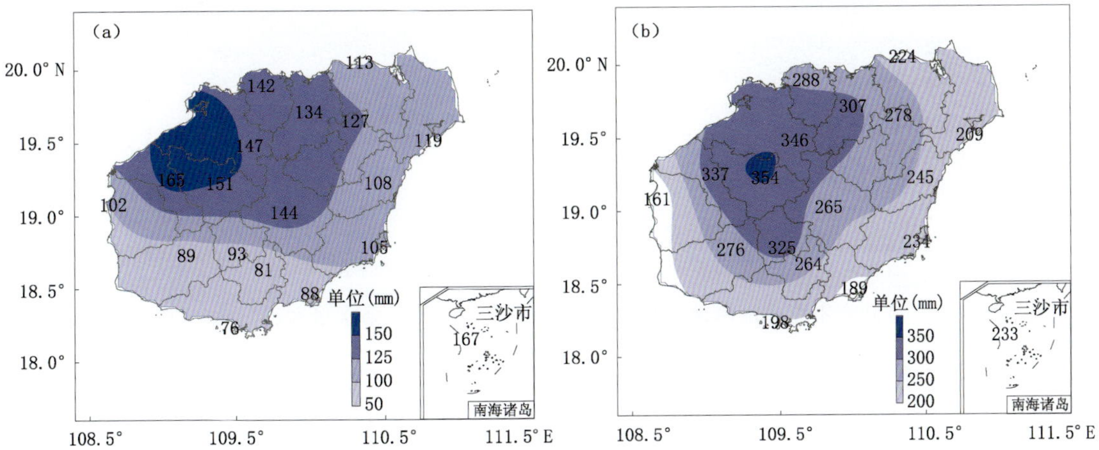

图 3.10　登陆海南东部沿海地区热带气旋的(a)过程平均总降水量和(b)日最大降水量

在南部沿海地区登陆的热带气旋(图 3.11),过程平均总降水量南部多北部少,尤其是东南部地区降水量较多,屯昌、琼中、五指山、保亭以及陵水的过程平均总降水量超过 150 mm,其中琼中达到 185 mm。日最大降水量与过程平均总降水量空间分布相似,但西南部地区降水量较多,琼中、五指山、保亭和三亚雨量超过 200 mm。

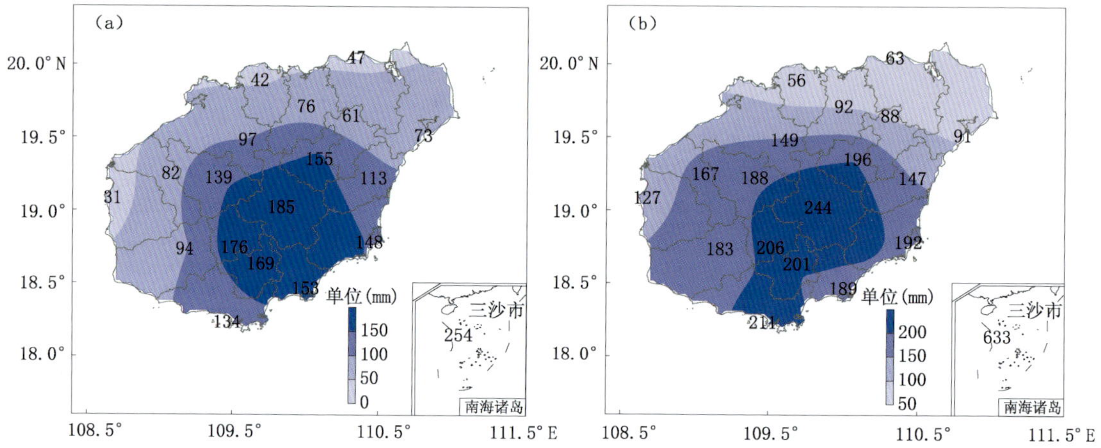

图 3.11 登陆海南南部沿海地区热带气旋的(a)过程平均总降水量和(b)日最大降水量

在北部沿海地区登陆的热带气旋,过程平均总降水量由北部向南部逐渐减少;以东方、白沙、琼中到琼海以南的地区过程平均总降水量均小于 100 mm,以北地区则相反大于 100 mm;过程平均总降水量最大的地区是海口,为 159 mm(图 3.12a)。日最大降水量与过程平均总降水量空间分布相似,其中临高降水量达到 171 mm(图 3.12b)。

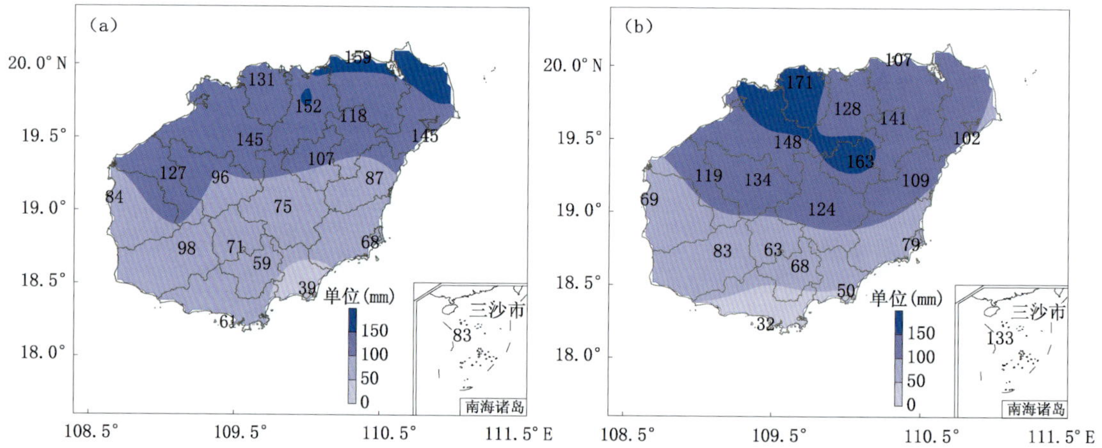

图 3.12 登陆海南北部沿海地区热带气旋的(a)过程平均总降水量和(b)日最大降水量

在西部沿海地区登陆的热带气旋,过程平均总降水量,以东方、乐东、五指山到陵水以南地区平均总降水量均大于 90 mm,以北的地区则相反;过程平均总降水量最大的地区是三亚,为 120 mm(图 3.13a)。日最大降水量与过程平均总降水量空间分布相似,但超过 80 mm 降水的区域相对较少,其中保亭和三亚雨量达到 102 mm(图 3.13b)。

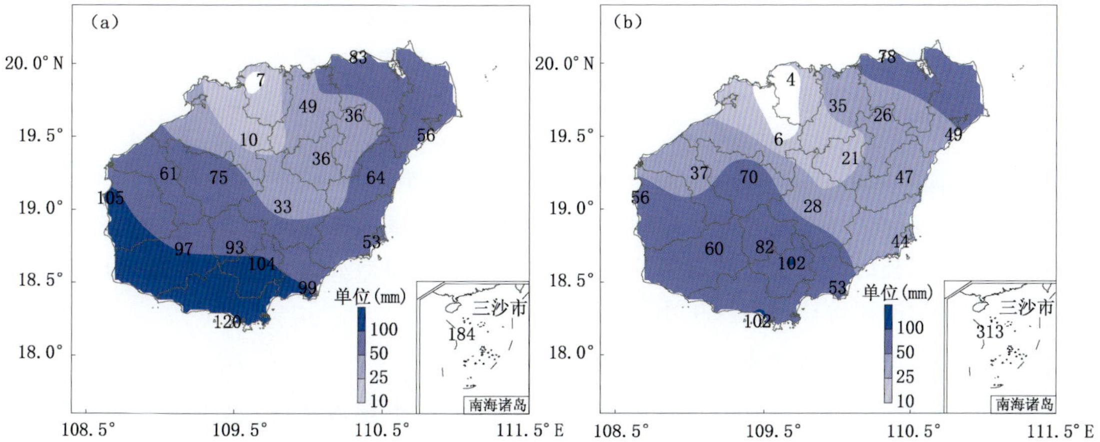

图3.13　登陆海南岛西部沿海地区热带气旋的(a)过程平均总降水量和(b)日最大降水量

3.2.1.8　热带气旋严重灾害个例

根据《中国气象灾害大典·海南卷》(中国气象灾害大典编委会,2008)分析,近几十年给海南造成异常严重灾害的热带气旋主要有以下几个。

【7314号台风】1973年9月10日在太平洋生成的热带低压,12日进入南海逐步发展成热带风暴,13日02时后形成台风,14日04—05时在琼海博鳌登陆,台风中心附近最大风力12级以上。台风范围50 km左右,最大平均风速60m/s左右,瞬间最大风速70～80 m/s。经过定安县南部、屯昌县、琼中县北部、白沙、昌江南部,于14日02时从东方市沿海进入北部湾西行。这次强台风具有范围小(12级以上旋转风的范围约50 km),强度大,移动快,旋转力猛的特点。恰逢农历18日涨潮期登陆,伴有大海潮出现,为百年所罕见。全岛普降暴雨。台风所造成的破坏极为严重,无数大树被拔掉或折断,房舍夷为平地,水塔顶的水箱被扫下,直径30多厘米的高压电杆半腰折断。被强风吹飞的瓦片插入椰果深达2 cm。全岛受灾11.37万户,死亡926人,重伤1690人,轻伤4470人;房屋全倒12.6万间,半倒5.72万间,揭顶25.24万间,房屋全倒半倒的户数达7.32万户,损失严重。

【9618号台风】1996年9月16日在海南岛生成的热带低压,17日20时前自南部出岛进入南海,18—19日发展成台风。受其影响,海南岛北部大部及东方、琼中最大风力6～8级,全岛普降大暴雨,局部特大暴雨,其中21日昌江达353.8 mm以上,其中西北部地区及中、东部大部在300.0 mm以上,较大的儋州高达528.9 mm,东方586.7 mm,昌江710.5 mm。北部的海口、澄迈、定安及西部的东方累计降水量和日最大降水量均创有记录以来的最大值。海南岛的江河流域洪水泛滥成灾。这次台风路径曲折,风力大,暴雨集中,洪水泛滥成灾,全省遭受重大损失。洪水围困41.5万人,进水县城6个,进水城镇29个,因灾害死亡100人,78人失踪,损失房屋5.52万间,倒塌房屋1.60万间,9618号台风造成全省直接经济损失达43亿元。

【0518号超强台风】超强台风达维是2005年太平洋台风季的第18号台风。9月24日凌晨由热带风暴加强成为强热带风暴,16时加强为台风,25日11时加强为强台风,17时加强为超强台风。26日凌晨4时,达维在万宁山根镇沿海地区登陆,登陆时中心附近最强风力12级(45 m/s)。达维对全省电力设施造成了严重破坏,导致罕见的大面积停电。全省18个县市全部受灾,受灾人口630.5万人,因灾死亡21人,紧急转移安置28.5万人;农作物受灾面积

77 万 hm^2,绝收面积 15.5 万 hm^2;倒塌房屋 3.2 万多间,损坏房屋 9.8 万间;直接经济损失 116.4 亿元。海南自 1974 年以来最大的台风"达维"给全省造成了严重的灾害损失。

3.2.2 暴雨

海南一年四季都有暴雨发生,暴雨是海南降水的重要形式和来源,海南暴雨日数多、强度大,并可出现在任何天气系统控制下,其中台风暴雨和秋季暴雨较为典型。暴雨对于海南来说有利有弊,大范围长时间暴雨可引起洪涝灾害,但普通暴雨却是水库(特别是大型水库)蓄水的主要来源,暴雨少的年份往往会发生干旱。

3.2.2.1 暴雨日时间分布

根据降水强度等级划分标准,将日雨量≥50 mm 的降水称为暴雨,发生暴雨的当天则称为暴雨日,海南 1 个市县或以上产生了暴雨则作为一暴雨日统计。1971—2010 年,海南共出现暴雨日 2220 d,年均暴雨日 55.5 d。海南暴雨的高峰期为 5—10 月,暴雨日数占全年的 85.7%。全年暴雨日的月际分布具有明显的"双峰型"特征(图 3.14)。主峰值出现在 8 月和 9 月,年均暴雨日分别为 9.4 d 和 9.0 d。次峰出现在 5 月,年均暴雨日为 8.1 d。其次,6 月、7 月和 10 月的平均暴雨日分别为 7.5 d、6.9 d 和 6.8 d。此外,冬季出现暴雨的概率最小,年均暴雨日不到 1.0 d。其中 1 月和 2 月暴雨日最少,40 年中仅分别出现了 7.0 d 和 8.0 d。

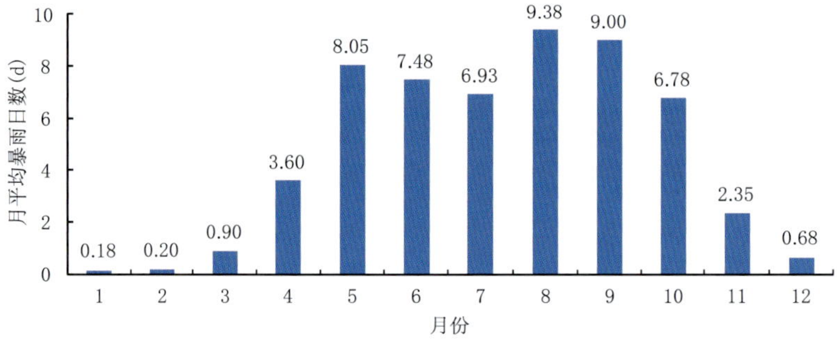

图 3.14 海南各月平均暴雨日数(1971—2010 年)

3.2.2.2 暴雨日空间分布

海南暴雨日的空间分布呈现由东向西逐渐递减的特征(图 3.15)。暴雨日最多的地区是琼中,年均 10.9 d,其次为万宁 10.8 d,年均暴雨日达到 9.0 d 以上的地区有定安(9.6 d)、琼海(9.4 d)、保亭(9.2 d)、文昌(9.2 d)等,暴雨不到 7.0 d 的地区为乐东(6.9 d)、临高(6.2 d)和东方(4.7 d)。由此可见,海南暴雨天气出现的地域性较强。西部沿海地区的暴雨日仅占东部沿海地区的一半左右。

3.2.2.3 暴雨范围

海南暴雨范围波动较大,既有单站的局地暴雨,也有波及全省大范围的降水(图 3.16)。据统计,海南暴雨日中单站局部暴雨出现概率最大,占总暴雨日的 51.7%。其次,2 站暴雨占 20.4%。3 站暴雨占 8.5%。3 站及以下的暴雨日占所有暴雨日数的 80.7%。暴雨范围为4~8 站的暴雨占 12.7%左右,暴雨达到全岛一半以上地区的仅有 6.6%。1971—2010 年出现 2 次全岛性暴雨,分别为 2003 年的 8 月 25 日和 2008 年的 10 月 12 日。

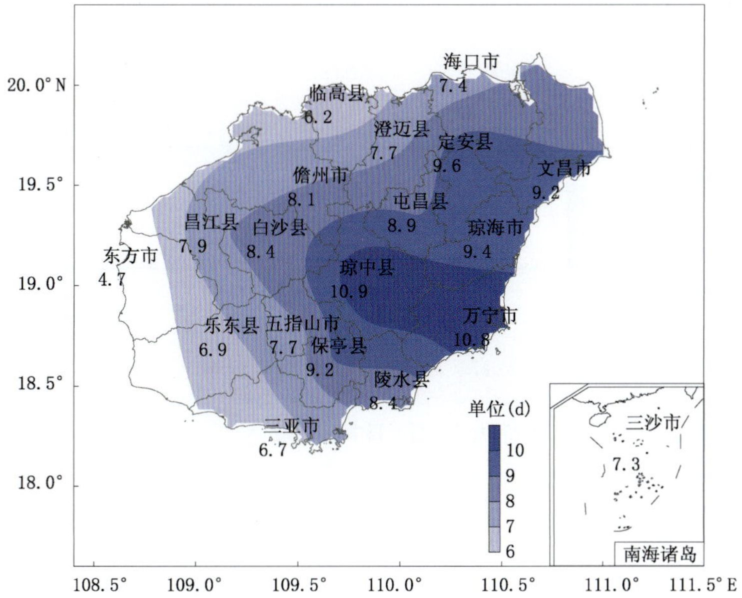

图 3.15　海南各地年均暴雨日数分布

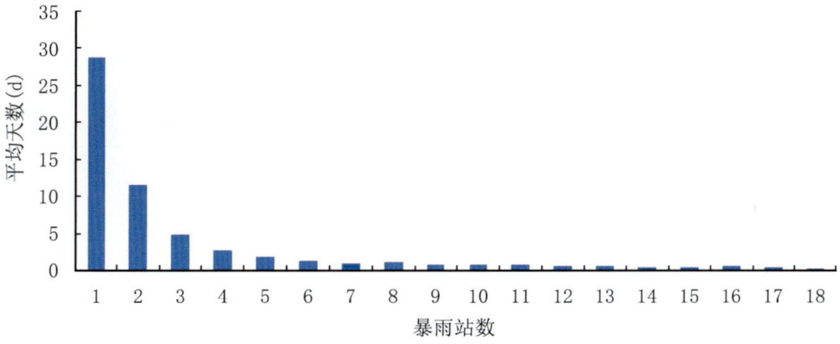

图 3.16　海南暴雨范围(站数)分布

3.2.2.4　暴雨持续时间

持续性暴雨是成灾的一个主要因素。海南暴雨过程一般持续 1～4 d，占总暴雨日的 90.5%(图 3.17)。1971—2010 年海南持续 1 d 的暴雨日平均每年有 19.4 次，占总暴雨日的 34.9%；持续 2 d 的暴雨平均每年有 14.8 次，占 26.7%。；持续 3 d 的暴雨平均每年有 3.4 次，占 18.2%；持续 4 d 的暴雨平均每年有 1.5 次，占 10.6%；持续 5 d 以上暴雨出现较少，平均每年不到 1 次。从各月暴雨的最长持续时间来看(图 3.18)，9 月和 10 月暴雨持续时间最长，为 9 d，分别出现在 1973 年的 9 月 19—27 日和 2010 年 10 月 1—9 日，均为冷暖系统共同影响下产生的秋季大暴雨。其次为 5 月和 8 月，分别为 7 d，再次为 6 月，暴雨最长持续时间为 5 d。1 月和 2 月的暴雨持续时间最短，不超过 1 d。

3.2.2.5　暴雨强度

表 3.6 给出海南暴雨以上降水的统计概况。海南每年出现暴雨(日雨量 50.0～99.9 mm)的天数为 40.3 d(占暴雨日的 72.7%)，出现大暴雨(日雨量 100.0～249.9 mm)的

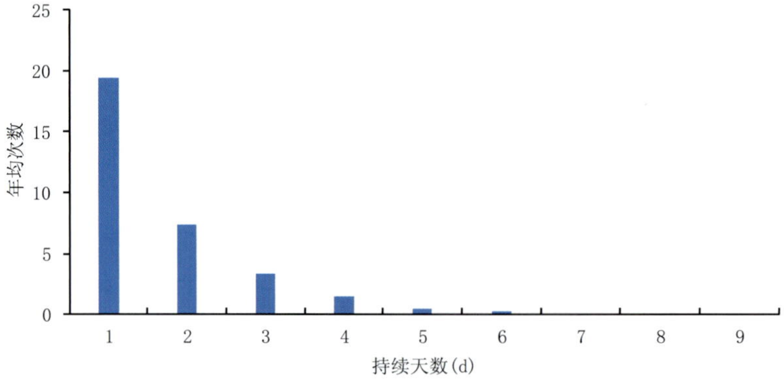

图 3.17 海南暴雨持续时间分布

天数为 13.7 d(占 24.7%)。出现特大暴雨(日降水量大于 250.0 mm)的天数为 1.5 d(占 2.6%)。海南日降水量极大值为 644.6 mm(昌江 2001 年 8 月 3 日),其次为 614.7 mm(琼海,2010 年 10 月 5 日)。

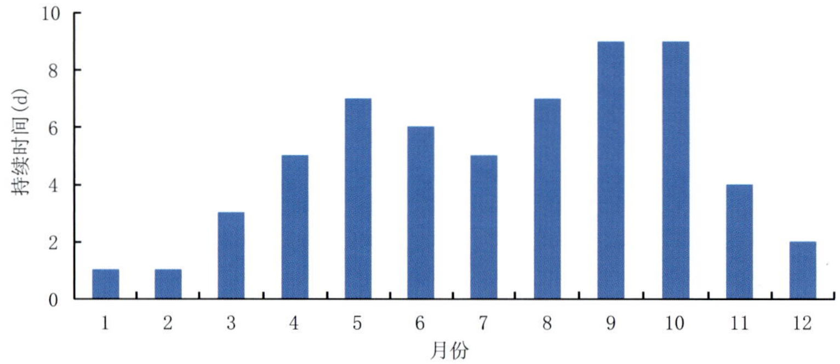

图 3.18 海南暴雨最长持续时间月际分布

表 3.6 海南各级暴雨强度分布表

雨量等级(mm)	50.0～99.9	100.0～249.9	250.0～499.9	>500.00	合计
总日数(d)	1613	548	56	3	1684
频率(%)	72.7	24.7	2.5	0.1	100
年均日数(d)	40.3	13.7	1.4	0.1	55.5

3.2.2.6 暴雨天气系统

形成暴雨的原因很复杂,天气系统也是多样的。简单地可将暴雨划分为台风暴雨(含台风与其他系统共同影响)与非台暴雨两类。1971—2010 年台风暴雨日为 500 d,占总暴雨天数的 22.5%。根据天气系统可分为冷空气、低压槽(包括西南槽、越南槽和南海槽)、高压脊(包括副高和变暖的高压脊)和双系统影响(包括两种系统间的转换和两种系统共同影响)等类型。

全年而言,低压槽产生的暴雨最多,1971—2010 年共有 797 个暴雨日,年平均 19.9 d,占总暴雨天数的 36%。其次为冷空气,年平均 10.7 d,占总暴雨日的 19%。依次分别为热带气旋、高压脊和双系统(表 3.7)。冷空气暴雨在冬半年(11 月到翌年 4 月)占绝对优势,至少一半以上的暴雨日产生于冷空气影响。低压槽暴雨在夏半年的 5—9 月,占绝对优势。

表 3.7 海南各种天气系统影响下的暴雨日数(d)

月份	1	2	3	4	5	6	7	8	9	10	11	12	合计
冷空气	6	7	29	63	71	45	6	4	33	95	49	18	426
热带气旋	0	0	0	1	6	42	68	100	89	55	5	1	367
低压槽	0	0	0	16	120	142	162	189	147	21	0	0	797
高压脊	1	2	5	36	77	27	14	35	42	55	18	2	314
双系统	0	0	2	26	48	43	27	47	49	45	23	6	316
合计	7	9	36	142	322	299	277	375	360	271	95	27	2220

表 3.8 给出不同天气分型下的暴雨日平均降水量及暴雨发生的站数分布。热带气旋产生的暴雨强度最强，平均日降水量 128.8 mm，平均降水范围约为 5～6 个市县。其次为热带气旋与其他系统共同影响下产生的暴雨，暴雨日平均降水 103.3 mm，平均降水范围约为 3～4 个县(市)。冷空气暴雨强度也较强，偏东下冷空气暴雨的平均日降水 98.0 mm，平均降水范围约为 2～3 个市县；偏西下冷空气暴雨的平均日降水量比偏东冷空气略低，为 92.4 mm，平均降水范围约为 2～3 个市县。西南槽暴雨强度最弱，暴雨日平均雨量 78.5 mm，而副高暴雨范围最小，平均降水范围约 1～2 个市县。

表 3.8 海南各天气分型的暴雨强度

天气型	暴雨日平均雨量(mm)	暴雨日平均站数
偏东冷空气	98.0	2.8
偏西冷空气	92.4	2.2
南海低压槽	87.2	2.1
华南沿海槽	81.4	2.1
西南槽	78.5	1.5
越南槽	81.3	1.9
热带气旋	128.8	5.6
副高	79.9	1.4
变暖高压脊	83.1	1.8
热带气旋＋其他系统	103.3	3.5
非热带气旋双系统	86.5	1.9

3.2.3 干旱

海南地处季风区，日照时数多，热量丰富；气温年较差小，年平均气温高；干季、雨季明显，冬春干旱，夏秋多雨。加之海南地形复杂，中部高，四周低，由于地形因素造成海南降水分布不均匀，降水集中于东部，西部沿海地区降水少，年平均降水量不足 1000 mm。降水时空分布不均匀，导致干旱时常发生。干旱不仅限制了热带资源的充分利用，而且影响生产活动和产量。在严重干旱的年份和地区，甚至生活用水仍有困难。海南是一个农业省份，大范围的干旱往往给农业生产带来严重损失。2004—2005 年的四季连旱给海南带来了 35 亿元的经济损失，据估计每年因干旱造成的经济损失有 5.8 亿元。

参照赵俊芳等(2010)干湿区划标准(表 3.9),统计得出海南逐月的干湿状况(李伟光等,2011)(图 3.19)。

表 3.9　干湿气候分区划分界限值

气候区	极端干旱	干旱	半干旱	半湿润	湿润	潮湿	过湿润
干湿指数	<0.05	0.05～0.2	0.2～0.5	0.5～1.0	1.0～1.5	1.5～2.0	>2.0

3.2.3.1　干湿气候分区划分结果

海南常年的干旱时段主要集中在 11 月到翌年 4 月(图 3.19)。11 月,西部的东方、昌江、乐东和三亚的大部分地区处于半干旱状态,但东部地区湿润度依然较高,琼中、万宁、琼海地区处于潮湿和过湿润状态。

进入 12 月份,海南的干旱迅速发展,之前的半干旱区域在 12 月份发展到干旱状态,并且面积扩大;东部地区此时也发展为半湿润状态。琼中和万宁的部分区域依旧处于湿润状态。

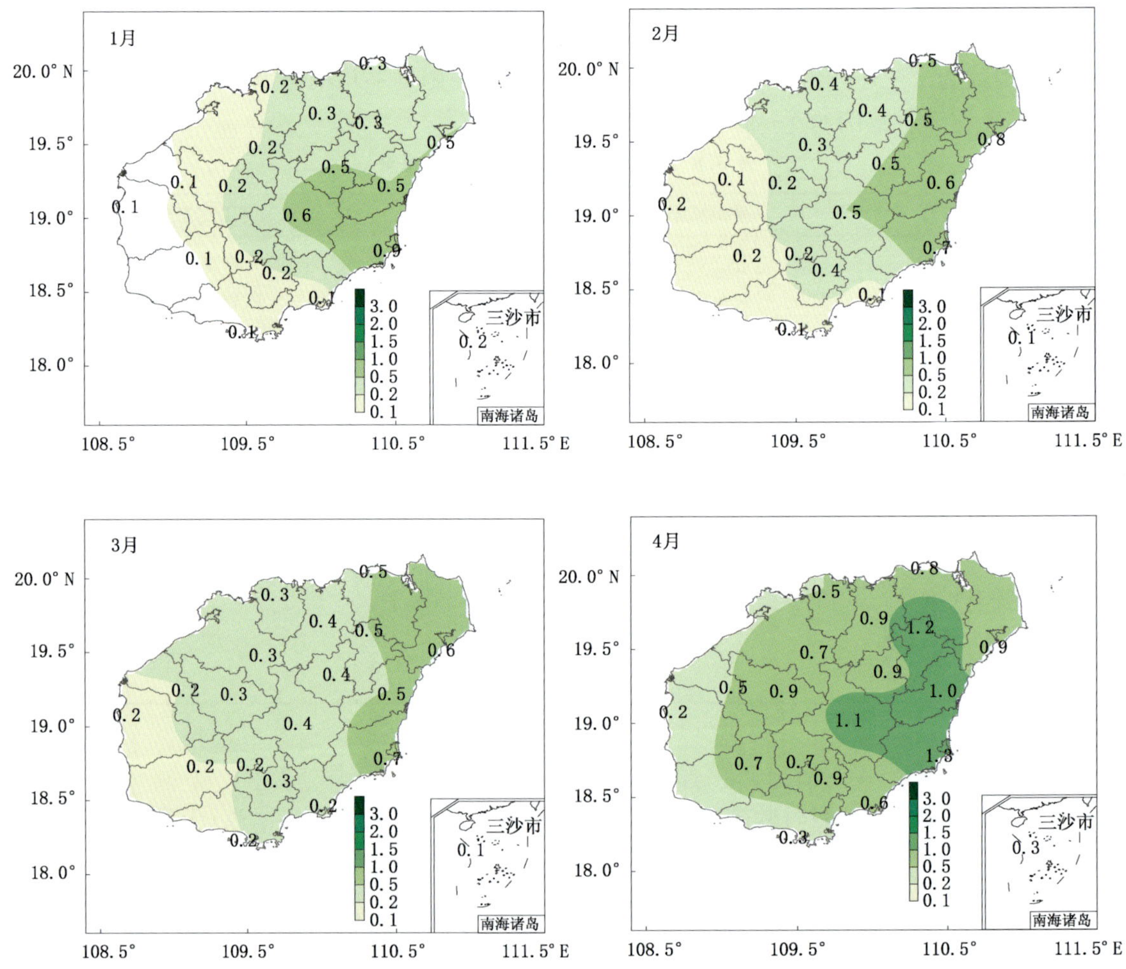

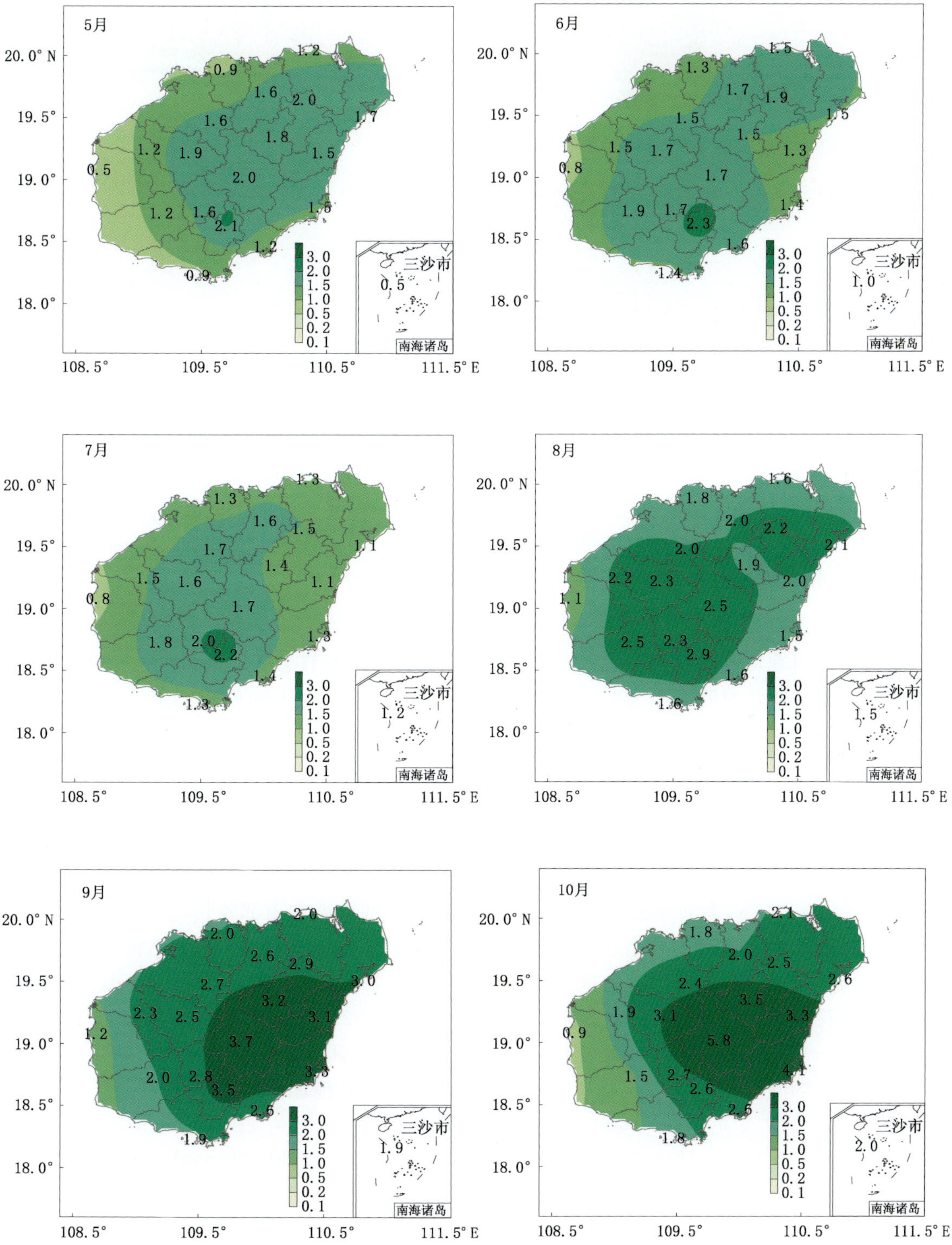
5月
20.0° N
19.5°
19.0°
18.5°
18.0°
108.5°
109.5°
110.5°
111.5° E
1.2
0.9
1.6
2.0
1.7
1.6
1.8
1.2
1.9
1.5
0.5
2.0
1.2
1.6
1.5
2.1
1.2
0.9
3.0
2.0
1.5
1.0
0.5
0.2
0.1
三沙市
0.5
南海诸岛
6月
1.5
1.3
1.7
1.9
1.5
1.5
1.5
1.5
1.7
1.3
0.8
1.7
1.9
1.7
1.4
2.3
1.6
1.4
1.0
7月
1.3
1.3
1.6
1.5
1.7
1.1
1.4
1.5
1.6
1.1
0.8
1.7
1.8
2.0
1.3
2.2
1.4
1.3
1.2
8月
1.6
1.8
2.0
2.2
2.0
2.1
1.9
2.2
2.3
2.0
1.1
2.5
2.5
2.3
1.5
2.9
1.6
1.6
1.5
9月
2.0
2.0
2.6
2.9
2.7
3.0
3.2
2.3
2.5
3.1
1.2
3.7
2.0
2.8
3.3
3.5
2.6
1.9
1.9
10月
2.1
1.8
2.0
2.5
2.4
2.6
3.5
1.9
3.1
3.3
0.9
5.8
1.5
2.7
4.1
2.6
2.6
1.8
2.0

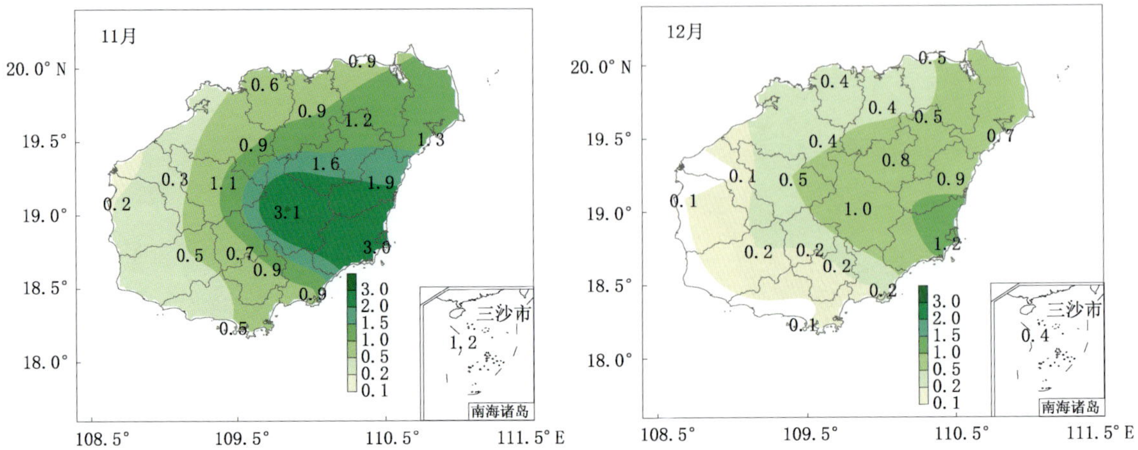

图 3.19 海南逐月干湿气候区划分布

进入 1 月份，海南干旱区域依旧保持，并且面积有所扩大。该月份海南上已经没有湿润以上的区域。进入 2 月份后，半湿润区域面积扩大。1 月份和 2 月份海南的干湿状况基本相同，西部处于干旱状态，其余地方处于半干旱、半湿润状态。3 月份干湿状况与此基本类似。

进入 4 月份，伴随着降水逐渐增多，干旱区基本消失，西部变为半干旱区域，湿润区开始在东部出现。5 月半干旱区也消失，大部分地区变为潮湿区，开始出现过湿润区。6—7 月半干旱区变得更小，仅东方地区存在一点。8—10 月份海南湿润程度变得更高。

3.2.3.2 基本干旱特征

海南一年四季均可以发生干旱，以冬春干旱为主。不同季节干旱发生的原因有所差别，冬春季往往以季节性长时间干旱为主，夏秋季节以短时干旱为主。下面就不同季节干旱特点分别叙述。本书中干旱日以国家标准《气象干旱等级》(GB/T 20481－2006)中的综合气象干旱指数 CI 确定，当某日 $CI<-0.6$ 则该日为干旱日。

(1)冬旱

12 月至翌年 2 月冬季风盛行，干旱少雨，西部降水少(30～50 mm)，而东部中部降水相对较多(100 mm 以上)。这三个月雨量占年雨量的比例很小，只有 2%～8%左右。降水蒸散比值一般在 10%～90%，大部分低于 50%。冬旱日数以西部沿海和南部较长，东部和中部较短。海南冬春季节的农业用水主要是水库蓄水。如果上年的水库蓄水较少，冬春旱将严重。各地冬季的平均旱日，西部、南部沿海地区为 55～61 d，以东方最多，其余地区 40～54 d，以琼中最少。一次最长旱期平均天数，西部、南部沿海地区为 95～102 d，以东方最长(102.2 d)；其他地区 65～94 d，琼中、琼海、万宁等地较短，约 34～46 d。冬季中、大旱出现频率中部、东部为 60%，西部、南部沿海地区在 90%以上，东方市高达 100%，其他地区 70%～90%。

(2)春旱

海南春季暖而少雨。进入 4 月，各地月降水量除西部和南部地区以外，普遍有 100 mm 以上。5 月份除东方外各地降水均超过 100 mm，海南大部分地区进入雨季。这个季节东方、三亚地区的降水蒸散比值在 20%左右，西部地区低而东部地区相对较高(万宁地区 100%左右)。春季旱期总天数，南部多于北部，西部多于东部。春季农业用水主要是水库蓄水和春末进入雨季的降水。个别雨季来得晚的年份，春旱将持续到 5 月甚至 6 月。大部分地区同期蒸发量为降水量的 2 倍以上(东方市高达 7 倍),因此,各地自然降水远远不能满足农业生产的需要。如果前年秋冬少雨,春旱更为严重。各地春旱平均旱日,南部多于北部、西部多于东部。西部、南部为 97～102 d,以东方市最多;中部、东北部为 64～68 d,东部的琼海最少;其他地区为 73～90 d,以海口市最少。一次最长春旱期平均天数,从东向西、从北向南递增,西部、南部 105～110 d,以东方市最长;其他地区 60～100 d,以琼海最少。海南冬春连旱非常频繁。冬春连旱平均总旱日,西部、南部沿海地区长达 155 d 以上,以东方市最长;其他地区为 108～150 d,以琼海最少。一次最长连旱日数,西部、南部沿海地区在 200 d 以上,以东方市最长;其他地区为 125～190 d,以琼海最短。冬春连旱出现频率,多数地区为 25%～60%,以东方市的 68%最高,以琼海的 21%最低。

(3)夏旱

夏季是海南的高温多雨季节,季降水量约占年降水量的 30%～50%,地区分布差异大。夏季除西部东方地区降水蒸散比值小于 1 外,其余地区蒸发量都明显小于降水量。但夏季降水变率大,降水分布不均匀,在少雨的年份和地区也会发生干旱。海南大多数地区的夏季降水量大小相差 2～3 倍,东方、昌江更相差达 10 倍以上。东方市 6—8 月降水最少的年份(1988 年)仅有 115 mm,不及平均值的 1/3,仅为最多年份(1953 年)的 1/10。昌江 6—8 月降水最少的年份(1965 年)仅有 67 mm,为最多年份(2001 年)的 1/26。该季节的降水日中往往有 2～4 d暴雨日,其降水量已占夏季降水量的大部分;除去大雨日,其他降水日的降水量就更少了。降水的集中性强,大多数时间少雨或无雨,因而出现间歇性干旱。夏旱是沿海重于内陆,南部重于北部,西部重于东部,以西、南部沿海地区最重。海南夏旱平均总旱日多数地区为 30～50 d,南部地区和西部地区 50～60 d,以西部的东方市 60 d 最多,中部的琼中 24 d 最少。一次最长夏旱平均日数:多数地区 23～35 d,以西部(东方市)50 d 最多,中部(琼中)21 d 最少。夏季中度及中度以上的干旱出现频率:西南部沿海地区 91%～100%,南部沿海地区 55%～65%,中部山区 10%～20%,其余地区 30%～45%。总之,夏旱的地理分布是沿海重于内陆、南部重于北部、西部重于东部,以西部的东方市最重。

(4)秋旱

秋季(主要在 9—10 月)是海南雨季的后期,琼中、万宁、陵水等地的秋季是一年中最多雨时期(占年降水量 43%～49%),其他地方秋季略少(占年降水量约 30%～40%)。一般来说,10 月各地先后转吹冬季风并进入干季,但有不少年份此时台风活动还很活跃,因此,降水变率比夏季大。大多数地区的季降水量大小相差 4～6 倍。秋季台风的降水是海南水库蓄水的主要来源。秋季农业用水以降水和水库蓄水为主,若秋季台风降水少,将直接导致水库蓄水不足,来年冬春连旱。秋季是海南雨季的后期,琼中、万宁、陵水等地为年中最多雨时期,其他地方比夏季略少。海南秋旱平均总日数大多数地区 35～50 d,以西部(东方市)的 54 d 最多,以琼中的 31 d 最少;一次最长秋旱平均天数,大多数地区 25～40 d,以西部(东方市)的 46 d 最多,琼中的 23 d 最少。中旱或以上秋旱的出现频率:西、南、北部沿海地区为 66%～79%,以东方市最高;中、东部为 19%～33%,以琼中最低;其他地区为 40%～60%。

3.2.4　雷暴

海南地处热带,高温高湿,空气对流运动强烈,雷暴活动频繁,是全国雷暴最多的地区之一。雷击事故给海南经济建设和人民生命财产安全造成很大的破坏。

3.2.4.1　空间分布特征

海南年均雷暴日数为 91 d,总的分布趋势是由内陆地区向沿海地区递减,北半部沿海地区多于南半部沿海地区;内陆地区年均雷暴日数均超过 100 d,北部内陆和西部内陆地区是雷暴高发区,形成一条东北—西南走向的多雷暴带;位于北部内陆地区的澄迈是最易发生雷暴的地区,年平均雷暴日数 119 d,为全省最高;三沙全年雷暴日数只有 32 d,为全省最少(图 3.20)。除三沙外,各地年最多雷暴日数均在 100 d 以上,北部内陆和中部山区超过 140 d,澄迈 149 d(图 3.21)。

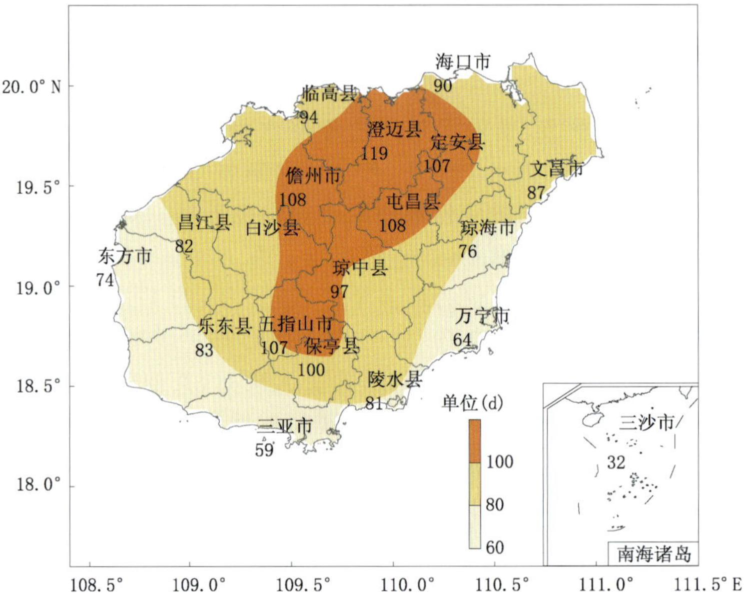

图 3.20　海南年平均雷暴日数分布

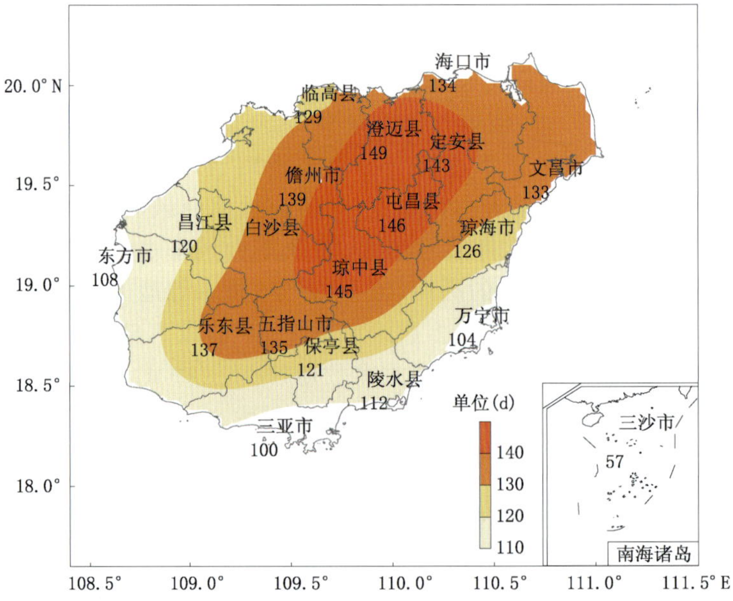

图 3.21　海南年最多雷暴日数分布

3.2.4.2　月、季分布特征

海南全年均有雷暴活动，但发生在夏半年居多。其月际分布呈双峰型，1—3 月雷暴较少，4 月之后开始迅速增多，平均为 7.6 d，5 月份为第一高峰月，平均达 16.9 d，6 月份略有回落，至 8 月份达到主高峰月，平均达 19.0 d，10 月份以后迅速下降。4—10 月活跃期雷暴日数约占全年雷暴总日数的 97.0%，其中，5—9 月的集中期雷暴日数占年雷暴总日数的 83.7%，各月雷暴日数占全年雷暴总日数 15%以上(图 3.22)，这期间 5—8 月北部、中部月均雷暴日数在 16 d 以上，澄迈月均有 20～21 d，为全省之冠。各地出现雷暴最多的月份，除南部沿海的三亚只有 22 d，东南部沿海的万宁、陵水和西南部沿海的东方、昌江 26 d，其余市县 28 d 以上，澄迈、临高每天都有雷暴出现，达到 31 d(1975 年 5 月)。

总体而言，海南一年四季都有雷暴发生，冬季很少，春季雷暴活动开始增多，夏季活动最为频繁，秋季开始逐渐减少。

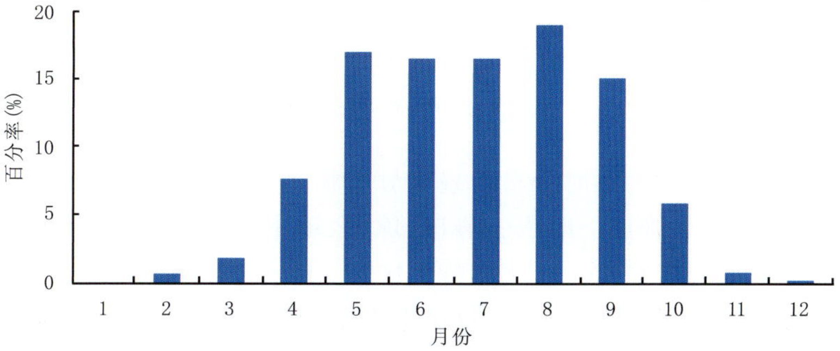

图 3.22　海南各月平均雷暴日数占全年百分率

海南各地平均出现的雷暴初日，五指山以北地区基本上在 3 月上、中旬，五指山以南地区，万宁、陵水、保亭、乐东和东方略晚，出现于 3 月下旬，最晚的三沙平均雷暴初日在 4 月下旬。各地最早雷暴初日的年份，最早的 1 月 1 日即出现雷暴(海口、定安、屯昌、文昌，1964 年)，琼海 1 月 2 日(1956 年)，其余 14 个市县出现在 1 月 5 日(1992 年)；最晚雷暴初日，大部分地区在 4 月中下旬，万宁、保亭、东方、昌江在 5 月上旬，陵水在 5 月中旬，最迟的 5 月 28 日才有初雷(三沙，1971 年)。

平均雷暴终日，一般都出现在 10 月下旬。最早的终雷各地一般在 9 月的中、下旬，最早出现在 9 月 15 日(三沙，1966 年)，各地最晚终雷时间，临高、昌江、东方、乐东出现在 11 月下旬，其余地区 12 月中、下旬。

雷暴平均持续活动时间，五指山以北的大部分地区一般有 230～240 d，其余地区一般在 200～220 d。三沙约 190 d。最长持续活动时间，五指山为全省最多(353 d)，文昌、琼海、屯昌、儋州、白沙为 300～310 d，其余地区为 270～300 d。

3.2.4.3　日变化特征

利用逐时雷暴资料，分别选取海口、琼海、琼中、东方、三亚逐时资料统计分析雷暴的日变化特征。

昼夜分布特征：海南各地雷暴的昼夜分布存在地域性差异。大部分地区雷暴活动主要发生在白天。海口、琼海、琼中、东方雷暴活动白天所占全天比例在 70%以上。三亚雷暴活动在白天和夜间频率相当(表 3.10)。

表 3.10 海南昼夜雷暴占全天比例(%)

站点	海口	琼海	琼中	东方	三亚
白天(08—20 时)	84.5	78.8	85.2	72.3	50.5
夜间(20—08 时)	15.5	21.2	14.8	27.7	49.5

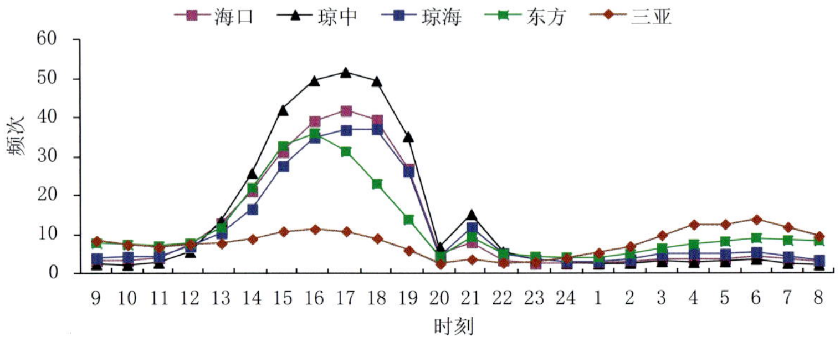

图 3.23 海南各代表站年平均雷暴逐时频次

逐时分布特征：各地雷暴的逐时分布与昼夜分布相类似，存在地域性差异。大部分地区雷暴活动主要发生在中午到傍晚这一时段。海口、琼海、琼中、东方的雷暴逐时分布基本上为单峰型，雷暴活动时段主要集中在 12—21 时，峰值区在 14—19 时，除东方 19 时为 13.7%外，每小时雷暴比例在 20%以上，夜间以及上午为发生雷暴的低值区。南部的三亚，雷暴活动逐时分布呈双峰型，高峰值分别出现在 15—17 时和 04—07 时，期间每小时雷暴所占全天比例均在 10%以上，但总体夜间雷暴活动要强于白天，夜间 20—24 时为雷暴最不活跃时段，每小时所占比例均小于 5%(图 3.23)。

3.2.5 高温

海南 35℃以上高温天气年平均约为 19 d。各地年高温日数分布差异悬殊，其分布由西北向东南地区递减，西北部地区出现最多，一般年平均为 20～40 d，两个高值中心，其一是位于西部内陆的昌江，达 47 d；其二是位于北部内陆的澄迈，年平均高温日数 43 d，高温天气在南半部沿海地区极少出现，三亚、东方年平均不足 1 d(图 3.24)。

高温日主要出现在春季和夏季(3—8 月)，占年总数的 96.6%，各月平均高温日数在 1 d 以上，其中 5—7 月为高峰月，平均高温日数均在 4 d 以上，分别占年总高温日数的 21.2%、23.7%和 23.4%(图 3.25)。各地高温出现时间由西北向东南地区推迟，东南部沿海地区的文昌、琼海、万宁、陵水等地高温主要出现 5—8 月，三亚出现在 5—6 月和 9 月，中部山区的五指山主要出现在 4—7 月，保亭出现在 4—8 月，西部沿海的东方 4—8 月，其余地区均在 3—8 月，所占比例基本上在 95%以上。

各地高温平均开始出现日期，由西北向东南地区推迟，西北部地区在 3 月份，最早的昌江在 3 月上旬，文昌、万宁、陵水等东南部沿海地区，出现于 6 月下旬，最晚的三亚至 7 月上旬，其余地区在 4—5 月出现。高温平均结束日期，五指山、东方分别出现在 6 月上旬和中旬，万宁、陵水、三亚、乐东、琼中等东南部沿海地区和中部部分地区出现在 7 月，其余地区出现在 8 月。

高温初终日年际变化大，初日同样由西北向东南地区推迟，最早的年份 1 月 28 日即出现

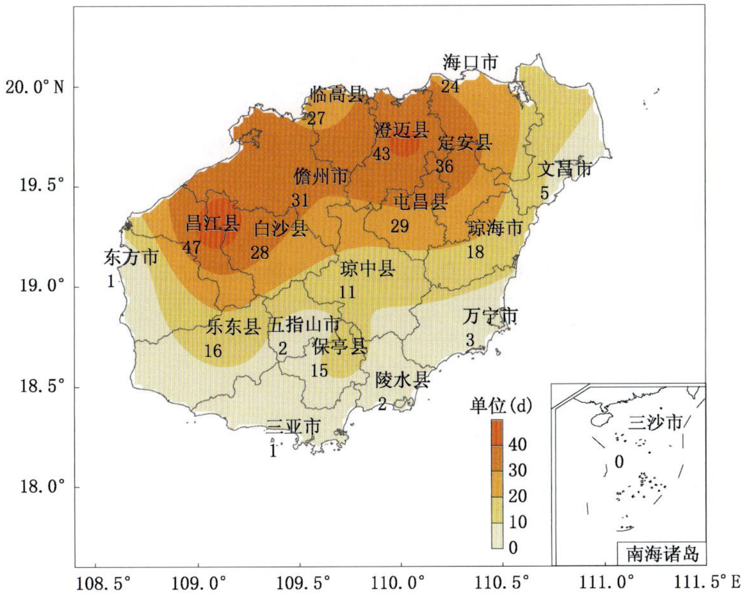

图 3.24　海南各地年平均高温日数

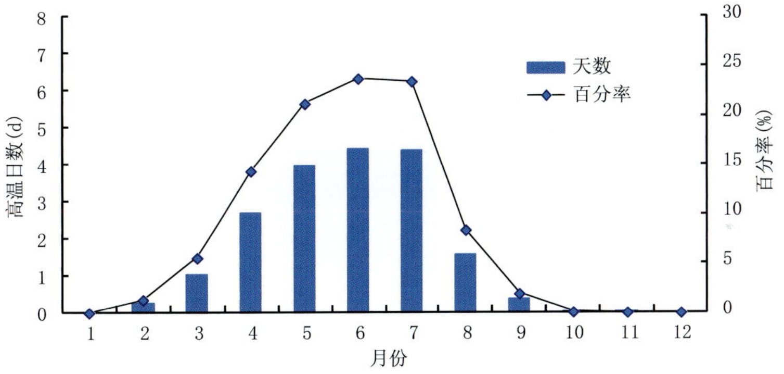

图 3.25　海南各月平均高温日数和所占百分率

高温(昌江,1964 年),文昌和万宁、陵水、三亚等东南部沿海地区,出现于 5 月上旬;最晚初日 5 月 9 日出现高温(陵水,2001 年)。最早终日出现在 9 月 9 日(万宁,1991 年);最晚终日出现在 11 月 25 日(澄迈,1997 年),昌江最晚也在 11 月份,东方、儋州、定安、保亭在 10 月,其余地区最晚终日出现在 9 月。

海南各地高温最长持续天数,南部和东部沿海地区的三亚、万宁、陵水、文昌最少,仅为 4～5 d,西部和东部沿海的临高、东方、琼海为 10～20 d,昌江最长持续天数为 36 d(2010 年 6 月 8 日至 7 月 13 日),其余地区在 20～30 d。

3.2.6　低温阴雨

3.2.6.1　低温阴雨过程界定及类型

海南地处热带,是橡胶等热带作物的主要基地。受冬季风(冷空气)影响,海南冬季易产生低温寡照及阴雨天气,对早稻播插以及橡胶等热带作物的安全越冬或早春正常萌发有严重影响。

低温阴雨过程指的是每年 12 月至翌年 2 月在海南出现的对农业生产有影响的低温、寡照或阴雨天气。海南低温阴雨天气过程根据影响程度分为重、中、轻三级，其标准指标如表 3.11 所示。凡达到表中 4 种指标之一的则算为一次低温阴雨过程，某一过程当中允许期间有一天不符合条件。低温阴雨的年景趋势，依据当年影响最重的一次低温阴雨过程所属的等级来划分。

表 3.11　低温阴雨过程的等级标准

指标	重过程	中过程	轻过程
日平均气温≤15℃，日照时数≤2 h	≥10 d	7～9 d	4～6 d
日平均气温≤13℃	≥7 d	5～6 d	4 d
日极端最低气温≤8℃	≥6 d	4～5 d	3 d
日极端最低气温≤6℃	≥4 d	2～3 d	

3.2.6.2　低温阴雨过程的时空分布

1971—2010 年海南共发生的低温阴雨过程有 83 次，641 d，平均每年 2.1 次，16.0 d。12 月、1 月和 2 月平均每年分别出现 4.6 d、7.8 d 和 3.6 d，分别占总天数的 28.7%、48.7%和 22.6%。(表 3.12)。低温阴雨过程日数最多的是 39 d(1984 年)，1979 年无低温阴雨天气发生。

表 3.12　影响海南低温阴雨过程的日数(d)月分布

日数	12 月	1 月	2 月	12—2 月
平均	4.6	7.8	3.6	16.0
最多	23	24	13	39
年份	1975	2008	1996	1984

3.2.6.3　低温阴雨过程的空间分布

图 3.26 给出 1971—2010 年海南各地年均出现低温阴雨的天数，低温阴雨达 10 d 以上的地区主要分布在西北部和中部地区，临高年均日数最多，达到 12.3 d；其次为琼中 12.1 d；10 d 以上的还有儋州 11.7 d、澄迈 11.3 d、白沙 11.2 d 和屯昌 10.4 d。五指山以南地区年均低温阴雨过程天数很少，年均低温阴雨天数在 3 d 以下的有：昌江 2.7 d、万宁 2.3 d、乐东 1.7 d、保亭 0.8 d、三亚 0.1 d，陵水没有出现过低温阴雨天气。

从各地发生低温阴雨天气过程的次数的来看，五指山以北地区(9 市县)平均每年出现 1～2 次的低温阴雨过程。出现最频繁的地区为西北部和中部地区。其中，琼中是低温阴雨过程出现日数最多的地方，40 年中出现了 75 次，其次为临高和儋州，均为 74 次，以上 3 市县平均每年出现低温阴雨过程约 1.9 次。此外，澄迈、屯昌和白沙出现低温阴雨过程的频次也较高，年均 1.5 次以上。五指山以南地区年均低温阴雨过程则在 0.5 次以下，1971—2010 年万宁、乐东和保亭地区的累计低温阴雨过程分别是 19 次、16 次和 9 次，三亚只出现过 1 次(发生在 1974 年 1 月 1—3 日)，陵水 40 年内没有低温阴雨过程的记录。

从每年低温阴雨过程出现概率来看，临高、澄迈、屯昌、白沙、儋州、琼中等地出现低温阴雨

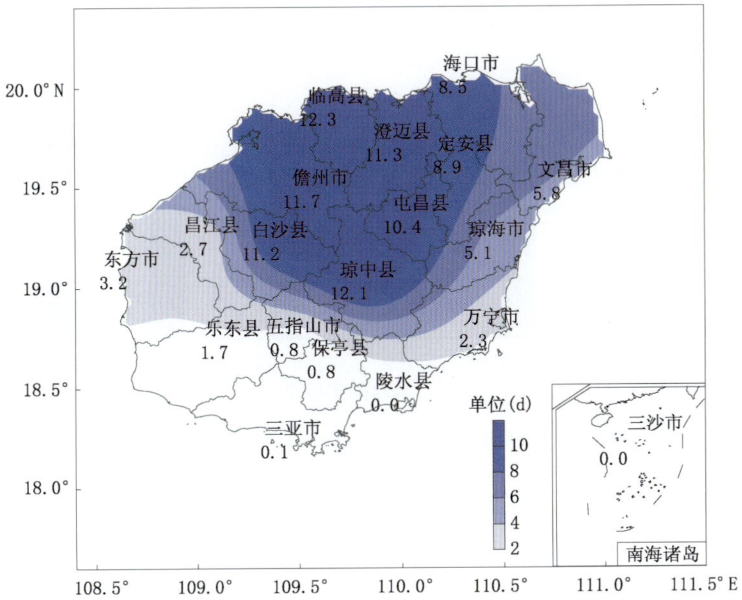

图 3.26 海南各地年均低温阴雨日数分布

天气的概率在90%以上,其中临高出现低温阴雨天气的概率最高,达到98%。海口、定安、文昌、琼海、五指山出现低温阴雨天气的概率在50%~90%。昌江、东方、乐东、万宁、保亭出现低温阴雨天气的概率为20%~50%,三亚为2.5%,陵水概率为0。

3.2.6.4 低温阴雨过程的特征

持续时间:海南的低温阴雨过程持续时间差异较大,最短的为2 d,最长的为26 d(1968年2月2—27日)。1971—2010年,出现持续4 d的低温阴雨过程概率最大(图3.27),占21.7%。其次为持续5 d和6 d的过程,分别占20.5%和13.3%。即持续4~6 d的低温阴雨过程占总次数的55.4%。持续9 d以上的过程几乎都发生在五指山以北地区。平均而言,12月份的低温阴雨过程持续时间相对较长,为9.7 d,1月为8.0 d,2月为5.6 d。

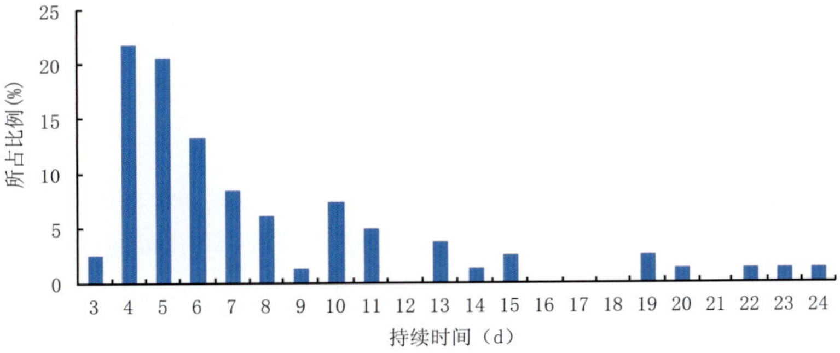

图 3.27 海南低温阴雨过程持续天数所占比例

影响范围:低温阴雨天气发生的范围,在7~9个市县同时出现低温阴雨天气的概率最大,约占22.9%(图3.28);其次,1~3个市县同时发生低温阴雨天气的过程约为19.3%,4~6个市县同时出现低温阴雨天气的占20.5%,10个市县以上的大范围低温阴雨过程占41%。

12月、1 月和 2 月出现 10 市县以上大范围低温阴雨过程的比例分别为 25.8%、51.6%、22.6%。

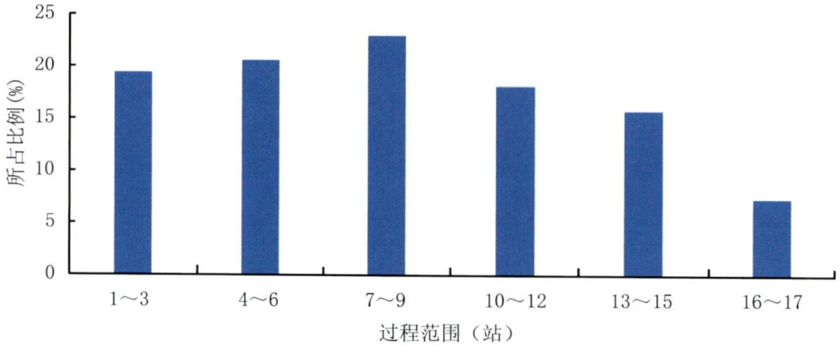

图 3.28 海南低温阴雨过程出现范围所占的比例

影响等级：海南的低温阴雨天气影响过程一般以轻度为主，1971—2010 年出现轻度的低温阴雨天气过程 40 次，占总次数的 48.2%，中度过程有 16 县(市)次，占 19.3%，重度过程 27 次，占 32.5%。重度过程大多出现在西北部和中部地区，大约 2 年一遇，多出现在 12 月及 1 月，占 88.9%。乐东、保亭、三亚等地没有发生过重低温阴雨天气过程。

影响过程的干湿特性：按照降温与阴雨特点，低温阴雨过程可分为干型、湿型与混合型三类。1971—2010 年出现的 83 次低温阴雨过程中，干型过程有 19 次，占总次数的 22.9%，湿型过程有 49 次，占 59.0%，混合型过程 15 次，占 18.1%。低温阴雨过程的干湿特性与冷空气路径关系密切，并有地区差异。一般而言，西路南下的冷空气多形成干冷天气过程，东路南下的冷空气多形成湿冷天气过程，干湿冷交替型出现的机会不是很多。北部、东部、东南部、西部沿海地区以湿冷为主，南部和西部内陆以干冷为主。干冷型主要出现在 12 月下旬至次年 1 月，由较强冷空气从西路南下造成强辐射降温形成，局部地区在此过程中出现霜冻天气。从不同月份来看，2 月的低温阴雨过程绝大多数地区以湿冷为主，12 月至翌年 1 月，西部、东部、北部以湿冷为主，西南部、南部以干冷为主。

3.2.7 雾

雾是指大量微小水滴浮游空中，常呈乳白色，使水平能见度小于 1.0 km 的天气现象。近年来，随着海南经济的发展，雾对道路交通、海上通航、人民身体健康等方面的影响日趋严重。

3.2.7.1 空间分布特征

海南各地年雾日数空间差异大，白沙年雾日数最多，达到 99.2 d，保亭为次多地区，达 82.4 d，北部地区年雾日数在 18 d 以上，东南部沿海地区和西部沿海地区雾日较少，年平均雾日数少于 3 d，三亚则从未观测到雾，被称为“无雾之城”(图 3.29)。白沙雾日最多的 2004 年，达到 286 d。

3.2.7.2 季节分布特征

平均各月雾日数占年平均雾日数的百分率，秋冬以及初春季节(9 月至翌年 3 月)出现雾的比例较高，各月出现雾的比例在 8%以上，这 7 个月的总雾日数占年总雾日数的 76.4%，而 4—8 月出现的雾日数仅占到年总雾日数的 23.6%。雾日数最多的是 1 月份，占 14.4%，其次是 12 月，占 11.3%(图 3.30)。秋季(9—11 月)雾发生的比例达 30.8%，冬季(12 月至翌年

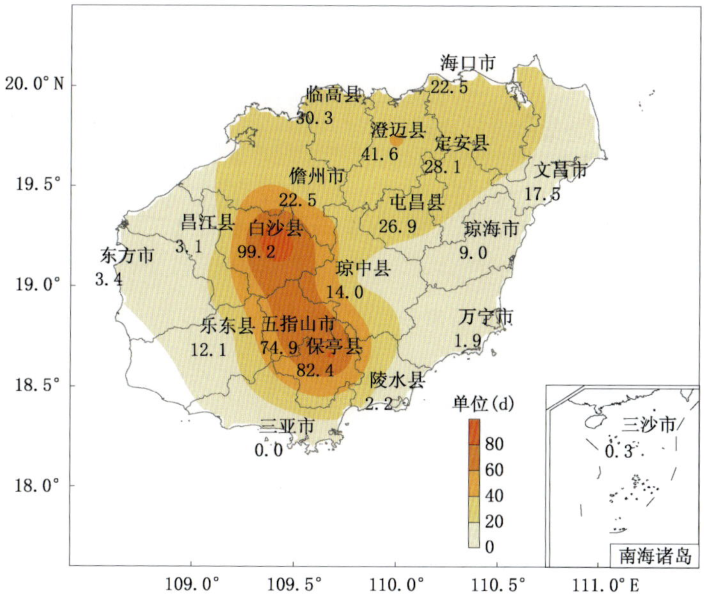

图 3.29　1971—2010 年海南年平均雾日数分布

2 月)雾发生的比例高达 36.7%，春季(3—5 月)和夏季(6—8 月)分别只占 19.0%和 13.5%。

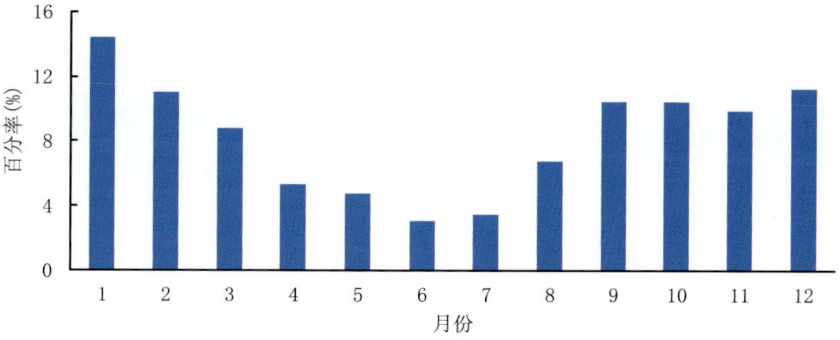

图 3.30　1971—2010 年海南平均各月雾日数占全年的百分率

各地雾日数年变化不同，万宁出现雾比例较高的是 12 月至翌年 4 月，占 86.5%，1 月和 3 月均超过 20%，5 月、6 月、7 月和 9 月很少有雾出现，小于 2%；东方、昌江的雾日主要出现在 1—4 月，分别占 91.1%和 88.0%，东方 5—10 月无雾出现；陵水 2—5 月雾比较多，占 54.7%，其次是 8 月和 9 月，分别占 11.6%和 8.1%，乐东、五指山秋冬季节 9 月至翌年 1 月出现雾最多，夏季 8 月出现雾的概率也较大，均超过全年的 9%；保亭出现雾较多的月份为 8—10 月，均超过 11%；三亚终年无雾；其余地区雾的年变化与全省的情况类似，主要出现在秋冬以及初春季节(图 3.31)。

3.2.7.3　日变化特征

对海口、琼海、琼中、东方、陵水等地雾的日变化特征进行分析。各地雾有明显日变化，生成时段呈现单峰特点(图 3.32 和表 3.13)，海口、东方一天 24 个时次均可观测到雾，最高峰值出现在 08 时，琼中、琼海、陵水出现雾时段在夜间到上午，下午基本消散，最多出现雾的时段为凌晨至上午，最高峰值也出现在 08 时，之后迅速减弱。

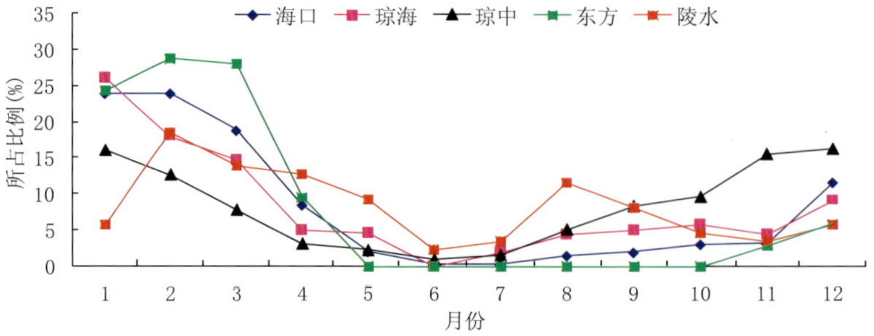

图 3.31　1971—2010 年海南各代表站各月平均雾日数占全年的百分率

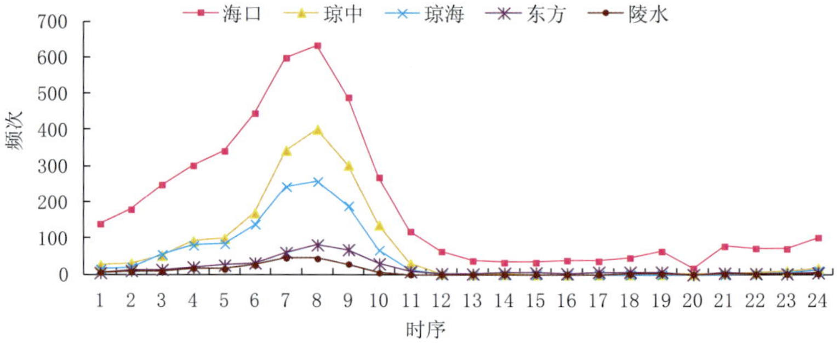

图 3.32　1971—2010 年海南各地区代表测站出现雾各时序的频次

表 3.13　1971—2010 年海南各地区代表测站出现雾时段统计

站点	最易出现时段	最高峰	各季节出现时段			
			春季	夏季	秋季	冬季
海口	01—11	08	01—24	04—08	02—10	01—04
东方	02—11	08	06—14	/	04—14	01—23
琼海	04—11	08	22—12	03—10	23—09	23—11
琼中	01—11	08	23—11	03—09	03—10	22—12
陵水	01—10	08	18—10	04—09	01—09	23—10

海南雾的维持时间一般较短(表 3.14),一般在 12 h 以内,4 h 以内的短雾出现频率超过 70%,全省雾最长维持时间发生在 2008 年 1 月 29 日 23 时 41 分至 2 月 1 日 20 时 40 分,维持时间近 69 h。

另外,计算各月生成雾的平均维持时间发现,冬春季节雾持续时间长,夏秋季节持续时间短。

表 3.14　1971—2010 年海南各地区代表测站雾维持时间统计

站点	总雾日数(d)	雾过程数(个)	维持时间<4 h 百分率(%)	维持时间<12 h 百分率(%)	建站以来最长维持时间(h)及出现年份
海口	898	1000	71.9	96.6	69.0(2008 年)
东方	135	147	89.8	100.0	7.5(1989 年)
琼海	358	384	90.1	100.0	9.9(1982 年)
琼中	559	608	92.9	100.0	12.0(1973 年)
陵水	86	87	92.0	95.4	13.9(1983 年)

3.2.7.4 雾的类型

根据雾生成的特点，可将海南雾归纳为辐射雾、平流雾和锋面雾3种类型。根据定义，辐射雾是由于夜间地面辐射冷却，使贴近地面的冷空气层中水汽达到饱和，凝结形成的雾，锋面雾是由锋上云层降下雨滴在冷空气中蒸发，使冷空气达到过饱和而形成的雾，平流雾是指暖湿空气平流到较冷的下垫面上，下部冷却而产生的雾，但普查发现，海南平流雾还存在另外一种情形，即由于有冷空气从近地层渗透到海南，与其高层一直维持的暖湿水汽相互作用，使近地层温度下降至露点附近，水汽达到饱和而凝结形成。

在同一天气形势下，海南各地产生雾类型基本相同，在各类型中（表3.15）辐射雾所占比例最高，出现频率超过50%，其中东部、中部和南部地区辐射雾类型占绝大多数，频率超过80%。不同类型雾的持续时间，以锋面雾的维持时间最长，其次是平流雾，辐射雾最短。

表3.15 1999—2010年海南各地各类型雾的统计特征

站点	类型	辐射雾	平流雾	锋面雾	总雾日数
海口	天数(d)	130	56	53	239
	百分率(%)	54.4	23.4	22.2	100
	主要生成月份	1、2、3	1、2、3	1、2、3	1、2、3
琼海	天数(d)	30	2	0	32
	百分率(%)	93.8	6.2	0	100
	主要生成月份	1	2、3	0	2、3
琼中	天数(d)	70	11	6	87
	百分率(%)	80.5	12.6	6.9	100
	主要生成月份	10、11、12	1、2、3、4	2	10、11、12
陵水	天数(d)	2	0	0	2
	百分率(%)	100	0	0	100
	主要生成月份	4、8	/	/	/
东方	天数(d)	22	7	7	36
	百分率(%)	61.1	19.45	19.45	100
	主要生成月份	1	1	1、3	1、3

3.2.7.5 雾日数分布与最低气温以及海拔高度的关系

海南年平均雾日数的空间分布与年平均最低气温分布情况基本一致，气温越低的地方，雾日数越多；进一步分析发现，雾日数与海拔高度也有很好的对应关系，海拔高度越高，雾生成的频率越高，这主要是由于海拔高度越高，气温越低之故。海南中部山区由于海拔高度高，而且森林茂密，因此气温低、湿度大、风速小，这是这一区域近地层比四周沿海地区更容易形成雾的主要原因；海南海拔高度最高的地方，即位于中部山区的白沙、保亭、五指山3市县海拔高度均超过200 m，是海南雾日数最多的地方。北部沿海地区出现雾的频率比南部沿海地区高，主要是由于气温比南部沿海地区低，而且南部沿海地区海洋性气候更明显，气温日较差小，不容易因夜间辐射冷却使温度降至露点，难以达到雾形成的条件。

3.2.7.6 雾日数月、季分布与月平均最低气温、相对湿度的关系

雾是水汽在近地层达到或接近饱和，在凝结核上凝结而成，其形成机制可通过降低空气温度，使低层大气冷却到露点，或增加空气中的水汽，造成空气中的水汽达到饱和，产生凝结（刘小宁等，2005）。因此，雾的形成与最低气温、相对湿度等气象要素密切相关，这一点已经为许多研究（李子华，2001；向波等，2003）所证实。海南各月雾日数占年总雾日数的百分率与各月平均最低气温相关关系较好，气温低的秋冬和初春季节雾发生频率高，气温高的夏季雾发生频率低；另外，还发现雾日数与平均相对湿度呈正相关，但对应关系没有温度好，特别是 11 月至翌年 1 月，这主要由于秋冬和初春季节温差大，夜间气温低，不仅有利于夜间辐射冷却作用产生辐射雾，也有利于海面暖湿气流回流到海南冷的下垫面上产生平流雾，同样在秋冬和初春季节易出现锋面雾。另外，取平均后的相对湿度与雾日数的关系对应不明显可能与海南秋冬季节冬季风盛行，相对湿度日较差、日际变化大有关系。

3.2.7.7 海南雾生成的大气环流背景分析

对海南省平均年雾日数显著偏少年份和显著偏多年份的大气环流形势加以分析发现，雾日数偏多年份低层 850 hPa 大陆高压控制我国东部地区，处于东移减弱阶段，而雾日数偏少年份则大陆高压处于强盛维持阶段，控制我国大陆东部和西部的大部分地区；高层 500 hPa 高度场差异主要表现在西太平洋副热带高压的强弱上，雾日数偏多的年份西太平洋副高位于南海东部海面上，强度弱、范围小；雾日数偏少年份副高远比多雾年份强，其范围控制整个海南，西伸至中南半岛。

第 4 章　气候资源

4.1　热量资源

4.1.1　农业界限温度

植物的生长发育及其体内的生理生化活动都是在一定的温度范围内进行的，温度是决定生物的分布和特征的重要因子。某一地区是否适合某种生物正常生长，首先要考虑的自然条件就是温度。

三基点温度是作物正常生理活动过程的最适温度、最低温度和最高温度的总称。在最适温度下，作物生长发育迅速而良好；在最高和最低温度以外，作物停止生长发育，但仍能维持生命。如果继续升高或降低，就会对作物产生不同程度的危害，直至死亡。三基点温度是最基本的温度指标，它在确定温度的有效性、作物种植季节与分布区域，计算作物生长发育速度、光合潜力与产量潜力等方面，都得到广泛应用。

农业气象界限温度是具有普遍意义的、标志某些重要物候现象或农事活动之开始、终止或转折点的日平均气温，简称界限温度。农业气象界限温度有 0℃、5℃、10℃、15℃、20℃、30℃、35℃。

稳定大于 0℃的时期为适宜农耕期，其初日与终日和土壤结冻与解冻相近。稳定大于 5℃的时期为越冬作物生长活动期（冬小麦生长活动的起始温度为 3℃）和喜凉早春作物的播种期。稳定大于 10℃的时期为越冬作物生长活跃期和喜温作物生长活动期，其初日是水稻、棉花等喜温作物开始播种日期。稳定大于 15℃的时期是喜温作物适宜生长期和茶叶的可采摘期，其初日是水稻适宜移栽期，终日是冬小麦的适宜播种期。稳定大于 20℃的时期是喜温作物旺盛生长期和耐寒的晚稻安全齐穗期，其初日是水稻分蘖迅速增长开始期，终日是耐寒的水稻安全齐穗、大秋作物灌浆的下限日期。各界限温度之间的持续日数也有重要的农业意义。30℃是适宜热带作物正常生长的最佳温度，在此温度下热带作物生长最快，体内生理生化反应受到的限制较少。35℃以上时，作物受高温烈日曝晒，新抽叶片组织的细胞被灼伤毁坏，而引起生理性病害，可以作为作物生长的上限温度。

农业界限温度的积温是评价一个地区热量资源优劣的重要指标，它对农作物的合理布局，种植制度的改革，新品种的引进等，都具有重要的参考价值。

4.1.1.1　界限温度分布及积温

积温指某个时期内对农业生产活动和作物生长发育有作用的逐日气温之和，它表示温度的累积效应。任何作物通过某个发育阶段或整个发育期，都需要一定的累积温度（积温）才能完成。因此，积温是一个重要的热量指标。

海南由于纬度较低、太阳高度角高、受海洋调节以及中部山脉对冷空气的阻挡等综合作用，因此，热量条件为全国最优，农耕期较长。

海南日平均气温不仅全年稳定通过 0℃，而且除中部山区个别年份外，全年稳定通过 10℃。全岛出现 10℃以下气温的日数累积频率为 0.168%，出现 15℃以下气温的日数累积频率为 3.135%，最常出现的气温为 26～27℃。日平均气温高于 29℃的频率迅速下滑，日平均气温大于 31℃的频率不足 0.540%(图 4.1)。五指山以南地区日平均气温基本上未出现过低于 10℃的情况，10℃以下低温出现次数较多的通常为儋州、白沙、琼中地区。

海南岛终年皆为喜温、喜热作物的活跃生长期，作物生育期内积温多。>10℃的年积温为 8300～9400℃·d，年积温最多的地区为三亚，年积温最少的地区为琼中和五指山地区。

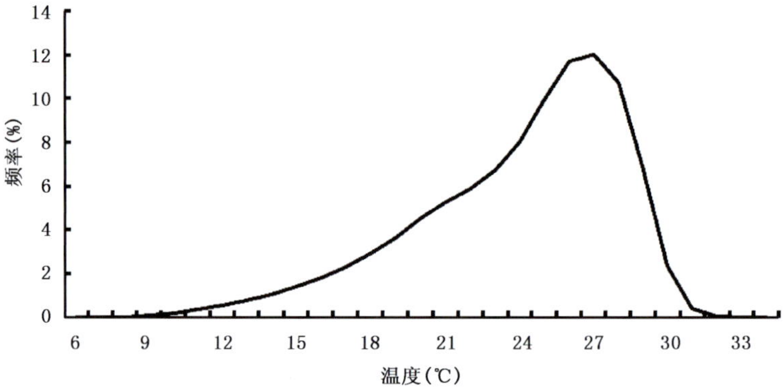

图 4.1　海南日平均气温每间隔 1℃出现的频率

4.1.1.2　稳定通过 15℃的日期及积温

日平均气温稳定通过 15℃的时期是喜温作物适宜生长期，其初始日可以作为水稻移栽的安全期。海南南部地区(三亚、陵水、保亭)从 1 月 1 日开始就稳定通过 15℃。这个三个地区以北的区域稳定通过 15℃的时间开始推后，乐东、五指山、万宁大约于 2 月上中旬开始稳定通过，西部的东方、昌江于 2 月下旬开始稳定通过。北半部地区普遍在 3 月初稳定通过 15℃(图 4.2 和表 4.1)。

海南稳定通过 15℃终日的分布呈现环状分布，全岛中间早，四周晚。中部的白沙和琼中在 11 月下旬稳定通过 15℃就已经结束，其周围的儋州，屯昌，五指山，保亭大约在 12 月上旬也结束了，再外周的区域普遍在 12 月中下旬结束。南部的乐东、三亚、陵水在年底时依然稳定通过 15℃，西部的东方、昌江及东部万宁地区稳定通过 15℃的终日在 12 月 29 日(图 4.3 和表 4.1)。

海南稳定通过 15℃期间的年积温分布呈现出南高北低、中部山区最低的特征。中部白沙、琼中不足 7000℃·d，北部大部分地区普遍在 7600℃·d 以下，在五指山以南地区，积温迅速增多，保亭为 8566℃·d，而陵水和三亚超过 9000℃·d(图 4.4 和表 4.1)。

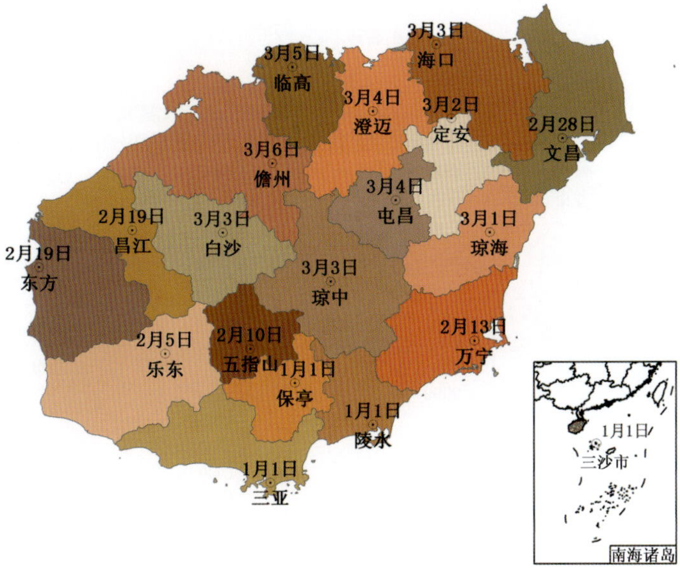

图 4.2　海南各地日平均气温稳定通过 15℃的初日

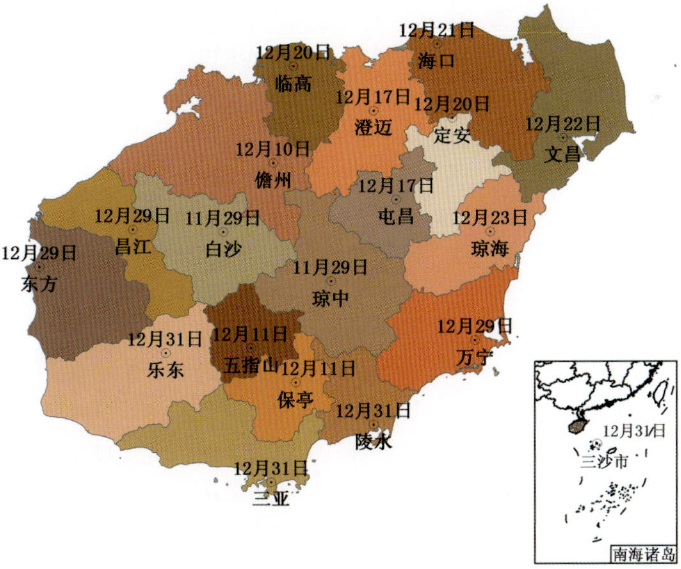

图 4.3　海南各地日平均气温稳定通过 15℃终日

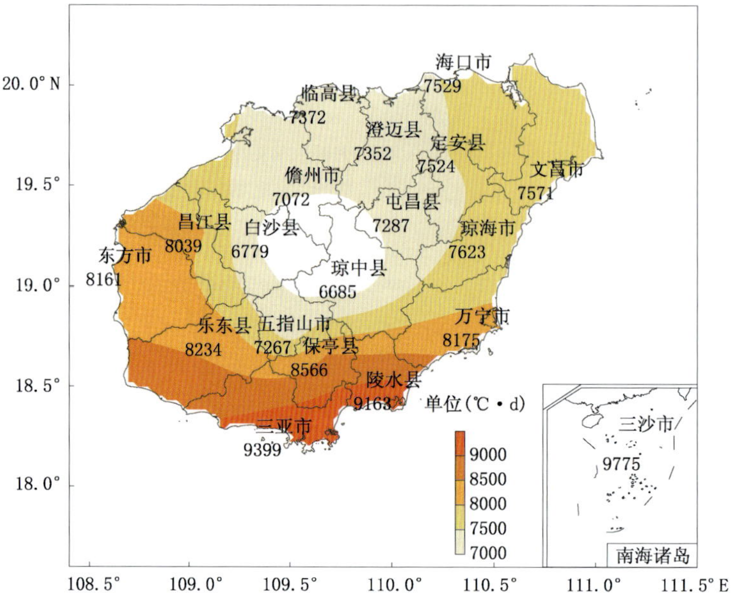

图 4.4 海南各地日平均气温稳定通过 15℃期间的积温

表 4.1 海南各地稳定通过 15℃的日期及积温

站点	初日	终日	持续时间(d)	积温(℃·d)	最早初日	最晚初日	最短持续时间(d)	最长持续时间(d)
海口	3月3日	12月21日	294	7529	1月1日	3月17日	285	365
东方	2月19日	12月29日	314	8161	1月1日	3月6日	298	365
临高	3月5日	12月20日	291	7372	1月1日	3月17日	280	361
澄迈	3月4日	12月17日	289	7352	1月1日	3月17日	273	365
儋州	3月6日	12月10日	280	7072	1月1日	5月1日	244	361
昌江	2月19日	12月29日	314	8039	1月1日	9月19日	102	365
白沙	3月3日	11月29日	272	6779	1月1日	3月17日	257	361
琼中	3月3日	11月29日	272	6685	1月1日	3月26日	247	354
定安	3月2日	12月20日	294	7524	1月1日	7月1日	183	365
屯昌	3月4日	12月17日	289	7287	1月1日	3月17日	278	361
琼海	3月1日	12月23日	298	7623	1月1日	3月16日	290	365
文昌	2月28日	12月22日	298	7571	1月1日	3月16日	290	365
乐东	2月5日	12月31日	330	8234	1月1日	9月1日	121	365
五指山	2月10日	12月11日	305	7267	1月1日	3月7日	281	365
保亭	1月1日	12月11日	345	8566	1月1日	9月1日	122	365
三亚	1月1日	12月31日	365	9399	1月1日	1月16日	349	365
万宁	2月13日	12月29日	320	8175	1月1日	3月6日	300	365
陵水	1月1日	12月31日	365	9163	1月1日	3月5日	301	365
三沙	1月1日	12月31日	365	9775	1月1日	1月1日	365	365
珊瑚	1月1日	12月31日	365	9849	1月1日	1月1日	365	365

4.1.1.3　稳定通过 20℃的日期及积温

稳定大于 20℃的时期是喜温作物旺盛生长期和耐寒的晚稻安全齐穗期，其初日是水稻分蘖迅速增长开始期，终日是耐寒的水稻安全齐穗和大秋作物灌浆的下限日期。海南南部稳定通过 20℃的时间相差大概一个月左右，初日由南往北逐步推后。南部地区(三亚、陵水、保亭、乐东)从 3 月上旬就开始就稳定通过 20℃。中部和西北部地区最晚稳定通过 20℃，大约在 3 月初(图 4.5 和表 4.2)。

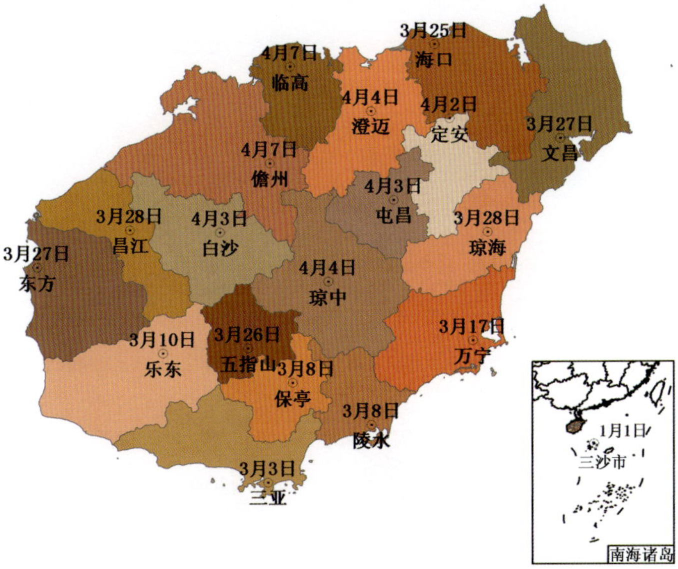

图 4.5　海南各地日平均气温稳定通过 20℃的初日

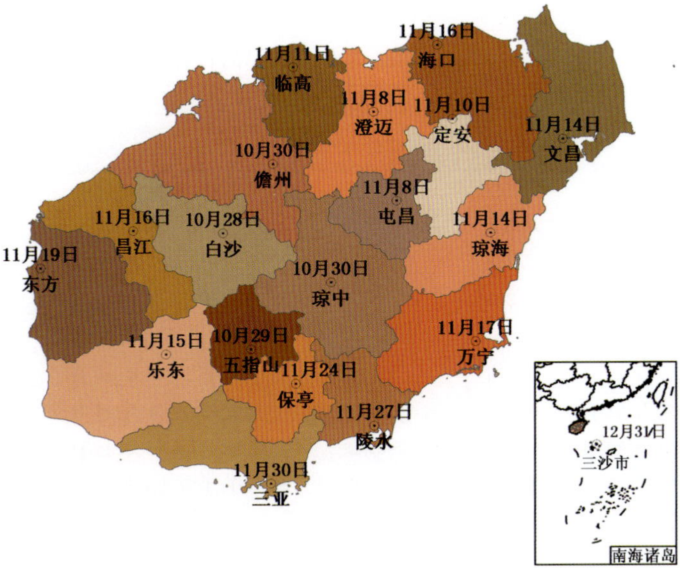

图 4.6　海南各地日平均气温稳定通过 20℃的终日

海南稳定通过20℃终日的分布与稳定通过15℃终日相似，全岛中间早，四周晚。中部的白沙、琼中、五指山和儋州地区在10月底稳定通过20℃就已经结束，其周围北部大范围区域的终日要晚10 d左右。东方、乐东大部分区域，保亭和万宁大约在11月下旬达到稳定通过20℃终日。三亚和陵水在12月份才通过(图4.6和表4.2)。

海南稳定通过20℃期间的年积温分布特征与稳定通过20℃终日基本相同。白沙、琼中、五指山和儋州不足5500℃·d，北部大部分地区普遍在6300℃·d以下，在五指山以南地区，积温迅速增多，三亚达7376℃·d(图4.7和表4.2)。

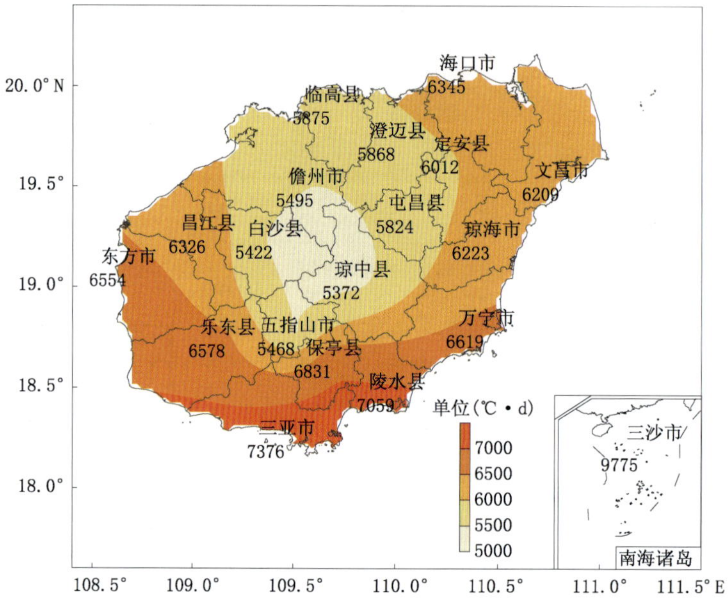

图4.7　海南各地日平均气温稳定通过20℃期间的积温

表4.2　海南各地稳定通过20℃的日期及积温

站点	初日	终日	持续时间(d)	积温(℃·d)	最早初日	最晚初日	最短持续时间(d)	最长持续时间(d)
海口	3月25日	11月16日	237	6345	2月2日	4月17日	203	307
东方	3月27日	11月19日	238	6554	2月1日	4月8日	227	308
临高	4月7日	11月11日	219	5875	2月15日	4月17日	200	296
澄迈	4月4日	11月8日	219	5868	2月1日	4月17日	199	295
儋州	4月7日	10月30日	207	5495	2月12日	5月1日	195	297
昌江	3月28日	11月16日	234	6326	1月19日	9月19日	68	309
白沙	4月3日	10月28日	209	5422	2月2日	4月17日	168	273
琼中	4月4日	10月30日	210	5372	2月14日	4月24日	169	276
定安	4月2日	11月10日	223	6012	2月1日	7月1日	126	308
屯昌	4月3日	11月8日	220	5824	2月1日	4月17日	196	295
琼海	3月28日	11月14日	232	6223	2月1日	4月11日	220	308
文昌	3月27日	11月14日	233	6209	2月1日	4月11日	209	308
乐东	3月10日	11月15日	251	6578	1月18日	9月1日	83	316

（续表）

站点	初日	终日	持续时间(d)	积温(℃·d)	最早初日	最晚初日	最短持续时间(d)	最长持续时间(d)
五指山	3 月 26 日	10 月 29 日	218	5468	2 月 4 日	4 月 11 日	207	300
保亭	3 月 8 日	11 月 24 日	262	6831	1 月 2 日	9 月 1 日	107	337
三亚	3 月 3 日	11 月 30 日	273	7376	12 月 31 日	3 月 29 日	213	365
万宁	3 月 17 日	11 月 17 日	246	6619	1 月 19 日	4 月 11 日	225	318
陵水	3 月 8 日	11 月 27 日	265	7059	1 月 1 日	4 月 8 日	231	353
三沙	1 月 1 日	12 月 31 日	365	9775	12 月 31 日	1 月 29 日	337	365
珊瑚	1 月 1 日	12 月 31 日	365	9849	12 月 31 日	1 月 1 日	365	365

4.1.2　主要热带作物的热量条件

4.1.2.1　橡胶的热量条件

橡胶，落叶乔木，有乳状汁液。直根系，三出复叶，革质全缘。花单性，雌雄同株，圆锥花序。果实为蒴果，种子椭圆形。橡胶树原产于巴西亚马孙河流域马拉岳西部地区。我国植胶区主要分布于海南、云南，广东、广西、福建也有种植，其中海南、云南为主要橡胶产区。

温度是影响橡胶树生长、发育和产胶及其地理分布的主要因子之一。橡胶原产地温度条件优越，年平均气温为 25～27℃，最冷月平均气温为 24～26℃，最热月为 25～29℃，气温年较差仅为 2℃左右，极端最高气温为 39℃，极端最低气温为 16℃，没有寒害出现。在这种温度条件下，橡胶树生长发育正常。橡胶树生长发育的三基点温度：最适温度为 25～27℃；最低温度为 16℃；最高温度为 39℃。当气温降至 5℃，橡胶树开始受寒害。当温度＜0℃时，橡胶树严重寒害致死，这种情况一般为辐射型寒害。10 d 以上的连续低温阴雨天气期内平均气温＜10℃，橡胶树亦出现严重寒害致死，这种情况一般为平流型寒害。在降温期间，辐射型和平流型低温交替出现，称混合型寒害。胶乳合成的温度在 18～28℃，其中 22～25℃为胶乳合成最适宜温度。排胶过程中，橡胶树林间温度为 19～24℃，相对湿度大于 80%最为适宜。林内气温在 18℃以下，排胶时间延长；气温在 27℃以上，胶乳早凝，排胶时间缩短，产胶量减少。

4.1.2.2　香蕉的热量条件

香蕉是芭蕉科（*Musaceae*），芭蕉属（*Musa*）植物，又指其果实，热带地区广泛栽培食用。香蕉味香、富于营养，终年可收获，在温带地区也很受重视。植株为大型草本，从根状茎发出，由叶鞘下部形成高 3～6 m 的假杆；叶长圆形至椭圆形，穗状花序大，由假杆顶端抽出，花多数呈淡黄色；果序弯垂。植株结果后枯死，由根状茎长出的吸根继续繁殖，每一根株可活多年。

温度是影响香蕉生长发育的重要因素。香蕉属热带果树，要求较高的温度，适宜的生长温度在 27℃左右，高温达 38℃时停止生长，低温达 14℃时停止生长，10℃以下会发生冻害，4～5℃时叶片冻伤褪绿，1～2℃时叶片冻至枯萎。香蕉不同器官对冷害的反应不同，敏感程度依次为花蕾，嫩叶、嫩果、叶片、假茎、根、球茎，各器官生长的临界温度分别是：叶片 10～12℃，果实 13℃，根 13～15℃。日夜温差大有利于花芽分化，海南的香蕉大部分在 8—9 月份花芽分化，此期温度较适宜。

4.1.2.3　芒果的热量条件

芒果是一种常绿乔木，叶革质，互生；性温，花小，黄色或淡红色，成顶生的圆锥花序。芒果果实含有糖、蛋白质、粗纤维，芒果所含有的维生素A的前体胡萝卜素成分特别高。芒果为著名热带水果之一，因其果肉细腻，风味独特，深受人们喜爱，所以素有“热带果王”之美誉 。

芒果为热带果树，在高温条件下生长结果良好。在高温的夏季枝梢生长快，从抽芽至叶片稳定老熟仅需10～15 d，且枝条和叶片生长量都较大；但在冬季（平均温15～17℃）从抽梢至叶片稳定老熟历时35 d，且新梢生长量比夏季小3～10倍。气温过高对芒果也有害，当气温高于37℃并吹干热风时，果实和幼苗易受灼伤。芒果最适生长温度为25～30℃，低于20℃生长缓慢，低于10℃停止生长，低于3℃幼苗受害，至0℃会严重受害。当气温降至－2℃以下时，花序、叶片、结果母树甚至直径2～3 cm的木栓化枝条都会冻死；至－5℃时，幼龄结果树的主干也会冻死。

一般认为，年平均气温21℃以上，最冷月均温度不低于15℃，终年无霜的地方比较适宜发展芒果商品生产。世界上主要芒果生产国的年平均气温在25℃以上，最冷月均温度超过18℃，绝对最低温度超过0℃。

4.1.2.4　荔枝的热量条件

荔枝是常绿乔木，高度通常不超过10 m，有时可达15 m或更高，树皮灰黑色；小枝圆柱状，褐红色，密生白色皮孔。果卵圆形至近球形，长2.0～3.5 cm，成熟时通常显暗红色至鲜红色；种子全部被肉质假种皮包裹。花期在春季，果期夏季。

荔枝在营养生长期，要求温度高，湿度大，日照长；气温在10～12℃时，营养生长缓慢，13～18℃生长加快；23～26℃最适宜荔枝的营养生长。在气温过低或有霜的年份，荔枝的嫩梢易受冻害，温度降到－3～－2℃时，如果低温持续时间不长，老熟的枝条不会受害，否则会被冻死。天气反常的年份，如秋冬气温高、雨水多，荔枝大量抽冬梢后，又突然有寒流侵袭，即使气温在0℃左右，枝条也会遭受冻害。

在荔枝的花芽分化和形成期，需要有一段低温和干燥期，这样花芽的生长发育才能顺利进行。热带地区秋、冬季平均气温较高，影响花芽分化和形成，难于自然开花结果。开花期间，若温度低于10℃影响开花，18～24℃开花最宜。温度过低会延迟开花。

4.1.2.5　龙眼的热量条件

龙眼是常绿大乔木，树体高大。多为偶数羽状复叶，小叶对生或互生；圆锥花序顶生或腋生；果球形，种子黑色，有光泽。花期3—4月，果期7—8月。喜温忌冻。

龙眼是亚热带果树，性喜温暖、多湿气候。年平均气温在18～26℃的地区，都有龙眼的分布。年平均气温在20～23℃，冬季最低温度不低于－1.5℃的地区，可作为龙眼商品生产经济栽培的适宜区。0℃时龙眼幼苗受冻害。龙眼在不同的生育期，对气温要求也有差异，如冬季和早春，要有相对较低的温度，8～14℃的天气，有利花芽分化和花穗的形成。花期气温20～27℃，晴朗天气有利授粉受精，但冬季平均气温过高，雨水偏多，龙眼容易出冬梢，影响花芽分化而不开花。据各龙眼主产区多年的观察调查资料表明：如气温高达18℃以上，容易发生“冲梢”，花穗抽生发育枝，花穗少，发育不好，落花落果也严重。有的龙眼由于砧木和接穗亲和性不好，造成接穗部分大过砧木部分，往往出现8月开花，12月份成熟的反季节龙眼。这批龙眼在低温环境下，容易造成落花、落果，果实品质差。日夜温差大则有利糖分积累，提高品质。

4.1.2.6　菠萝的热量条件

菠萝是菠萝科菠萝属的多年生草本植物。矮生，高0.5～1.0 m，无主根，具纤维质须根系；肉质茎为螺旋着生的叶片所包裹，叶剑形；花序顶生，着生许多小花；肉质复果由许多子房聚合在花轴上而成。

菠萝对温度要求较高，在年平均 24～27℃生长最好，15℃以下生长缓慢，10℃以下基本停止生长，5℃是受寒害临界温度。温度高低影响果实的发育期长短、果实品质和大小。夏、秋果生长发育期间，高温高湿，成熟期较短，果实品质好；冬果生长发育期间气温较低，成熟期相对拉长，果实较酸、肉质较粗。菠萝虽然是耐旱的作物，但在生长过程中仍需要适当的水分，年降水量 500～2800 mm 的地区均可生长，而以 1000～1500 mm 并分布均匀为最适宜。12 月至翌年 1 月冷空气南下，又夹冷雨，在山窝地和通风不良的园地，也常见个别烂心的植株。

4.1.2.7　莲雾的热量条件

莲雾又叫天桃、水蒲桃、洋蒲桃，属于桃金娘科（*Myrtaceae*）赤楠属（*Syzygium*），是一种重要的热带亚热带水果。莲雾原产于东南亚国家，现在台湾、海南、广西、广东、云南、福建等地均有种植。

莲雾喜温怕寒，最适生长温度为 25～30℃，冬季平均气温过低，一般在 8℃左右，花果会出现冻害，造成落花、落果。喜欢充足的阳光，以促枝条生长和营养积累，长日照有利于莲雾开花，全年日照时数在 2000～2500 h 的莲雾营养生长好，养分积累多，品质优并丰产；莲雾喜光也耐荫，但果实忌强光，因此，莲雾要适当多留树枝，不要让强光直射果实，造成落花、落果。

4.2　云水资源

4.2.1　水热系数

水热系数是用于衡量一地湿润程度的指标。≥10℃活动积温可以代表当地的热量资源状况，表示各种作物在整个生长期内热量供应的可靠指标。水热系数可作为农业气候区划中的干旱等水资源分区指标。水热系数 K 值表达式为：

$$K = \frac{\sum p}{\sum t} \times 10 \tag{4.1}$$

式中，K 为水热系数，$\sum p$ 为日平均气温≥10℃的累积降水量，$\sum t$ 为日平均气温≥10℃的活动积温，分子上系数 10 表示 10 倍的降水量与积温值相当。干湿适中，水热系数等于 1。

4.2.1.1　水热系数空间分布

根据水热系数 K 值公式计算，得到海南多年平均年水热系数 K 的空间分布，如图 4.8 所示。年水热系数以琼中为中心向四周逐渐减小，K 值从 2.83 减到 1.03，向西方向到东方市减少的梯度最大，其次是向南方向到三亚，向东北方向到文昌梯度最小。

根据海南岛各地年水热系数 K 值的大小对全岛的干湿进行划分，结果如表 4.3 所示。西部沿海地区东方市 K 值仅为 1.03，为半干旱区；中部山区的琼中 K 值达到 2.83，为过湿润区；东部地区、北部内陆地区和中部大部分地区 K 值在 2.0～2.5，为湿润区；其余地区 K 值在 1.5～2.0，为半湿润区。

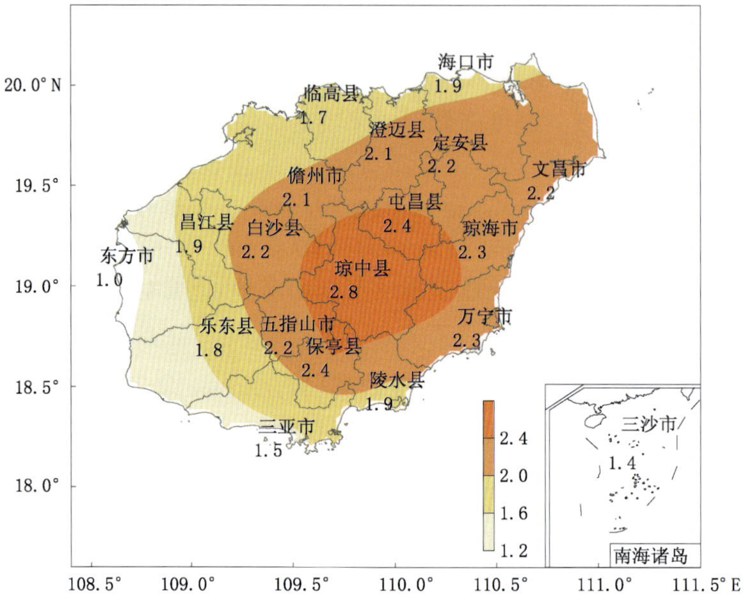

图 4.8 海南年平均水热系数 K 值分布

表 4.3 海南各地年平均水热系数特征分布

	站名	水热系数(K)	百分比(%)	干湿等级
$1<K<1.5$	东方	1.03	5.5	半干旱
$1.5<K<2.0$	三亚	1.53	33.0	半湿润
	临高	1.68		
	乐东	1.78		
	陵水	1.85		
	昌江	1.86		
	海口	1.90		
$2.0<K<2.5$	澄迈	2.06	56.0	湿润
	儋州	2.10		
	五指山	2.21		
	文昌	2.22		
	定安	2.22		
	白沙	2.24		
	琼海	2.29		
	万宁	2.30		
	屯昌	2.37		
	保亭	2.39		
$K>2.5$	琼中	2.83	5.5	过湿润

4.2.1.2　水热系数的逐月变化

图 4.9 为海南水热系数的逐月变化。水热系数最大值出现在 9 月份，达到 3.76，最小值出现在 1 月份，为 0.27。

各地水热系数的逐月变化不同(图 4.10)。东方、三亚和三沙为单峰型分布，东方峰值出现在 8 月，三亚和三沙峰值出现在 10 月，峰值分别为 2.35、3.22、3.17，最小值均出现在1 月，分别为 0.13、0.10、0.13。东方仅 8—9 月水热系数大于 2，为湿润月份；三亚在 6—10 月为湿润月份。海口、琼海和琼中水热系数为双峰型分布，主峰值出现在 10 月，峰值介于 3.22～6.99，次峰值出现在 5 月或 6 月，峰值为 2.58～3.29。海口、琼海 5—10 月为湿润月份；琼中湿润月达 6 个月，为全省最湿润的地区；三沙在 8—10 月较为湿润。

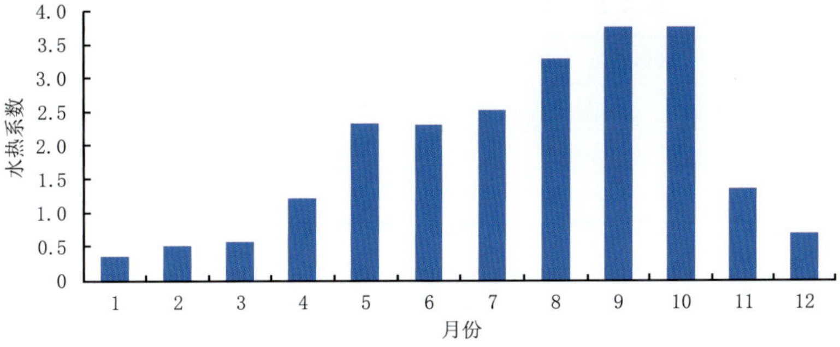

图 4.9　海南水热系数的逐月变化

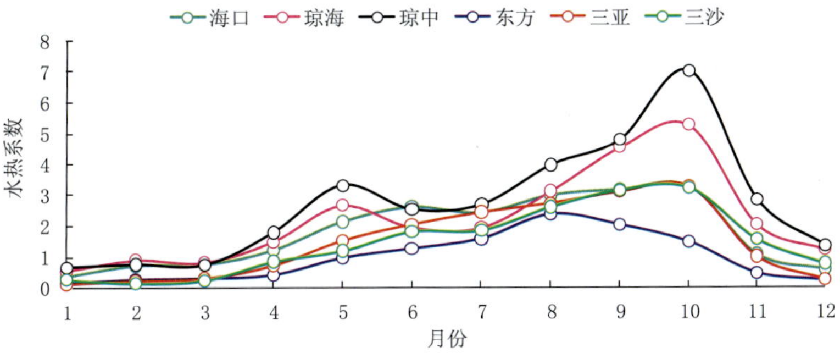

图 4.10　海南各代表站水热系数的逐月变化

4.2.1.3　水热系数的极值

海南各地年水热系数最大值达 3.53，出现在琼中(2001 年)；最小值仅 0.49，出现在东方(1993 年)。1981—2010 年的 30 年中，各地月平均水热系数最大值达 6.99，出现在琼中的 10 月，最小值为 0.10，出现在三亚的 1 月份。

分东、西、南、北、中五个区域分别统计海南各地月、年水热系数极值。表 4.4 给出了海南东部地区(包括文昌、琼海和万宁)的极值情况。东部各地年水热系数最大值在 3.17～3.36，万宁最大；年水热系数最小值在 1.08～1.37，文昌最小。东部地区月水热系数的最大值在 4.36～5.52，也是万宁最大；月水热系数最小值在 0.52～0.67，仍是文昌最小。

表 4.4 海南东部地区月、年水热系数极值

站点	月水热系数				年水热系数				
	最大值	月份	最小值	月份	最大值	年份	最小值	年份	平均值
文昌	4.36	9	0.58	1	3.27	2010	1.08	1987	2.22
琼海	5.23	10	0.52	1	3.17	2009	1.37	1987	2.29
万宁	5.52	10	0.67	2	3.36	2010	1.11	2004	2.30

海南西部地区包括昌江和东方，其年水热系数的最大值分别为 1.54 和 3.00，年水热系数的最小值分别为 0.49 和 1.23。西部两地月水热系数最大值分别为 2.35 和 4.31，均出现在 8 月份，月水热系数最小值分别为 0.09 和 0.13，均出现在 1 月份(表 4.5)。

表 4.5 海南西部地区月、年水热系数极值

站点	月水热系数				年水热系数				
	最大值	月份	最小值	月份	最大值	年份	最小值	年份	平均值
昌江	4.31	8	0.09	1	3.00	2001	1.23	1987	1.86
东方	2.35	8	0.13	1	1.54	2001	0.49	1993	1.03

海南南部地区包括乐东、保亭、陵水和三亚，年水热系数最大值在 2.59～3.24，保亭最大(1989 年)，年水热系数最小值在 0.84～1.73，三亚最小(1984 年)。南部地区各月水热系数最大值在 3.22～4.36，出现在 8—10 月，保亭最大；月水热系数最小值在 0.10～0.23，出现在 1 月份，三亚最小(表 4.6)。

表 4.6 海南南部地区月、年水热系数极值

站点	月水热系数				年水热系数				
	最大值	月份	最小值	月份	最大值	年份	最小值	年份	平均值
乐东	3.64	8	0.14	1	2.77	1991	1.23	2006	1.78
保亭	4.36	9	0.20	1	3.24	1989	1.73	2006	2.39
陵水	4.22	10	0.23	1	2.74	2010	0.98	2004	1.85
三亚	3.22	10	0.10	1	2.59	2010	0.84	1984	1.53

表 4.7 为海南北部地区(包括海口、定安、澄迈、临高和儋州)月、年水热系数极值。北部地区年水热系数的最大值在 2.83～3.05，定安最大(2000 年)；年水热系数最小值在 0.92～1.46，临高最小(1987 年)。北部地区月水热系数的最大值在 3.22～4.00，出现在 9 月或 10 月，其中儋州最大，月水热系数最小值在 0.27～0.37，出现在 1 月份，儋州亦为最小。

表 4.7 海南北部地区月、年水热系数极值

站点	月水热系数				年水热系数				
	最大值	月份	最小值	月份	最大值	年份	最小值	年份	平均值
海口	3.22	10	0.36	1	2.97	2009	1.09	2004	1.90
定安	3.89	9	0.37	1	3.05	2000	1.46	2004	2.22
澄迈	3.87	9	0.32	1	2.83	2010	1.32	2004	2.06
临高	3.40	9	0.30	1	2.87	2009	0.92	1987	1.68
儋州	4.00	9	0.27	1	2.85	1997	1.33	1991	2.10

表 4.8 为海南中部地区月、年水热系数极值。中部地区包括屯昌、白沙、琼中和五指山，年水热系数最大值 2.86～3.53，其中琼中最大(2001 年)，年水热系数最小值 1.38～1.71，其中屯昌(2004 年)和五指山(2006 年)最小。中部地区月水热系数最大值在 3.95～6.99，出现在 8—10 月份，也是琼中最大；月水热系数最小值在 0.21～0.63，出现在 1 月份，五指山最小。

表 4.8　海南中部地区月、年水热系数极值

站点	月水热系数				年水热系数				
	最大值	月份	最小值	月份	最大值	年份	最小值	年份	平均值
屯昌	4.86	10	0.56	1	3.37	2000	1.38	2004	2.37
白沙	3.95	8	0.26	1	2.86	1997	1.60	2004	2.24
琼中	6.99	10	0.63	1	3.53	2001	1.71	2004	2.83
五指山	4.12	9	0.21	1	3.37	1989	1.38	2006	2.21

4.2.2　生长季降水量的分布和变化

海南岛以灌溉农业为主，因四面环海，淡水资源只能靠自然降雨供给，所以自然降水是其农业用水的主要来源。降水是制约农业生产的重要因素之一，其多寡直接影响到作物的产量。

海南的主要农作物是水稻，重要经济作物是橡胶，热带水果也非常丰富，有荔枝、龙眼和莲雾等，并且是我国冬季瓜菜的主要生产基地。重点分析荔枝(热带水果)、早稻、晚稻和冬季瓜菜生长季及橡胶割胶期降水量的分布和变化特征。由于三沙市没有农作物，所以本节只分析海南岛的情况。

4.2.2.1　主要作物生长季降水量的空间分布特征

海南早稻生长季(2—7 月)降水量为全岛中间多四周少的分布，且东部多于西部，北部多于南部。各地早稻生长季降水量整体比较充足，除了西部沿海地区约 400 mm 外，其余地区在 600 mm 以上，最多的保亭超过 1000 mm(图 4.11)。

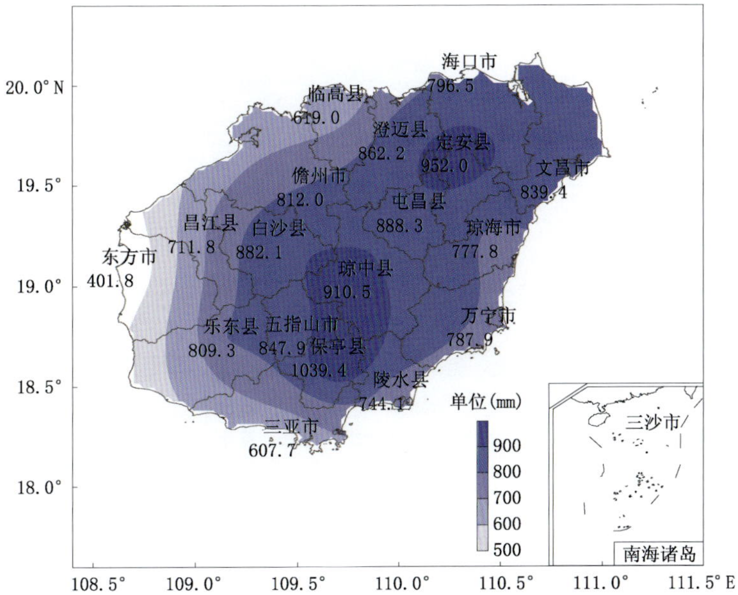

图 4.11　海南早稻生长季降水量分布

海南晚稻生长季(8—12 月)降水量的空间分布类似于年降水量的空间分布,东部明显多于西部,中部的琼中降水量最大,为 1443.2 mm,西部沿海地区 540 mm,其余地区在 790～1300 mm,降水量总体较为充沛(图 4.12)。

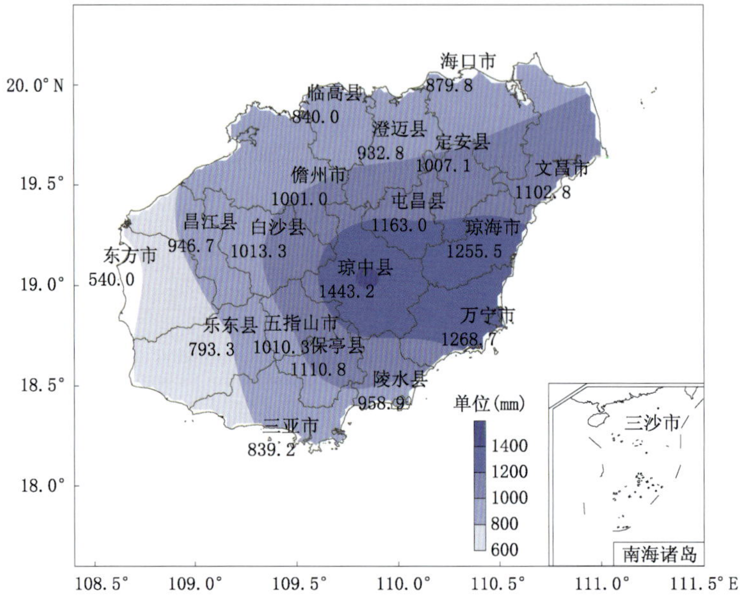

图 4.12　海南晚稻生长季降水量分布

海南冬季瓜菜生长季(10 月至翌年 5 月),降水量的空间分布类似于晚稻生长季降水量的空间分布,但整体降水比晚稻降水偏少,西部地区、西北部沿海地区和南部沿海地区降水量低于 500 mm,中部山区的琼中降水量仍为最大,达到 1265 mm(图 4.13)。

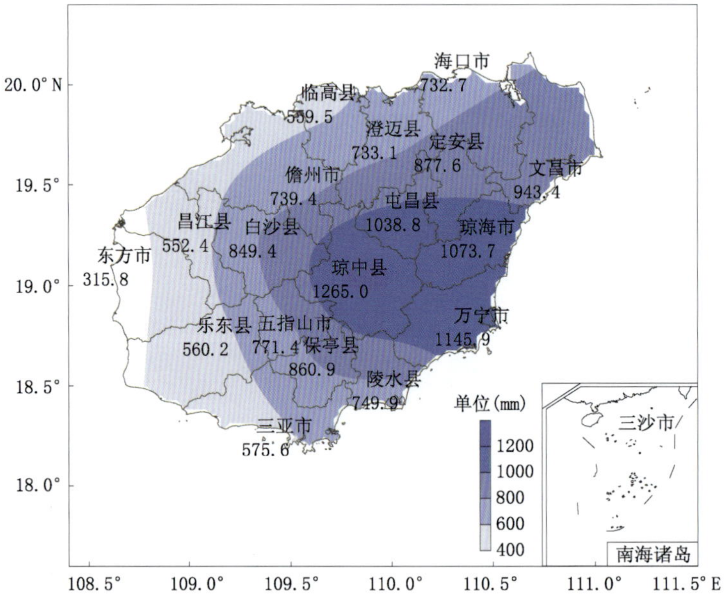

图 4.13　海南冬季瓜菜生长季降水量分布

橡胶割胶期(5—10 月)降水量的空间分布也为全岛中间多四周少的分布。从西南向东逐渐递增,但从四周向中部递增趋势。降水各地区差异明显,从 800 mm 增加到 1800 mm,琼中、保亭仍是降水最多的地区,西部沿海地区最少约 830 mm(图 4.14)。

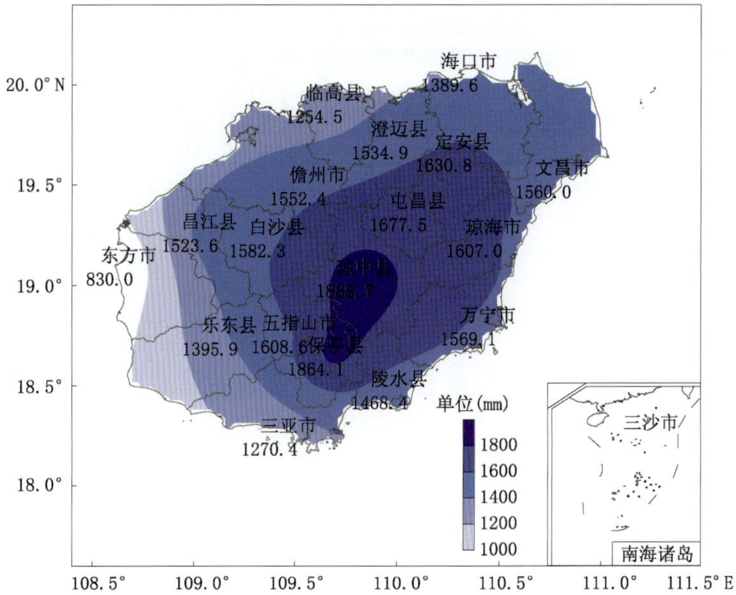

图 4.14　海南橡胶割胶期降水量分布

4.2.2.2　主要作物生长季降水量的变化特征

荔枝:1961—2010 年的 50 年中,海南荔枝生长季降水量总体呈增加趋势,大约每 10 年增加 41.0 mm。降水量的年际变化大,最多的 2009 年达到 2284.9 mm,最少的 1977 年只有 1100 mm 左右。在年代际变化上,1978—2000 年降水量波动幅度不大,但仍处上升趋势,2000—2009 年变化幅度较大,对农业旱涝影响大。从 5 年滑动平均值可以看出,50 年期间出现了三个降水峰值期,分别为 1972—1973 年,2000—2001 年和 2009—2010 年(图 4.15)。

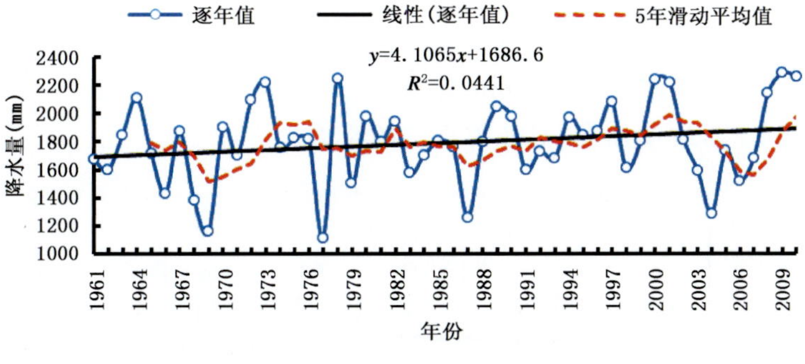

图 4.15　海南荔枝生长季降水量逐年变化

早稻:早稻的生长季是每年的 2—7 月,按照地域分布不同,成熟时间也有所不同,东部早,西部晚。它的生长季降水量变化不明显(图 4.16)。从 5 年滑动平均趋势线来看,早稻生长季降水量整体波动幅度不大,1991—2001 年出现相对较大的增长,随后出现明显的减少,而且减少的幅度比较大，说明此后的 2001—2010 年为降水偏少期，2010 年降水达到了最小值 537.6 mm，对早稻的生长影响比较大。

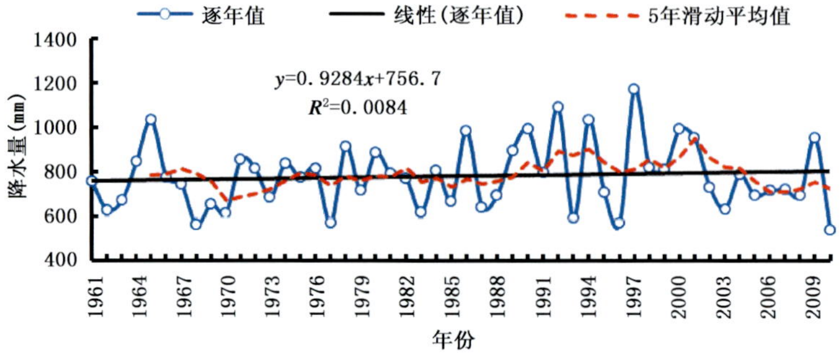

图 4.16　海南早稻生长季降水量逐年变化

晚稻：晚稻的生长季为 8—12 月。晚稻生长季降水量的变化呈逐年增加的趋势，大约每 10 年增加 37.5 mm(图 4.17)。从 5 年滑动平均来看，1973 年出现峰值后，随后 1974—2006 年为降水偏少期，2006 年后开始迅速增加，增加幅度比较大，2010 年达到了 50 年中的最大值。这种波动对晚稻种植及收割的影响还是比较大的。

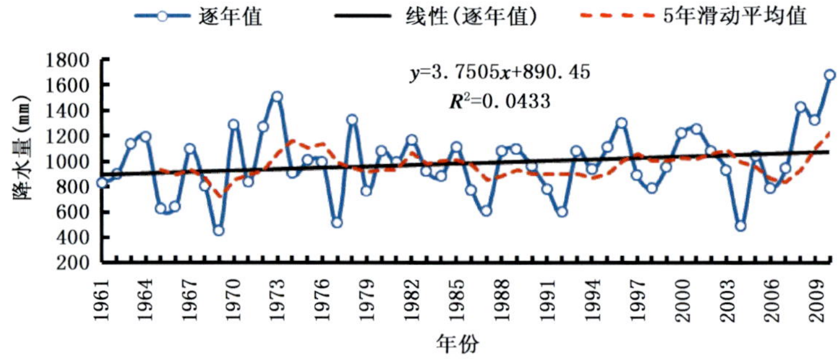

图 4.17　海南晚稻生长季降水量逐年变化

冬季瓜菜：全岛冬季瓜菜的生长季是每年的 10 月翌年 5 月。从图 4.18 中可以看到，冬季瓜菜生长季降水量的变化总体呈现增加趋势，大约每 10 年增加 31.3 mm。其降水量的年际变化波动相当大，多的年份超过 1000 mm，最大 1338 mm，少的年份仅 312 mm。特别是 21 世纪前 10 年生长季降水量波动加大，对冬季瓜菜的影响加大。

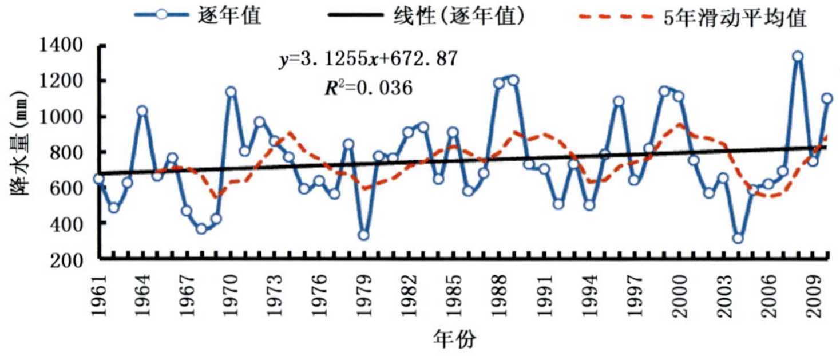

图 4.18　海南冬季瓜菜生长季降水量逐年变化

橡胶:橡胶产业是我国重要的战略产业,仅有海南、云南等少数地区能种植橡胶,橡胶树是海南的主要经济作物。橡胶树在海南一年四季都能生长,但割胶期只有 6 个月,为 5—10 月。图 4.19 是橡胶割胶期的降水量逐年变化。从图可见,割胶期的降水量变化呈现增加趋势,平均每 10 年增加 51.5 mm。从 5 年滑动平均曲线来看,从 20 世纪 70 年代中期至 80 年代前期和 90 年代至 21 世纪前 10 年处于偏多期,其余时段一般为偏少期。割胶期降水量的年际变化也相当明显,异常偏多年超过 2000 mm,异常偏少年不足 1000 mm,对橡胶生长和割胶都有较大影响。

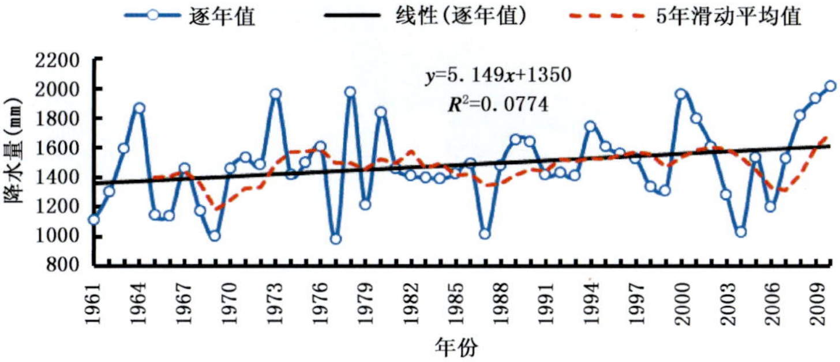

图 4.19　海南橡胶割胶期降水量逐年变化

4.2.3　大气水汽含量

整层大气水汽含量是研究大气辐射和吸收以及全球热量输送的一个重要参量。通常用可降水量来表示单位截面大气柱中的水汽含量。所谓整层大气可降水量是指垂直气柱中所含有的水汽总量,假设这些水汽全部凝结,并积聚在气柱的底面上时所具有的液态水深度。大气中的水分集中在对流层。对流层空气柱中水汽总量也称为可降水量(precipitable water,简称 PW),无法直接测量,但可以进行推算。

4.2.3.1　水汽含量的气候分布

本书采用了地面气象观测资料推算法(杨景梅和邱金桓,1996,2002;Reitan,1963;Smith,1966)推算获得海南整层大气可降水量。利用海南 19 个地面气象观测站的大气温度、湿度资料,计算了海南省的整层大气年累积可降水量,分析了海南整层大气年、季平均可降水量的时空分布特征。

对水汽含量的分析分为全年、夏半年和冬半年。这里冬半年月均可降水量指 11 月翌年 4 月多年的月平均可降水量,夏半年月均可降水量指 5—10 月多年的月平均可降水量,按同样的方式得到。而全年月均可降水量指全年 1—12 月多年平均的月可降水量。

4.2.3.2　可降水量的空间分布

如图 4.20 所示,海南各地多年平均年可降水量差异不大,为 1433.1～1747.9 cm。其分布特点是东部多于西部,东南部沿海地区年可降水量均在 1550.0 cm 以上,南部沿海的三亚和东部沿海的万宁是两个高值中心;而西北部地区、西部内陆和中部部分地区(包括儋州、昌江、白沙、五指山)年可降水量均低于 1475.0 cm,儋州的西北部、白沙的西部和五指山与白沙、儋州交界地区是两个低值中心。这种分布特点与海南的水汽来源通道和地势分布有密切关系。

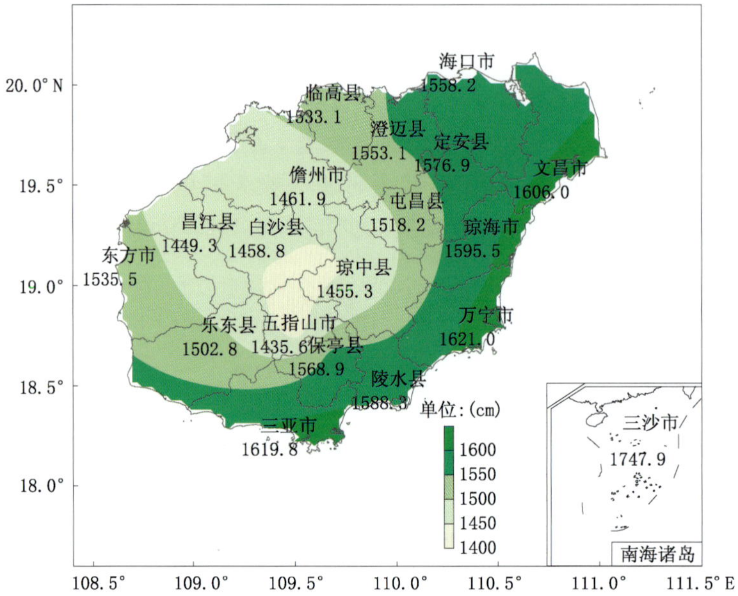

图 4.20　海南整层大气多年平均年可降水量的空间分布

根据黄荣辉等(1998)的研究,供给东亚季风区的夏季降水的水汽主要是由西南季风从孟加拉湾带来的水汽、东南季风从热带西太平洋带来的水汽以及跨赤道气流从南海带来的水汽所组成。对于海南而言,水汽来源主要是东南季风从南海、西太平洋带来的水汽。并且东亚季风区水汽分布是南边大，北边小,这是由于水汽由南向北输送中,远离水汽正值区,水汽含量逐渐减小。而高值中心在海南岛的南面的三亚和东南的万宁,低值中心在东北的儋州,这种可降水量的分布,也证实这一点。从地势分布来讲,海南岛中部高四周低,中部的五指山山脉海拔 1867 m,对降水和气流也有较大影响。

4.2.3.3　整层大气多年平均可降水量的空间分布

图 4.21 至图 4.23 分别是海南全年日平均可降水量、冬半年日平均可降水量、夏半年日平均可降水量的空间分布,均为东多于西的分布,东南部沿海地区和西北部地区分别是高值中心区和低值中心区。

夏半年是海南的雨季,降水量充沛;冬半年是海南的旱季,降水量少。从可降水量上也反映出这一点。夏半年日平均可降水量总体比冬半年明显偏多,前者约为后者的 1.5 倍。但它们的空间分布的高值中心区和低值中心区基本一致。

4.2.3.4　可降水量的时间分布

海南可降水量的月际变化呈单峰型分布(图 4.24),5—9 月可降水量月平均值都大于 4.5 cm,是一年中较多的月份,其中 6—8 月均在 5.0 cm 以上,冬季各月较少,最少月份在 1 月,少于 3.0 cm。

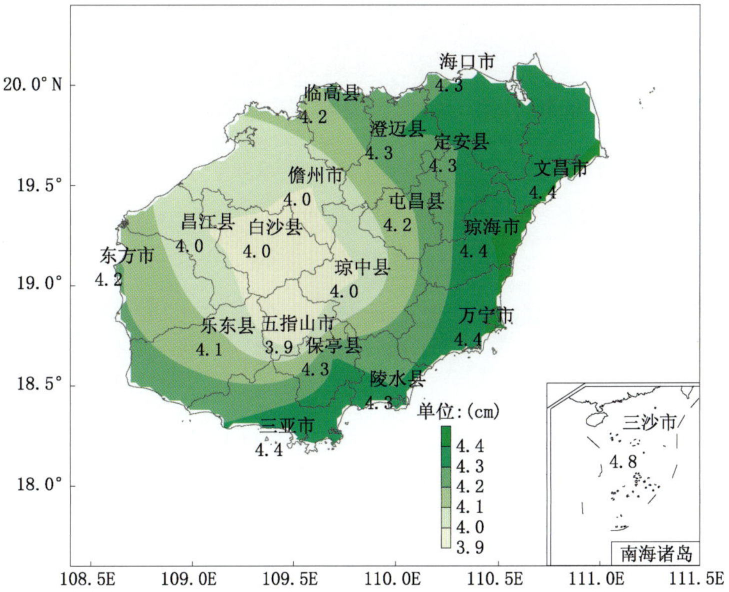

图 4.21　海南整层大气全年日平均可降水量的空间分布

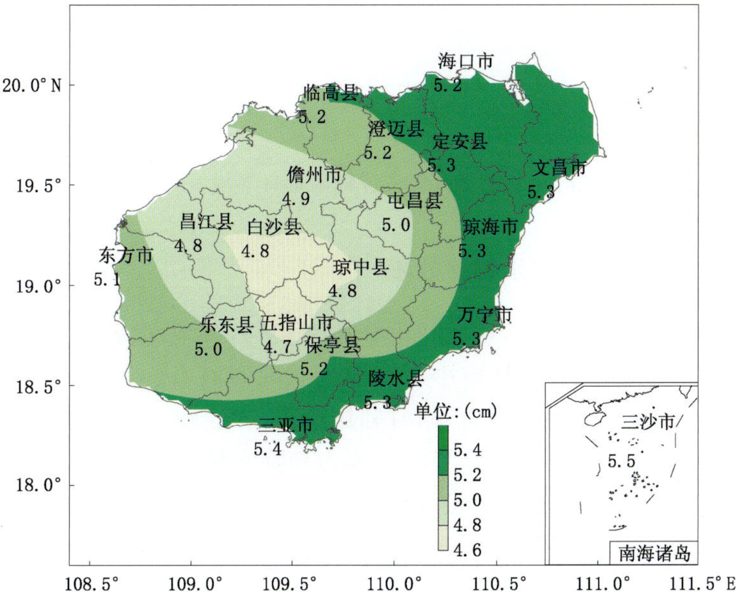

图 4.22　海南整层大气夏半年日平均可降水量的空间分布

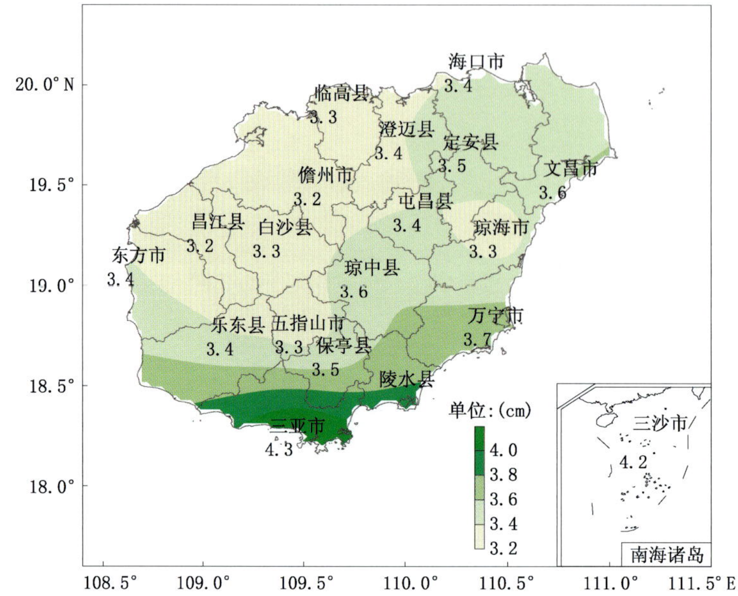

图 4.23 海南整层大气冬半年日平均可降水量的空间分布

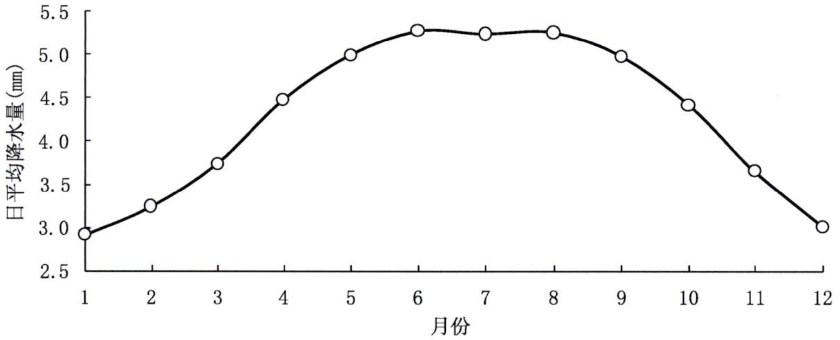

图 4.24 海南各月大气可降水量日平均值的变化

4.2.4 空中水资源潜力与降水转化效率

海南年平均降水量比较大,但是各地降水分布不均匀,各地水资源仍有潜力可挖,要合理开发海南的水资源就必须研究该地区空中水资源的状况和潜力。利用海南 18 个地面气象观测站降水资料计算评估各地的增雨潜力,同时利用海口、三沙和三亚 3 地的地面气象观测以及高空探测资料计算分析了这些地区的临界降水能力和降水转化效率。

4.2.4.1 云水资源人工增雨开发潜力评估

云水资源是存在于空中可供开发利用的液态和固态水凝物。空中云水资源的状况可通过监测分析等方法进行评估。人工增雨是开发空中云水资源的主要手段,对各地人工增雨开发潜力的评估是空中云水资源评估的方法之一。

中国气象局人工影响天气中心提供了一种评估空中云水资源的方法,即云水资源人工增雨开发潜力评估法,简称 CWR－PEP 法。该评估方法可用方程表达为:

$$增雨潜力 = 降水总量 \times 增雨效率 \times 增雨概率 \tag{4.2}$$

其中，降水总量等于降水量与区域面积的乘积，增雨效率是人工增雨量占自然降水量的比例，国内外大量试验结果得出的人工增雨效率平均值为 10％～15％，增雨概率为适合并实施人工增雨作业所占降水区域时段的比例。

利用该方法对海南云水资源人工增雨开发潜力进行评估，根据海南的实际情况，增雨效率取 10％～15％，增雨概率取 10％～30％。计算评估结果如表 4.9 和图 4.25 所示。

从表 4.9 和图 4.25 可看出，海南各地年人工增雨潜力为 0.194 亿～2.908 亿 t。全岛呈中部多四周少的分布。琼中的区域面积较大，为 2706.0 km^2，年平均降水量最大，达到 2388.2 mm，所以增雨潜力范围最大，为 0.646 亿～2.908 亿 t；儋州的增雨潜力次之，为 0.622 亿～2.798 亿 t；陵水区域面积较小，为 1128.0 km^2，年平均降水量较小，为 1718 mm，因此，其增雨潜力范围最小，在 0.194 亿～0.872 亿 t。海南全岛人工增雨潜力在 6.250 亿～28.123 亿 t。

表 4.9　海南各市县及全岛的云水资源人工增雨开发潜力

市县名称	区域面积 (km^2)	年平均降水量 (mm)	最小增雨潜力 (亿 t)	最大增雨潜力 (亿 t)
海口	2304.8	1696.6	0.391	1.760
定安	1187.4	1980.7	0.235	1.058
澄迈	2067.6	1812.8	0.375	1.687
临高	1317.0	1475.9	0.194	0.875
儋州	3400.0	1828.8	0.622	2.798
琼海	1710.4	2063.9	0.353	1.589
文昌	2447.5	1975.2	0.483	2.175
万宁	1884.0	2102.8	0.396	1.783
屯昌	1231.5	2083.7	0.257	1.155
白沙	2117.0	1909.9	0.404	1.819
琼中	2706.0	2388.1	0.646	2.908
昌江	1596.0	1693.9	0.270	1.217
东方	2266.6	949.7	0.215	0.969
乐东	2747.0	1611.1	0.443	1.992
五指山	1129.0	1870.2	0.211	0.950
保亭	1160.6	2162.7	0.251	1.130
陵水	1128.0	1718.0	0.194	0.872
三亚	1919.6	1453.3	0.279	1.255
全岛	34320.0	1821.0	6.250	28.123

4.2.4.2　降水转化效率

设定 D_1 代表日降水量≥0.1 mm 的降水日数，一般认为它具备临界降水能力，有增雨潜力可挖；日降水量≥50 mm(D_{50})代表暴雨日数，从技术和生产安全角度考虑，认为此条件下不适于进行人工增雨作业。因此，可进行人工增雨作业的临界降水能力(D_T)可简单表示为：

$$D_T = D_1 - D_{50} \tag{4.3}$$

海口、三亚和三沙多年平均 1—12 月的 D_T 值如表 4.10 所示。海口全年各月的 D_T 值均

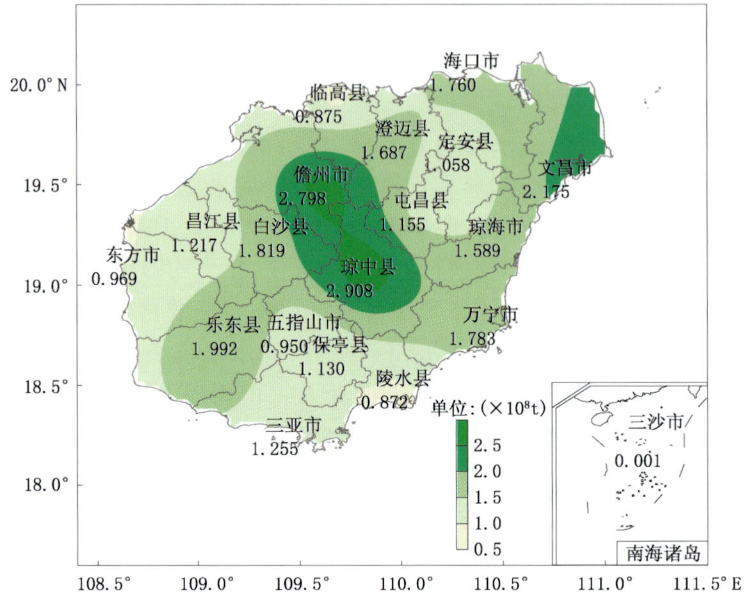

图 4.25　海南各市县最大增雨潜力

大于 7.0 d,12 月的 D_T 值为最低值 7.1 d,1 月为 8.2 d,而其他月份都比较大,5—6 月均为 14 d 以上。三沙的 D_T 值在 1—7 月都较低,除 6 月较高(9.3 d)外,其他月份都小于等于 7.0 d,但下半年 8—12 月 D_T 值均较大(10.2～15.4 d)。三亚和海口的结果类似,12 月至翌年 4 月的 D_T 值为 2.7～4.4 d,是三个地区 D_T 最小的月份,而其余月份 D_T 值较大。

表 4.10　海南三地各月临界降水能力 D_T 值(d)

地点	1 月	2 月	3 月	4 月	5 月	6 月	7 月	8 月	9 月	10 月	11 月	12 月
海口	8.2	9.7	9.2	10.0	14.1	14.4	12.9	13.3	12.4	9.9	7.6	7.1
三沙	6.7	4.5	3.3	3.6	7.3	9.3	7.8	10.2	13.6	15.4	13.2	11.4
三亚	2.7	3.2	2.9	4.4	8.5	12.3	11.9	13.8	15.0	10.7	5.3	3.0

一般来说,云主要是靠潮湿空气在上升运动过程中绝热膨胀降温达到饱和而生成的,因此,上升气流和充足的水汽是云生成的必要条件。降水的形成过程是云中的小水滴增长成为雨滴、雪花及其他降水物的过程。降水是一个复杂的过程,水汽输送、垂直运动和云滴增长 3 个条件缺一不可。大气通过水平输送和动力抬升作用将落区周围对流层中低层水汽在落区上空汇集、抬升、凝结,所以降水量和可降水量不是简单的对应关系(李霞和张广兴,2003)。降水转化率则可用来衡量水汽向降水转化的效率。本书采用李霞和张广兴(2003)的定义计算降水转化率,公式如下:

$$PCE = \{降水率(月、季、年)/可降水总量(月、季、年)\} \times 1000 \tag{4.4}$$

其中 PCE 表明可降水总量能够转化成降水的比率,它可以大致衡量一个地区一段时间水汽向降水转化效率的高低。用海口和三沙 1998—2010 年逐日地面气象观测及高空探空资料分析统计,可得到该地的月降水率和月可降水总量值。

图 4.26 为海口、三沙 1—12 月多年平均的月可降水量,前者为单峰型分布,后者为双峰型分布。海口站 11 月至翌年 3 月的月可降水量比较小,在 268～370 mm,而海口地区的干旱也

经常发生于这些月份，5—9 月可降水量迅速增加，在 700 mm 以上，最多的 8 月达到 924 mm。三沙 1—4 月可降水量较小，只有 148～240 mm，5 月可降水量达到第一峰值(次峰)487 mm，6 月略有下降，7 月后再次增加，10 月为第二峰值(主峰)，达到 901 mm。

图 4.27 是海口、三沙多年平均 1—12 月逐月降水率分布，和可降水量的变化类似，海口地区月降水率较低值也是在 11 月至翌年 3 月，范围是 20%～52%，不同的是 4 月份月降水率值也较低，为 70%。10 月份为主峰月达到 333%，8 月为次峰月 313%。三沙月降水率较低值出现在 1—3 月，仅 10%～22%，5 月出现第一峰 116%(次峰)，10 月出现第二峰 254%(主峰)。

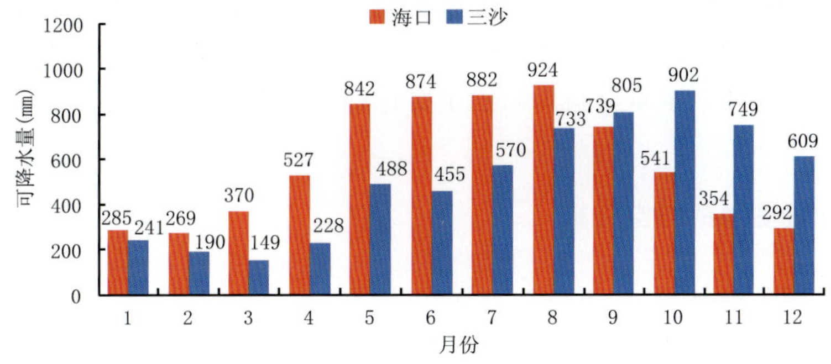

图 4.26　海口、三沙逐月可降水量

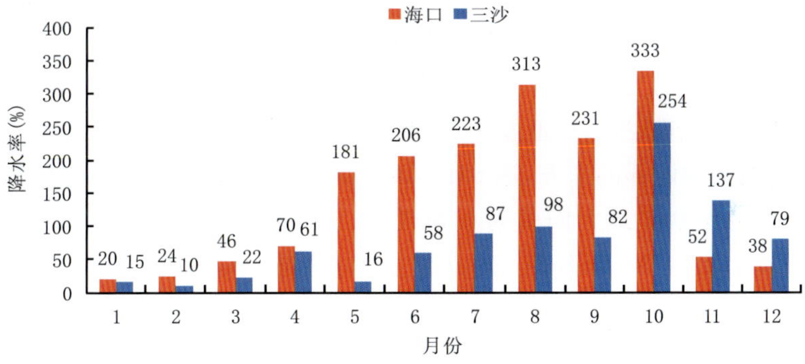

图 4.27　海口、三沙逐月降水率

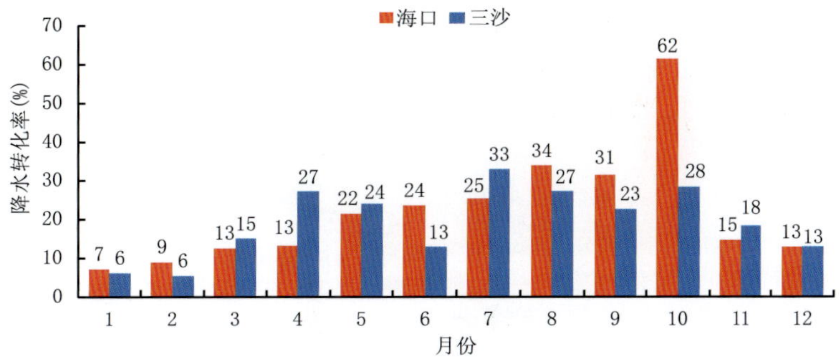

图 4.28　海口、三沙逐月降水转化率

利用月降水率和月可降水量的比值，再进行多年平均可得月降水转化效率值，如图 4.28 所示。其特点是，海口 10 月份的降水转化效率非常高，达到 62%，这可能与 10 月份的台风降水有关。海口夏半年 5—9 月的降水转换效率大于 20%，表明这些月有较大的人工增雨潜力，11 月至翌年 4 月的月降水转换效率值相对较低，范围在 7%～14%。三沙 6 月和 11 月至翌年 3 月降水转化效率均低于 20%，其余月份相对较高，在 23%～32%。

4.3 太阳能资源

太阳能资源是指能够直接或间接（通过光热、光电、光化学等方式的转换）被人类所利用的太阳能。太阳能已经被国际公认为是未来最有竞争性的能源之一，它具有取之不尽、用之不竭；不污染环境、不破坏生态；周而复始、可以再生；分布广泛；就地可取、无需运输等特点，因此，太阳能利用前景广阔。本章所指太阳能主要包括太阳总辐射以及与之有联系的日照时数和日照百分率。

4.3.1 太阳能资源的时空分布

4.3.1.1 太阳总辐射

海南有海口、三亚和三沙 3 个太阳辐射观测站。对于无辐射观测的地区，其太阳总辐射值通过经验公式计算获得，其计算方法见中华人民共和国气象行业标准 QX/T 89－2008《太阳能资源评估方法》。根据海南已有辐射观测地区 2003—2012 年的辐射数据及推算出的其他地区辐射数据，得到了海南各地区年季日照总辐射分布图。

海南岛年太阳辐射平均为 5473 MJ/m^2。其中西北部地区的临高、儋州，西部地区的东方、昌江，东南部沿海地区的万宁、陵水、三亚及中部山区的白沙等地年太阳辐射量均大于全岛平均值。年太阳总辐射最高地区为西部的东方，达 6335 MJ/m^2，海南岛北部内陆地区的澄迈、定安和中部山区的五指山、南部的保亭等地太阳辐射相对较弱，年太阳辐射量均小于 5200 MJ/m^2，澄迈最少，年太阳辐射量仅约 4971 MJ/m^2（图 4.29）。三沙年太阳总辐射量 6378 MJ/m^2。

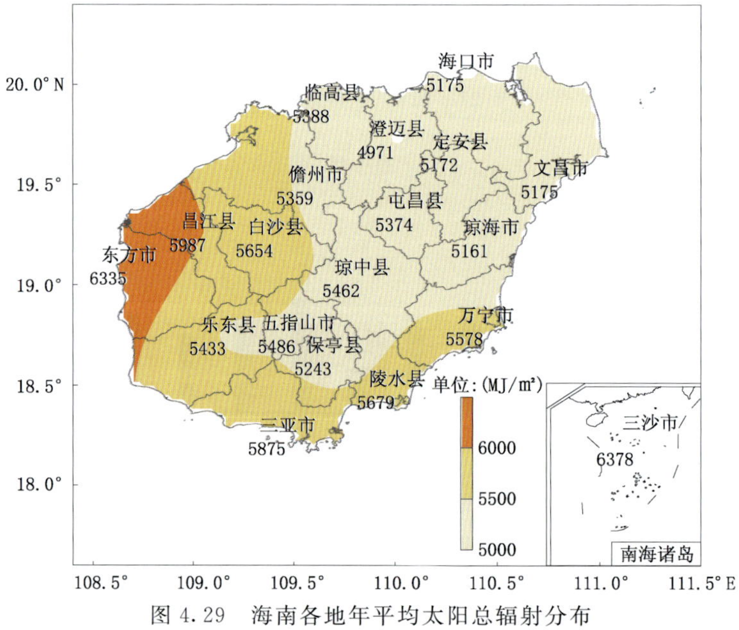

图 4.29 海南各地年平均太阳总辐射分布

海南岛各地太阳总辐射量在季节上分布不均匀，以夏季最多，春季次之，冬季最少。各地空间分布各有异同。全岛在春、秋、冬季的分布相似，都从东北向西南逐渐减少，最大值区均在西部沿海的东方，小值中心区春季在澄迈和海口，秋季在澄迈和琼海，冬季在海口、澄迈、文昌和琼海等地均为低值区；夏季分布则以五指山区为最小并向四周递增，东方市仍为高值区（图 4.30）。

三沙各季太阳辐射量以春季最多，夏季次多，冬季最少。各季辐射量分别为：春季 1838 MJ/m^2、夏季 1816 MJ/m^2、秋季 1450 MJ/m^2、冬季 1273 MJ/m^2。

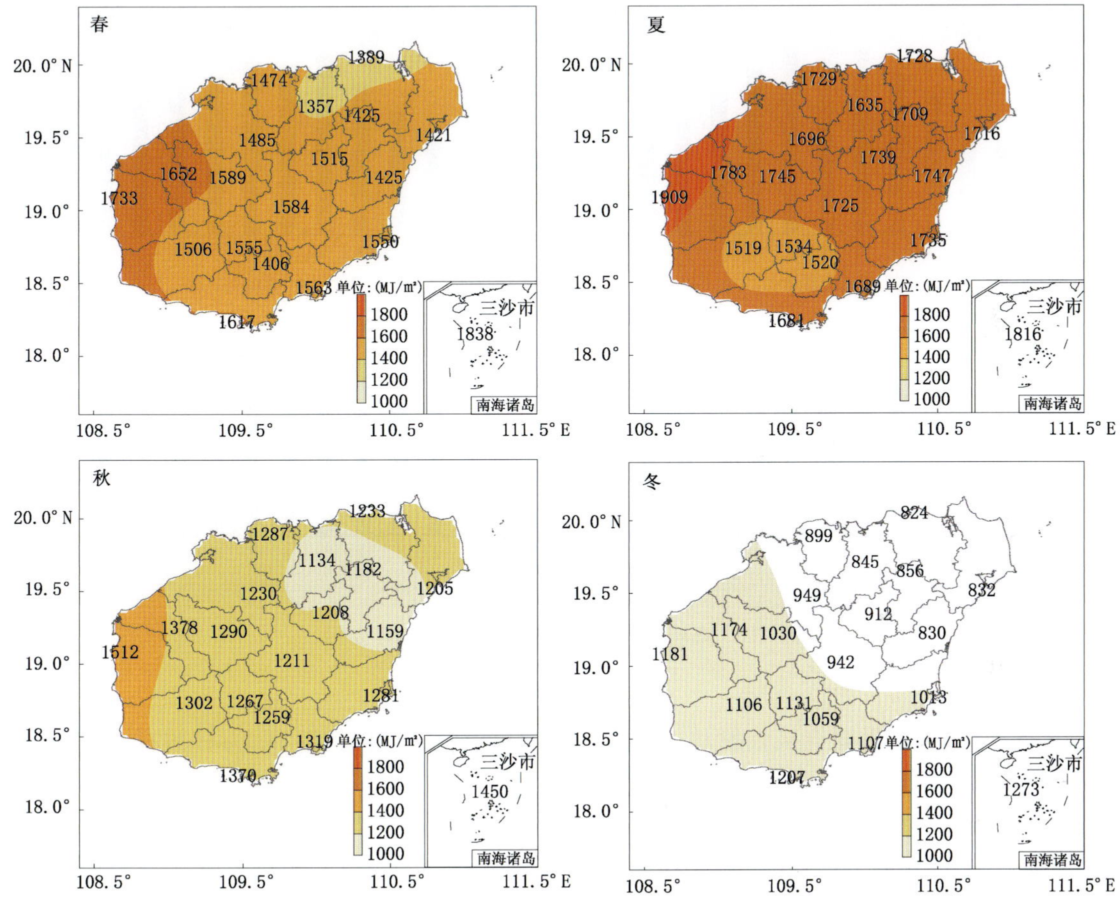

图 4.30　海南各地四季平均太阳总辐射空间分布

海南各地太阳总辐射量的年变化均呈双峰型，5 月为第一峰，7 月为第二峰，12 月或 1 月的太阳总辐射量最低（图 4.31）。其中海南岛的北半部地区（包括北部、东部和中部的屯昌、白沙、琼中）主峰出现在 7 月，太阳总辐射量达 589～632 MJ/m^2，次峰出现在 5 月，太阳总辐射量为 538～600 MJ/m^2，1 月太阳总辐射量一般在 300 MJ/m^2 以下。海南岛的南半部地区和三沙的主峰在 7 月，次峰在 5 月，太阳总辐射量分别在 528～658 MJ/m^2 和 525～683 MJ/m^2。这些地区 1 月或 12 月太阳总辐射量一般为 300～400 MJ/m^2。

4.3.1.2　太阳直接辐射和散射辐射

无辐射观测站的地区采用翁笃鸣（1986）提出的直接辐射计算模型计算太阳直接辐射量：

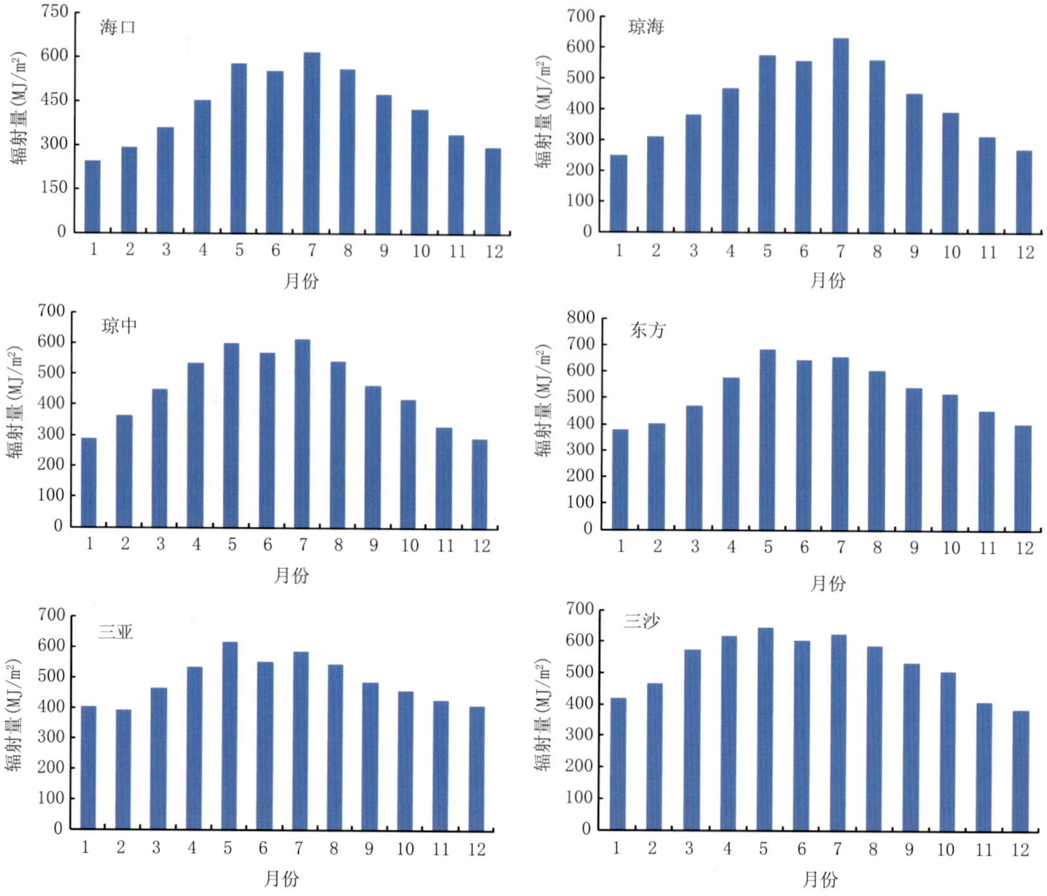

图 4.31　海南各代表站太阳总辐射的逐月变化

$$S/S_0 = as_1^2 + bs_1 \tag{4.5}$$

式中，S，S_0 分别为水平面直接辐射和天文辐射，S/S_0 为相对直接辐射；s_1 为日照百分率，这里所有值均取月均值。

该模型考虑了两个边界条件：$s_1=0$ 时，$S/S_0=0$；$s_1=1$ 时，$S/S_0=a+b$。即全阴天时，相对直接辐射为零；全晴天时，相对直接辐射等于 $a+b$。海拔高度、空气污染状况、水汽条件和云的特性等因素对直接辐射的影响均隐含在 a，b 系数中。而且其中

$$\text{散射辐射}=\text{总辐射}-\text{直接辐射} \tag{4.6}$$

根据海口、三亚 2003—2012 年逐年各月的直接辐射、日照百分率及海南省其他地区同时段逐年各月的日照百分率，依据上述无辐射观测地区太阳直接辐射量推算理论，分别计算定安、澄迈、临高、儋州、琼海、文昌、万宁、屯昌、白沙、琼中、昌江、东方、乐东、五指山、保亭及陵水 16 个地区的太阳直接辐射量。

海南直接辐射时空变化差异较大，各地太阳直接辐射年总量在 2000～3400 MJ/m²，其中以西部东方为最高，年平均太阳直接辐射达到 3300 MJ/m² 以上，此外三亚地区年平均太阳直接辐射相对也较高，达到 2700 MJ/m² 以上，南部保亭到乐东一带存在低值区，保亭地区为最小，全年平均为 2100 MJ/m² 左右，东部地区由南向北递减，北部地区年太阳直接辐射总量基本在 2000～2300 MJ/m²，东部万宁以及西部大部分地区年太阳直接辐射总量基本在 2500～

2600 MJ/m²，呈现东部小于西部、北部小于南部、山区小于平地的趋势(图 4.32a)。

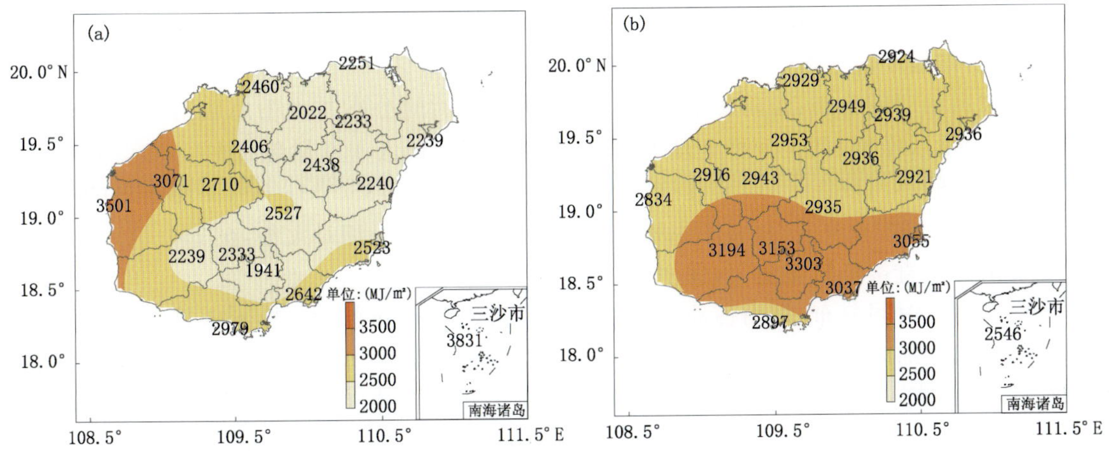

图 4.32 海南年直接辐射(a)和年散射辐射(b)空间分布

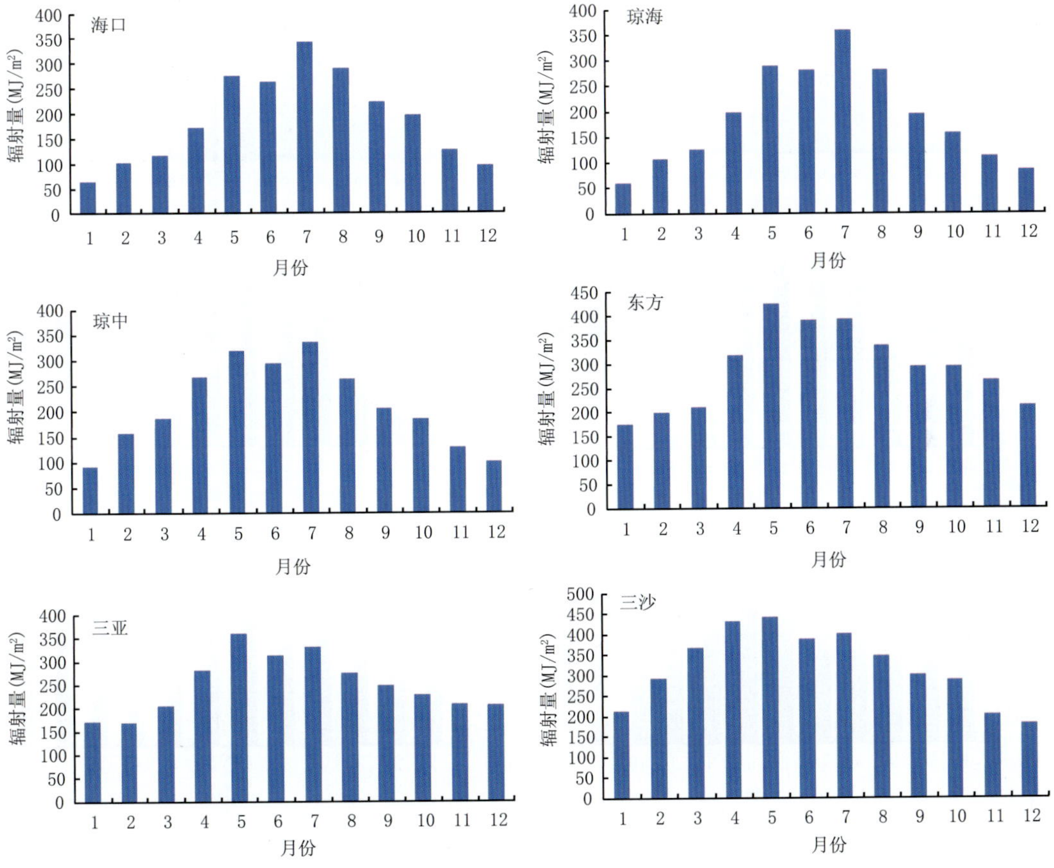

图 4.33 海南各代表站各月直接辐射分布

各地散射辐射年总量差异相对较小，各地在 2800～3300 MJ/m²，其中以五指山、保亭、乐东一带为最低，年平均总量为 2400 MJ/m² 左右，西部白沙地区为最多，达到 3000 MJ/m²，其他地区相差不大，年平均太阳散射辐射在 2700～2800 MJ/m²(图 4.32b)。与直接辐射相比，除西南部东方、昌江，南部陵水、三亚外，大部分地区散射辐射量多于直接辐射量，说明散射辐射在本岛气候形成中起着很重要的作用。散射辐射的空间分布与直接辐射有明显不同之处在于，散射辐射的最小值区恰好是直接辐射值最大区（西部地区）。

直接辐射的时间分布：海南各地太阳直接辐射量的时间分布与太阳总辐射量的分布非常相似，各地也呈双峰型，且 5 月和 7 月为峰值月，绝大部分地区 1 月最低（图 4.33）。海南岛的北半部地区主峰亦出现在 7 月，其直接辐射量一般达到 300～350 MJ/m^2，而海南岛的南半部地区和三沙的主峰出现在 5 月，各地主峰值月的直接辐射量差异相对大些，在 250～450 MJ/m^2，三沙主峰值月的直接辐射量最大，保亭最小。

散射辐射的时间分布：海南各地太阳散射辐射量的时间分布一致性不明显。大部分地区太阳散射辐射量的时间分布呈双峰型，第一峰主要出现在 5 月（少数地区在 3 月），第二峰在 8 月，前、后峰值相差不明显；海口为单峰型，5 月散射辐射量最大；三亚和三沙为多峰型，8 月为最大峰值月（图 4.34）。各地散射辐射量峰值月辐射量在 240～320 MJ/m^2。

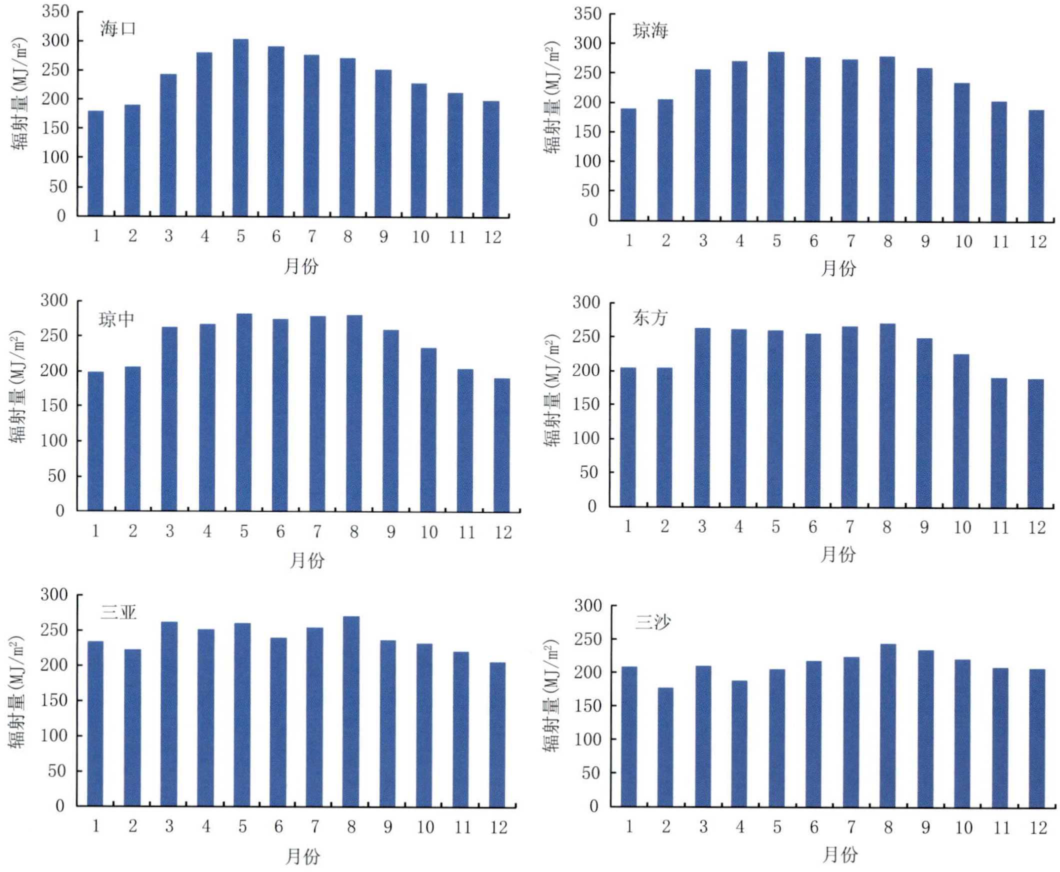

图 4.34　海南各代表站各月散射辐射分布

4.3.2　太阳能资源稳定度分析

4.3.2.1　太阳总辐射强度频数分析比较

太阳总辐射强度可以从一个侧面反映太阳能资源的利用价值。

根据 2003—2012 年海口、三亚逐时辐射观测数据，统计得到两地太阳总辐射强度年平均频数（图 4.35 和图 4.36），可知一年中太阳总辐射强度大于 100 W/m^2 的累计小时数，海口、三亚分别是 3090 h、3260 h，太阳总辐射强度大于 500 W/m^2 的累计小时数，海口、三亚分别是 1273 h、1508 h。可见，海口和三亚太阳总辐射强度均较大，三亚太阳总辐射强度分布状况优于海口，更利于太阳能光伏发电的转换。

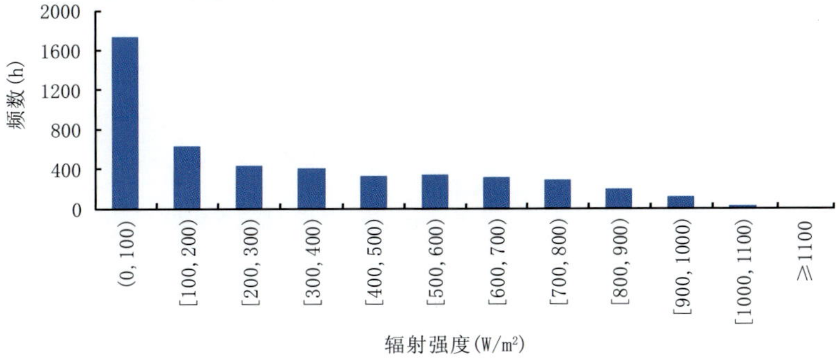

图 4.35　海口平均太阳能总辐射强度频数分布

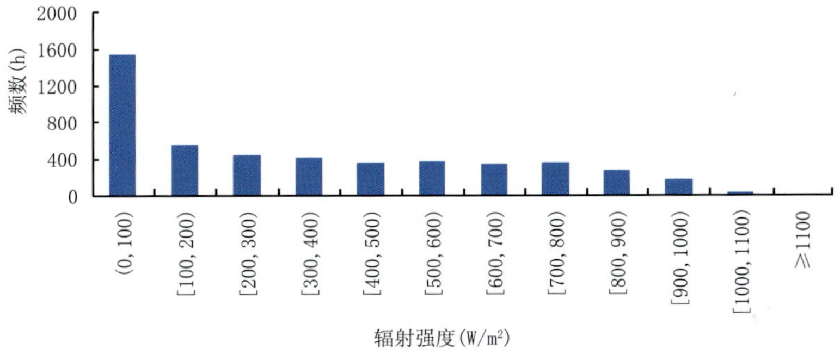

图 4.36　三亚平均太阳能总辐射强度频数分布

4.3.2.2　太阳能资源稳定程度分析

一年中各月日照时数大于 6 h 的天数中最大值与最小值的比值为太阳能资源稳定系数，可以反映当地太阳能资源全年变幅的大小，比值越小说明太阳能资源全年变化越稳定，就越利于太阳能资源的利用。此外，最大值与最小值出现的季节也反映了太阳能资源的一种特征。图 4.37 表明海南太阳能资源稳定程度基本呈南高于北、西高于东的分布，最稳定地区为乐东，最不稳定地区在文昌。

4.3.2.3　太阳能资源利用价值分析

太阳能资源利用价值评估主要分析日照时数大于 6 h 的天数。海南一年中日照时数大于 6 h 的天数，西南部地区大于东北部地区，其中东方、三亚、陵水、昌江及白沙的天数在 200 d 以上，东方可达 250 d，其余地区在 150～200 d（图 4.38）。图 4.39 为海南各地各月日照时数大于 6 h 的天数分布图，各地大部分月份日照时数大于 6 h 的天数在 10 d 以上，高峰月份超过 20 d。通过分析，认为海南各地区太阳能资源利用价值均较高，其中东方、三亚、陵水、昌江及白沙太阳能资源更具利用价值。

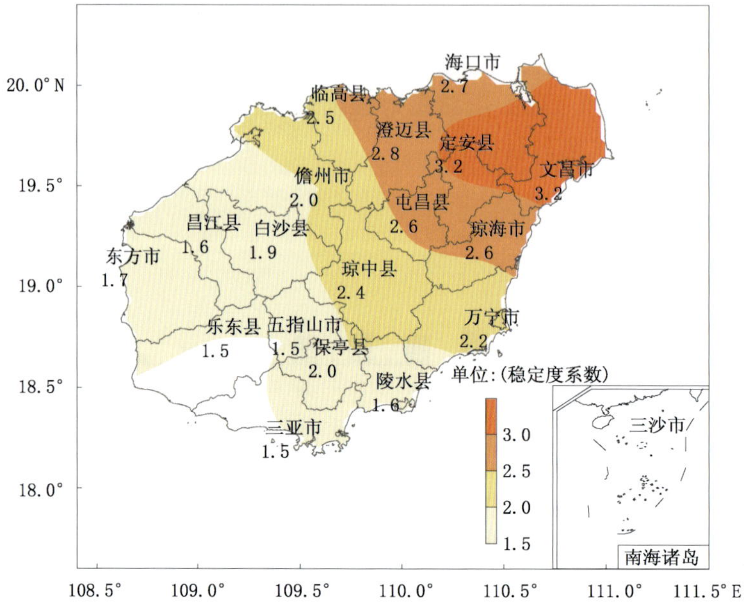

图 4.37 海南各地太阳能资源稳定程度分布

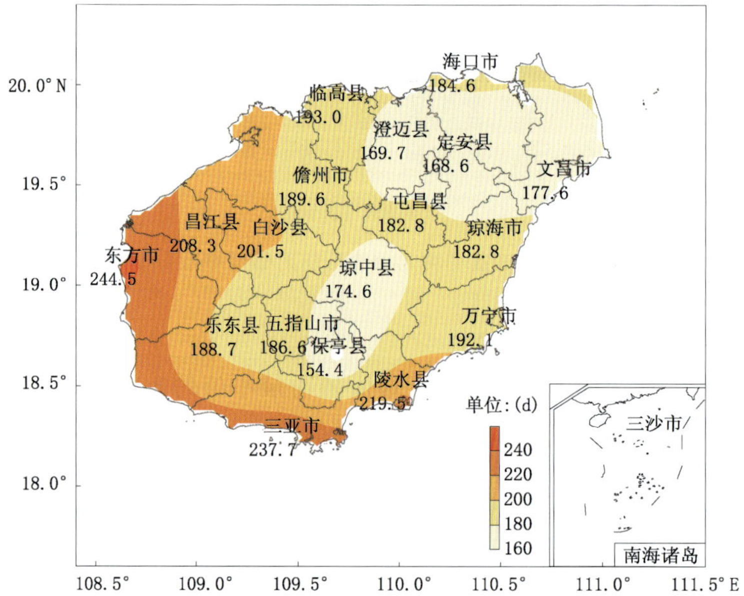

图 4.38 海南各地区年日照时数大于 6 h 的天数

4.3.3 太阳能资源区划

4.3.3.1 太阳能资源区划指标

由于太阳辐射能量的多少，是度量一个地区太阳能丰歉程度的重要指标，而太阳能最佳利用日数的多少，是度量一个地区可利用太阳能时间长短的指示指标，因此，根据太阳总辐射量

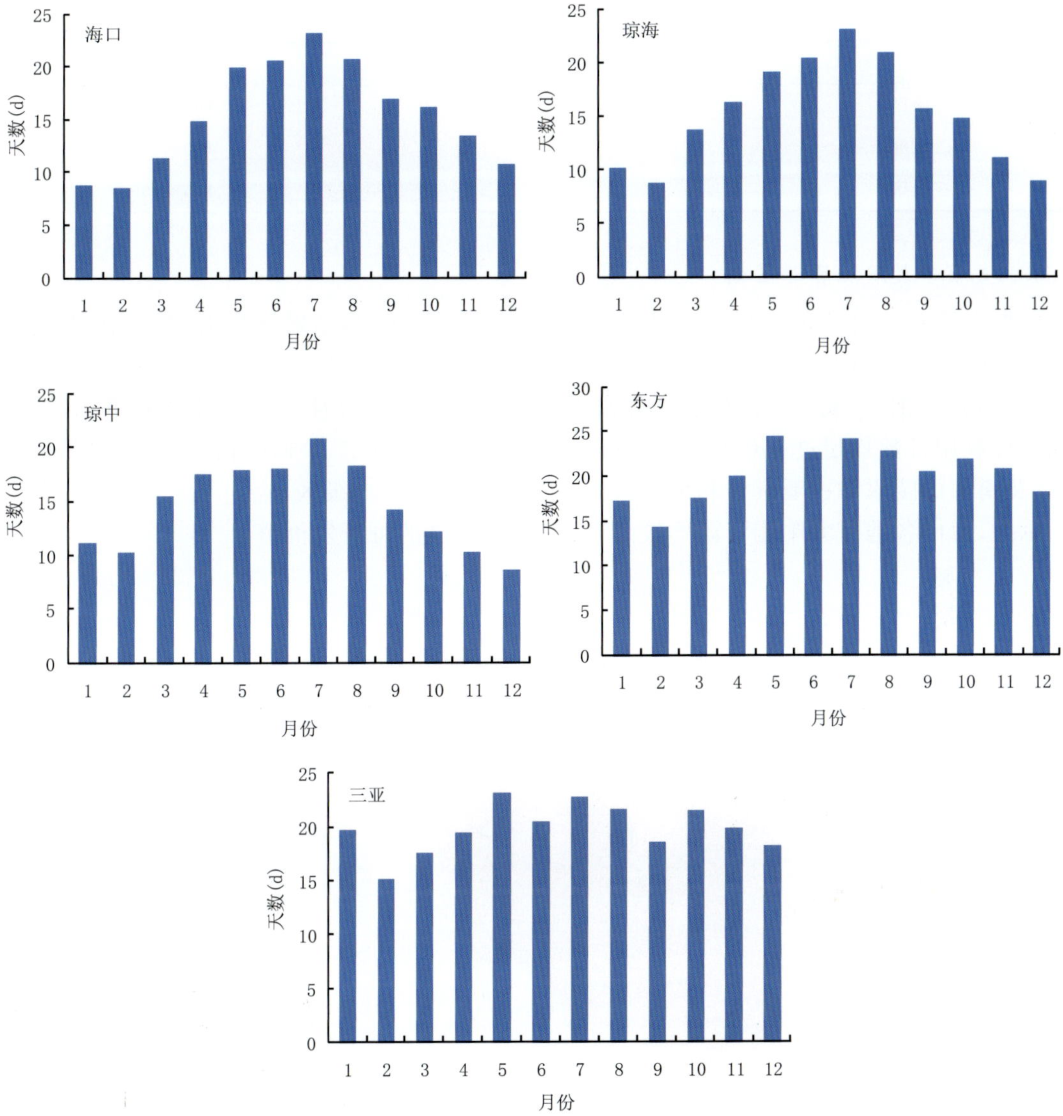

图 4.39　海南各地日照时数大于 6 h 天数的逐月变化

和太阳能最佳利用日数进行太阳能资源区划。一级区划指标如表 4.11 所示，二级区划指标如表 4.12 所示。

表 4.11　太阳总辐射量区划指标

名称	符号	指标[MJ/(m^2 · a)]
资源丰富带	Ⅰ	＞6276
资源较富带	Ⅱ	5020～6276
资源较贫带	Ⅲ	4184～5020
资源贫乏带	Ⅳ	＜4184

表 4.12 太阳能最佳利用日数区划指标

	符号	指标(d)
一级区	Ⅰ	190～210
二级区	Ⅱ	150～190
三级区	Ⅲ	110～150

4.3.3.2 太阳能资源区划

根据太阳总辐射量区划指标，对海南太阳能资源进行区划，结果如图 4.40 所示：西部的东方为太阳能资源丰富带，北部澄迈地区为资源较贫带，其余地区年太阳总辐射则在 5020～6276 MJ/m^2 范围内，属于太阳能资源较富带。另根据太阳能最佳利用日数区划指标，海南各地区最佳利用日数均超过 150 d，属于二级区。其中东部的万宁、中部的白沙、西部的昌江和东方，以及南部的陵水和三亚最佳利用日数则超过 190 d，属于一级区。

总之，海南各地区太阳能资源均较为丰富，具有较高的可开发价值。

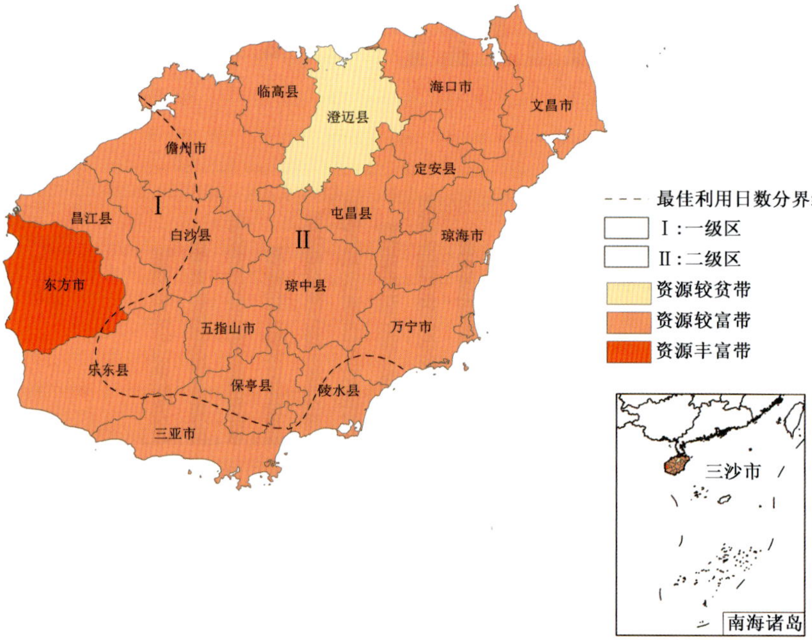

图 4.40 海南太阳能区划

4.4 风能资源

4.4.1 基本风况

海南中间高四周低，由山地、丘陵、台地、平原等组成。整个地势从中部山体向外，由山地、丘陵、台地、平原顺序逐级递降，构成层状垂直分布和环状水平分布带。山地以五指山为代表，因长期受侵蚀切割，五座山峰起伏成锯齿状，东西排列。从西面数起第二峰海拔 1867.1 m，为海南的最高峰。鹦哥岭海拔 1811.6 m，是海南岛的第二高峰，也是本岛三大水系的分水岭。

海南位于东亚季风区，受季风影响较为明显，属于热带季风气候，东风带系统和西风带系统对其均有影响。一般而言，海南 10 月至翌年 2 月为冬季风控制时期，以东北风为主(东北季风比较强盛和稳定)，时有冷空气甚至寒潮伴随着大风入侵本岛。5—8 月为夏季风控制时期，地面盛行偏南风，此期间低纬天气系统最为活跃，故风向多变。3—4 月与 9 月分别为过渡季节。此外，各地因海陆位置及地形等影响，盛行风与季风的风向有较大的差异，沿海地区还受相当明显的海陆风影响。

气候和地形地貌是影响风资源变化的主要因素。根据平均风速分布情况，中部山区最小，随着海拔高度向四周降低风速逐渐增大。风速等值线为环状分布，其走向与主要山脉的走向较为一致，即东北一西南走向，沿海地区风速较大，尤其是西部沿海地区风速值最大，其次是北部和东北部沿海地区。风速的这种分布是因为海南冬半年受冬季风的影响，强冷空气往往伴随大风影响，而下半年夏季风则越过南海从东、西、南三面影响海南，沿海地区地形较为平坦，受背景环流影响较为明显，中部地区多为山脉，受山峦的阻尼作用，风速衰减明显，故沿海地区风速较大，内陆地区风速较小。

4.4.2 风能资源普查

海南风能资源普查采用数值模拟和测风塔实测数据相互补充的方法进行详查和评估，数值模拟分别采用短期模拟和长期模拟两种方法进行。短期风能资源数值模拟时长为 1 年，并将模拟结果与同期测风塔的观测资料对比，分析模拟误差。长期风能资源数值模拟时长为 30 年，通过风能资源气候学数值模拟方法得到平均的风能资源分布，结合 GIS 空间分析，得到风能资源技术开发量。

短期数值模拟的结果显示，海南岛沿海地区年平均风功率密度均大于 300 W/m^2，其中海南东北部的文昌、西部的昌江、东方和乐东沿海地区大于 400 W/m^2，中部的黎母岭和五指山脉平均风功率密度也较高，超过了 450 W/m^2，最大的平均风功率密度出现在中部的白沙和昌江交界的黎母岭上，超过了 650 W/m^2。年平均风速与平均风功率密度的空间分布较为一致。

从各月平均风速(图 4.41)和平均风功率密度分布图(图 4.42)可见，海南月平均风速和风功率密度的季节性变化显著。在冬季，东北部和东部沿海地区平均风速和风功率密度较其他地区大，其次是西南部沿海地区。而夏季则相反，西南部地区平均风速和风功率密度大，其次是东北部沿海地区。一年四季偏南部、中部山区风速和风功率密度也较大。根据以上分析，总的来说 70 m 高度模拟平均风速和风功率密度空间分布情况与实际分布情况较为一致，即沿海地区风速较内陆地区大，且最大风速区出现在西部沿海或东北部沿海地区。

根据长期数值模拟的结果，不同高度的年、季平均风速中南部山区部分地区较大，而沿海地区则较内陆地区大。平均风速的季节性变化明显，冬季风速东北部沿海地区较大，而夏季西南部沿海地区风速则较大。平均风速的这种空间分布与实际情况较为吻合。不同高度的年、季平均风功率密度空间分布与平均风速一致，也是沿海地区较内陆地区大，而中南部内陆山区部分地区风功率密度也较大。

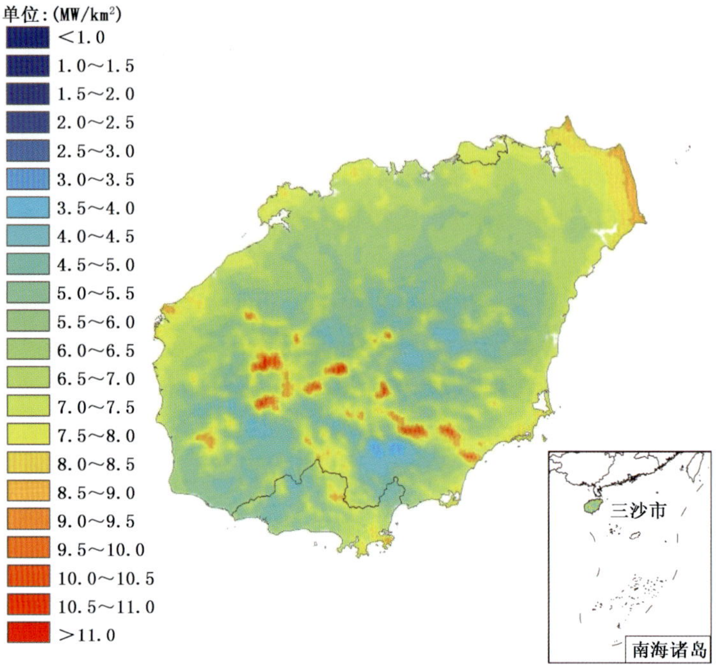

图 4.41　海南 1979—2008 年 70 m 高度平均风速分布图

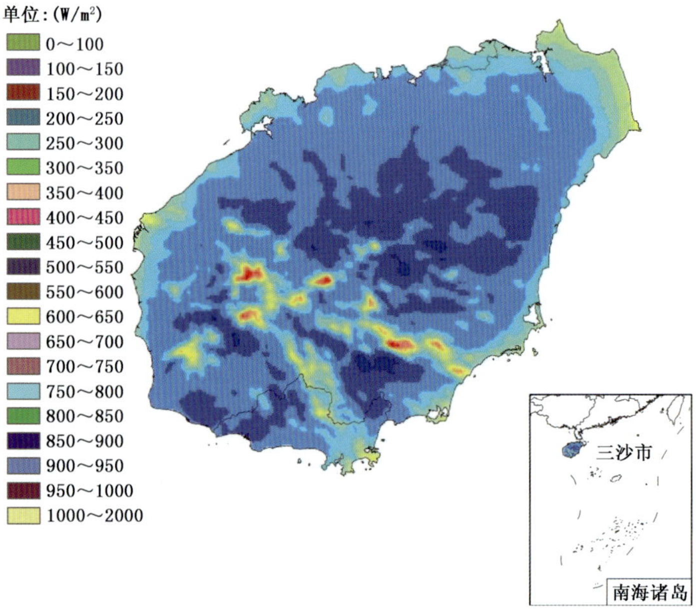

图 4.42　海南 1979—2008 年 70 m 高度平均风功率密度分布

4.4.3 风能资源分析及主要参数特征

4.4.3.1 风能资源分析

根据海南 70 m 高度风能资源 GIS 空间分布图和相关风能资源潜在开发量计算技术规定，得出该高度的装机密度分布图（图 4.43）。可见海南的风能资源潜在开发区主要集中在沿海地区如文昌、东方、乐东等，以及昌江霸王岭、陵水牛岭和吊罗山等山区。

根据相关技术方法的规定，可得到海南 70 m 高度风能资源可利用标准分别为 200 W/m^2、250 W/m^2、300 W/m^2 和 400 W/m^2 的风能资源技术开发量和开发面积，大于 300 W/m^2 的风能资源技术开发总量为 206 万 kW（表 4.13）。

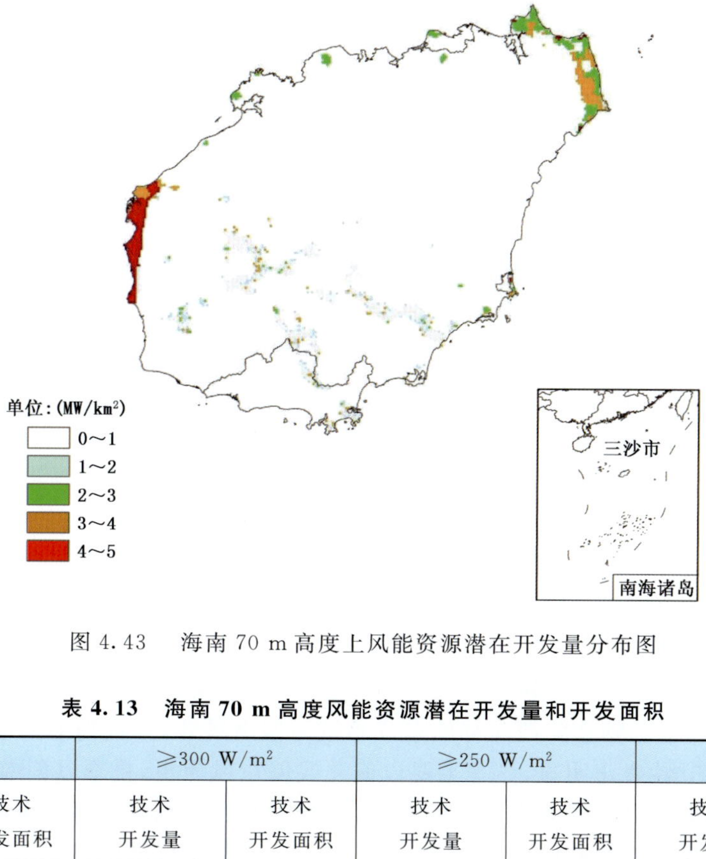

图 4.43　海南 70 m 高度上风能资源潜在开发量分布图

表 4.13　海南 70 m 高度风能资源潜在开发量和开发面积

≥400 W/m^2		≥300 W/m^2		≥250 W/m^2		≥200 W/m^2	
技术开发量	技术开发面积	技术开发量	技术开发面积	技术开发量	技术开发面积	技术开发量	技术开发面积
31 万 kW	92 km^2	206 万 kW	638 km^2	263 万 kW	853 km^2	307 万 kW	1005 km^2

4.4.3.2 风能资源主要参数特征

海南风能资源的主要参数特征，是根据分布在海南四周沿海地区的 9 座风能资源观测塔，进行为期 1 年的观测，所得的观测数据分析结果得出。

（1）风速

沿海地区 9 座测风塔 70 m 高度的年平均风速为 4.9～6.9 m/s。其中东部、东北部及西南部的沿海地区年平均风速大于 6.0 m/s，其余沿海地区为 4.9～5.9 m/s。其分布特征主要受冬、夏季风和海岛地形影响而造成；冬季海南主要受冬季风影响，加之琼州海峡的狭管效应，东北部的文昌风速较大；夏季主要受夏季风影响及北部湾地形的作用，西部沿海的东方市风速较大。

详查区 70 m 高度最大风速为 19.0～34.2 m/s，分布不均。其中陵水黎安和东方感城超过 30.0 m/s，儋州排浦为 19.0 m/s，其余地区为 20.9～27.4 m/s。

详查区 70 m 高度极大风速为 23.6～39.8 m/s，分布也不均匀。其中东南部沿海的万宁联丰、陵水黎安和西南部部沿海的东方感城 3 个测风塔观测到的极大风速在 30.0～40.0 m/s，其余测风塔则小于 27.0 m/s。各测风塔极大风速主要受冬季强冷空气影响或热带气旋影响。

东南、东、东北部的沿海地区测风塔观测到的月平均风速，1—7 月变化较为平缓，最高值出现在 10 月或 11 月，最低值则出现在 8—9 月；北部的临高马袅、西北部的儋州排浦和西部昌江新港月平均风速分布与上述特征相似。东方的旦场园与感城的月平均风速分布特征略有不同，其最高值出现 6 月份，最低值也是出现在 8—9 月份。9 个测风塔观测期间月平均风速的最低值出现在夏季风和冬季风的过渡期；而最高值主要出现在 10 月份。

详查区 70 m 高度年平均风速的日变化特点较为明显，夜间和日出前风速较小，而午后风速则较大。一般而言，最大值常出现在午后 15 时左右。

(2)平均风功率密度

详查区年平均风功率密度空间分布特点与风速的空间分布特点基本一致，其中西南部沿海地区平均风功率密度为最大，其次为东北部沿海地区。就季节变化而言，沿海地区夏季和冬季平均风功率密度较大，与风速情况一致。详查区年平均风功率密度日变化最大值出现在日出到日落时段，与风速的日变化也较为一致。

(3)有效风速及风能频率分布

详查区 70 m 高度有效风速频率分布为：陵水黎安、儋州排浦，昌江新港、东方旦场园和感城在 72%～79%，其余地区均在 85%以上，其中文昌月亮湾 91%为最高。频率较大的风速段主要集中在 3.6～8.5 m/s。风能频率的分布与风速频率的分布具有明显的差异，风能频率较高的风速段主要集中在 8.6～12.5 m/s。

(4)风向和风能密度分布

详查区 70 m 高度的年风向频率主要以偏东风和偏南风为主。风向频率在 NNE－S 扇区，频率均超过 80%。主频率除西南部的东方感城为偏南风外，其余则为偏东风或偏北风。

详查区风向季节性变化明显，冬季主要以偏北或偏东风为主，夏季以偏南风为主。这与海南冬季受冬季风影响和夏季受夏季风影响有关，而春季和秋季则是夏冬季风向转换的过渡期。

详查区 70 m 高度风能密度主要分布在 NNE－S 扇区，与风向频率分布具有很好的一致性。

(5)风速垂直切变

根据详查区各测风塔观测年度各高度的日平均风速实测值，采用幂指数方法，模拟计算其风切变指数，风速实测和模拟的廓线较为一致(图 4.44)。其中，万宁联丰、陵水黎安、东方旦场园和东方感城的风切变指数较小，只有 0.122～0.180，临高马袅、文昌月亮湾和木兰头为 0.216～0.235，儋州排浦和昌江新港则大于 0.30。可见，西南部到东南部沿海地区的切变指数较小，东北部和北部沿海地区的切变指数次小，而西北部和西部的切变指数较大。这种分布与测站周围环境和下垫面情况较为吻合，即西南部到东南部沿海地区下垫面相对较为平滑。

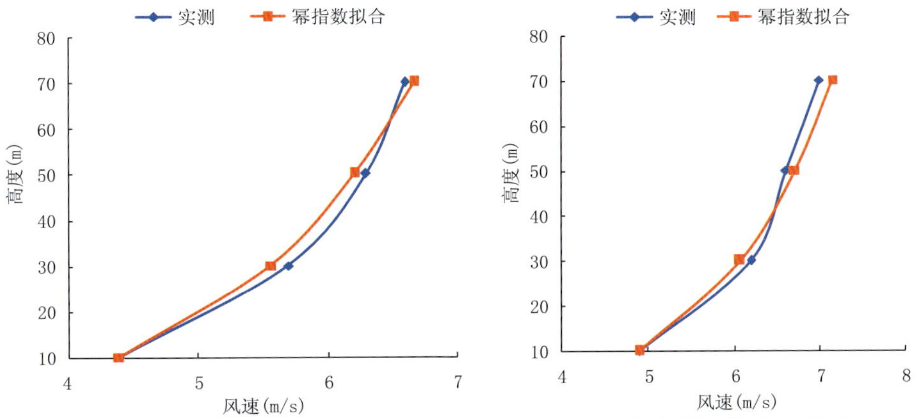

文昌月亮湾测风塔风速垂直廓线　　东方感城测风塔风速垂直廓线

图 4.44　2010 年海南各详查区平均风速垂直廓线

(6)湍流强度

湍流强度表示瞬时风速偏离平均风速的程度,是评价气流稳定程度的指标。湍流强度与地理位置、地形、地表粗糙度和天气系统类型等因素有关。各详查区测风塔的大气湍流强度月变化主要表现为:西部的儋州排浦、昌江新港、东方旦场园和感城、东南部的陵水黎安各月的湍流强度变化较为平缓,而北部的临高马袅、文昌月亮湾、木兰头的湍流强度月变化则较为明显,最低值一般出现在 11 月至翌年 1 月份。这主要与夏季海南主要受热带气旋影响有关,而西部则受地形作用和受热带气旋影响不大,故湍流强度变化较为平缓。湍流强度日变化主要表现为:最大值一般出现在 07 时以后,最小值则出现在 14 时以后。

第5章　气候区划

5.1　气候区划

气候区划就是利用气候相似原理划分不同的气候带和气候区。本区划方法是根据温度状况作为一级区划指标进行气候带划分，再以干燥度作为二级区划指标将各气候带划分为若干气候区。其中气候带的区划指标综合参考1998年10月1日起执行的《中国气候区划名称与代码气候带和气候大区(GB/T 17297－1998)》、《广东省气候业务技术手册》(钱光明等，2008)和“中国气候区划新方案”(郑景云等，2010)。所用资料为海南省20个地面观测站1961—2010年的逐日资料。

5.1.1　气候带划分

日平均气温稳定≥10℃的积温是农业气候资源评价中通用的指标，因此，将5 d滑动平均气温稳定≥10℃的积温作为气候带划分的首选指标。在海南，越冬条件往往是某些热带作物(尤其是经济作物)生长发育的限制因子，甚至是决定能否种植的关键因素，因此，将最冷月(1月)平均气温作为气候带划分的另一个重要指标。对于两个指标给予不同的等级评分，取平均值得出综合等级评分和区划指标(表5.1)。计算各市县综合等级评分，将海南划分为边缘热带、中热带和赤道热带3个气候带。在有代表性测站的区域，西沙、三亚和陵水的全部、保亭和乐东的大部、万宁和东方的南半部，昌江、五指山和琼中的局部为中热带区域，其他大部分地区属边缘热带。其中，万宁南半部虽然处于牛岭以北，但也被划分为中热带区域。原因是该地带纬度较低，海拔高度亦低，热量条件较为优越。万宁市南部的兴隆热带植物园能够生长大多数东南亚热带植物。

表5.1　区划因子、指标及气候带

指标一		指标二		综合等级评分—区划指标	气候带
日平均气温≥10℃积温(℃·d)	等级评分	1月份平均气温(℃)	等级评分		
7500～9000	0.7	15.0～19.5	0.6	≤0.7	边缘热带
9000～10000	0.8	19.5～25.0	0.8	0.7～0.9	中热带
≥10000	0.9	≥25.0	1.0	≥0.9	赤道热带

5.1.2　气候区划分

选择8月至翌年4月的干燥度为气候区划分指标，干燥度<1为湿润气候区，干燥度1～1.6为半湿润气候区，干燥度1.6～3.5为半干旱气候区，干燥度>3.5为干旱气候区。干燥度为潜在蒸散与同期降水量的比值，其中潜在蒸散量的计算采用1998年联合国粮农组织改进的

FAO56-Penman-Monteith 模型。区划指标选择理由为：①海南 5—7 月降水较为充沛，足够本季使用，但多余部分一般也不大量储蓄，以减少 8—10 月高峰降水期给水库库容造成的风险，因此，这 3 个月不计入干燥度计算；②海南 8—10 月的降水量为全年最多，这 3 个月的降水是水库、池塘增容和农田水分增持的主要补水期；③11 月至翌年 4 月为海南的旱季，一般情况下降水量小于蒸散量，是海南的缺水期。因此，8 月至翌年 4 月的干燥度能够反映 8—10 月补水与 11 月至翌年 4 月缺水的水分平衡状况。

根据海南各市县 8 月至翌年 4 月的干燥度计算结果，将海南边缘热带和中热带分别划分出边缘热带湿润气候区（31A）、边缘热带半湿润气候区（31B）、边缘热带半干旱气候区（31C）、中热带湿润气候区（32A）和中热带半湿润气候区（32B）共 5 个气候区（图 5.1）。

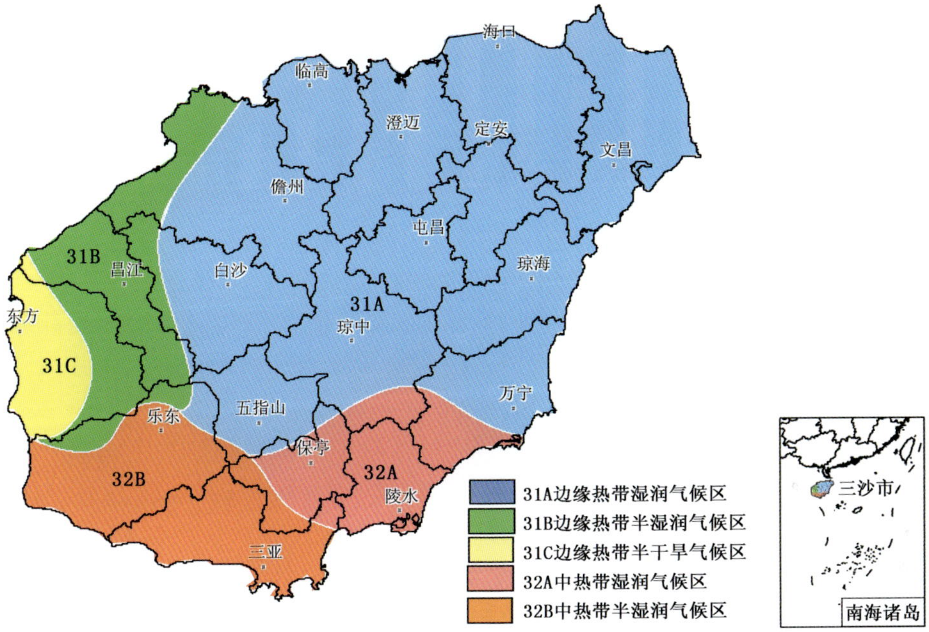

图 5.1　海南气候区划

5.1.3　分区评述

5.1.3.1　边缘热带湿润气候区（31A）

海南边缘热带湿润气候区（31A）范围最大，占海南岛一半多区域，包括海口、文昌、琼海、澄迈、定安、屯昌和临高的全部，儋州、白沙、琼中和五指山的大部，以及万宁的北半部。区内地形复杂，山地、丘陵、台地和沙地从中部山区向东部和北部沿海依次过渡。热量条件最差，雨量最为充沛。

年平均气温为 22.8～24.8℃，中部山区为全省最低区域。本区最冷月（1 月）平均气温 17.0～19.2℃，北部沿海地区和中部山区冬季受冷空气影响，常常是全省气温最低区域。最热月（6 月或 7 月）平均气温 26.2～28.7℃，受地形焚风作用或副高脊线控制，春夏季经常出现高温天气。日平均气温稳定通过 10℃的年平均持续时间 363～365 d，积温 8325～9047℃・d。

本区年平均降水量为 1460～2400 mm，中部山区和东部地区为全省降水最多区域。雨季开始于5月，结束于10月，多雨期与光温丰富期相一致。5—10月份雨季降水量占全年降水量的三分之二以上，9月份以热带气旋降水为主，为多数市县降水最多的月份。冬、春季(11月至翌年4月)降水偏少，西北部市县常发生干旱。

年平均日照时数为1845～2113 h，呈东少西多分布态势，其中定安、琼中只有1850 h左右，为全省偏少市县。日照时数的季节变化明显，冬季阴雨天多，日照最少，夏季虽然降水多，但多为阵性降水，且可照时间长，故日照时数较多。

主要气象灾害有：低温、低温阴雨、台风、暴雨和干旱等。冬季，北方冷空气常越过琼州海峡影响本区，其中以北部沿海和中部山区影响最重。在较强的冷空气影响下，极端最低气温常降至10℃以下，个别年份降至5℃以下。1—2月常发生1～2次持续低温阴雨天气。春季温度回升快，以至于有些市县春末(5月)出现全年极端最高气温。在高温少雨作用下，春旱发生频率大，影响程度大于冬季干旱。夏季3个月降水充沛，暴雨天气常常发生，为全年降水最多的季节。但是，7月上、中旬受西太平洋副热带高压脊控制，常发生短暂的伏旱。夏季高温配合高湿，生活舒适度较差，即俗话所称的“桑拿天”。秋季前后季节气候变化大，秋季前期台风影响甚至登陆可以带来较强的暴雨天气，此期冷空气影响不到本区，高温高湿天气仍然维持。秋季后期气温明显降低，降水量锐减，才有“秋高气爽”之意。

5.1.3.2 边缘热带半湿润气候区(31B)

海南边缘热带半湿润气候区(31B)范围较小，主要包括儋州和白沙的西北部，昌江的大部，东方的东部。区内地形南高北低，山地、丘陵、台地和沙地从南部部向北部沿海依次过渡。热量条件和降水条件均偏差。

年平均气温为24℃左右。冬季受冷空气影响，气温较低，最冷月(1月)平均气温19℃左右。春季温度回升快，夏季经常出现高温天气，最热月(6月)平均气温28℃左右。日平均气温稳定通过10℃的年平均持续时间365 d，积温达8900℃·d。

年平均降水量约1700 mm，为全省降水量较少区域之一。雨季开始于5月，结束于10月，多雨期与光温丰富期相一致。5—10月份雨季降水量占全年降水量的三分之二以上，8月份为最多降水月份。冬、春季(11月至翌年4月)降水稀少，多数年份会发生程度不同的干旱。

年平均日照时数大于2000 h，为全省日照较多区域之一。日照时数的季节变化明显，冬季阴雨天多，日照最少，夏季虽然降水多，但多为阵性降水，且可照时间长，故日照时数较多。

主要气象灾害有：干旱、暴雨和低温等。本区年降水量偏少，蒸发量较大，冬、春干旱发生概率大，特别是春季温度回升快，在高温少雨作用下，多数年份都会发生春旱，且影响程度大于冬季干旱。春末、夏季和初秋5个月为全年降水最多的时期，暴雨天气常常发生。前期地面温度高，热力对流导致强降水，后期台风回流受地形作用可以形成大暴雨甚至特大暴雨。该区域北部临海无屏障，南部海拔高，冬季受冷空气影响也会发生低温灾害。

5.1.3.3 边缘热带半干旱气候区(31C)

海南边缘热带半干旱气候区(31C)区域很小，主要分布于东方的西半部。区内地形较为平坦，为丘陵和沿海沙地。热量条件尚可，但降水匮乏。

年平均气温25℃。冬季偶有冷空气影响，最冷月(1月)平均气温19℃。春季温度回升快，夏季经常出现高温天气，最热月(6月)平均气温29℃，为全省最高区域之一。日平均气温稳定通过10℃的年平均持续时间365 d，积温9000℃·d。

年平均降水量不足 1000 mm，为全省降水最少区域。雨季开始于 6 月，结束于 10 月，多雨期与光温丰富期相一致。6—10 月份雨季降水量占全年降水量的三分之二以上，8 月份为最多降水月份。冬、春季（11 月至翌年 5 月）降水稀少，几乎每年都会发生程度不同的干旱。

年平均日照时数为 2500 h 以上，为全省陆区日照最多的区域之一。日照时数随季节变化，冬季阴雨天多，日照最少，春、夏和秋降水量少，多为阵性降水，且可照时间长，故日照时数较多。

主要气象灾害是干旱。本区年降水量为全省最少，而蒸发量较大，冬、春干旱发生概率大，特别是春季温度回升快，在高温少雨作用下，春旱几乎每年都会发生，且影响程度大于冬季干旱。

5.1.3.4　中热带湿润气候区（32A）

海南中热带湿润气候区（32A）处于东南部，包括陵水全部、保亭大部和万宁的南半部。区内地形复杂，偏西部有保亭盆地和吊罗山区，偏东部主要由浅山、丘陵和沿海沙地组成。热量条件和降水条件均较优越。

年平均气温 25℃左右。冬季温暖是本区气温的主要特点，最冷月（1 月）平均气温 20℃左右。受海洋气候调节，本区夏季气温并不比边缘热带地区高，最热月（6 月）平均气温 28℃左右。日平均气温稳定通过 10℃的年平均持续时间 365 d，积温 8845～9169℃ · d。

年平均降水量为 1673～2111 mm，为全省降水较丰富区。雨季开始于 5 月，结束于 10 月，多雨期与光温丰富期相一致。5—10 月份雨季降水量占全年降水量的三分之二以上，9—10 月以热带气旋降水为主，为最多降水月份。冬、春季（11 月至翌年 4 月）降水稀少，个别年份会发生程度不同的干旱。

年平均日照时数为 1819～2346 h，保亭盆地日照为全省最少。日照时数的季节变化明显，冬季阴雨天多，日照最少，夏季虽然降水多，但多为阵性降水，且可照时间长，故日照时数较多。

主要气象灾害有台风和暴雨等。夏、秋季进入南海的台风路径多以西行为主，台风影响甚至登陆可以带来较强的暴雨天气，因此，9 月或 10 月为降水最多月份。春末、夏季和初秋 5 个月降水充沛，暴雨天气常常发生。

5.1.3.5　中热带半湿润气候区（32B）

海南边缘热带湿润气候区（32B）包括三亚全部、乐东大部和中、西沙区域。区内地形复杂，山地比例大，乐东盆地被包围其中，沿海分布窄长沙地，中、西沙远离海南岛，岛屿面积很小。该区热量条件为全省最优区域之一，雨量略显不足。

年平均气温为 24.5～27.0℃。冬季温暖是本区气温的主要特点，很少受冷空气影响，最冷月（1 月）平均气温 19.7～23.6℃。除中、西沙外，夏季高温酷热天气（≥35℃）并不多见，但辐射强度大，最热月（6 月）平均气温 27.6～28.7℃（乐东和三亚）。日平均气温稳定通过 10℃的年平均持续时间 365 d，积温 8812～9856℃ · d。

年平均降水量 1500 mm 左右，为全省降水偏少区域。雨季开始于 5 月，结束于 10 月，多雨期与光温丰富期相一致。5—10 月份雨季降水量占全年降水量的三分之二以上，9 月份以热带气旋降水为主，为降水最多月份。冬、春季（11 月至翌年 4 月）降水稀少，加之气温偏高、蒸发量大，多数年份会发生程度不同的干旱。

年平均日照时数为 2058～2804 h，为全省日照偏多区域之一，其中三沙为全省最多。全年日照时数季节变化不大，冬季罕见阴雨天多。

主要气象灾害有干旱、台风和暴雨等。本区年降水量较少，但辐射强、温度高、蒸发量大，冬、春干旱发生概率大，特别是春季温度回升快，在高温少雨作用下，多数年份都会发生春旱，且影响程度大于冬季干旱。夏末秋初进入南海的台风路径多以西行为主，台风影响甚至登陆可以带来较强的暴雨天气。

5.2 农业气候区划

海南农业气候区划主要考虑两个原则：①考虑最主要农业气候要素组合特征的异同；②以农、林业为主要考虑对象，同时结合地理景观等进行分区。

按照上述原则将海南划分为 4 个农业气候区，即东、北部湿润农业气候区，西部半干旱农业气候区，中部湿润农业气候区，南部热量丰富农业气候区（图 5.2）。

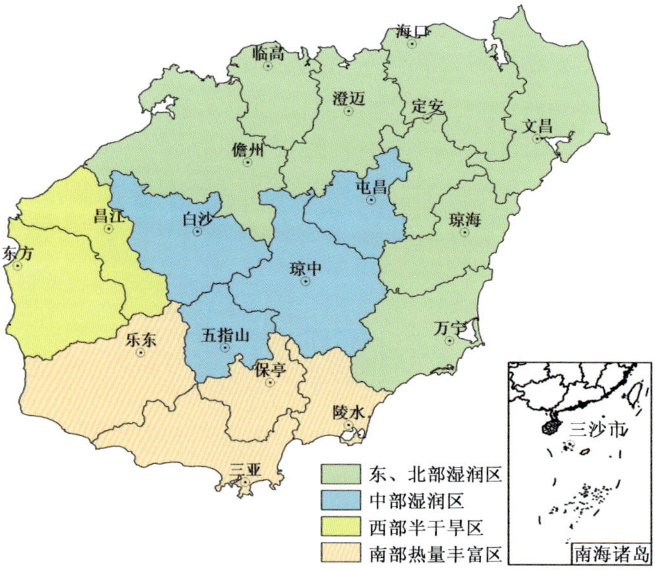

图 5.2 海南农业气候分区图

5.2.1 东、北部湿润农业气候区

东、北部农业气候区包括文昌、琼海、万宁、海口、定安、澄迈、临高和儋州等地。本区大部分地区位于沿海（唯有定安不临海），地势相对平坦（儋州有少部山区）。区内降水量适中，属湿润至半湿润农业气候区，是海南主要农业区。

5.2.1.1 农业气候资源及其特征

区内年平均气温 24.0～25.0℃，最冷月平均气温 18.2～19.5℃，最热月平均气温 28.5～29.1℃。日平均气温≥10℃年积温 8763～9143℃ · d，年降水量 1476.2～2070.3 mm。年日照时数 1827.6～2120.2 h。

本区年日照时数和年降水量区域差异大，偏东区域降水量多、日照少，气候湿润度大，偏西区域降水量少、日照多，气候湿润度小。本区热量条件适中，但季节温度变化大，最热月与最冷月平均气温相差10～11℃，属全岛气温年较差最大的区域。

本区水利灌溉条件好，为粮食作物主产区，种植制度可以实行双季稻连作加喜凉作物一年三熟制，双季稻不宜种植典型的迟熟种。适合本区栽培的热带和亚热带果树种类颇多，如菠萝、槟榔、胡椒、咖啡、椰子、莲雾、黄皮、荔枝、龙眼、芒果和香蕉等。本区是橡胶主产区，但东部橡胶风害较重，因此，近年来海南橡胶种植逐渐向中、西部调整。本区儋州及附近一带是海南橡胶最适宜栽种的区域，本区域橡胶种植风害较少，虽然可能出现一定程度的干旱，但由于橡胶是深根作物，不会造成太大影响，而光照好和温度高，非常有利于橡胶生长。本区也是冬季瓜菜的主产区，但北部冬季瓜菜寒害常有发生。

5.2.1.2　主要的农业气象灾害

本区东、西跨度较大，农业气象灾害较多，主要有冬季低温寒害及低温阴雨、春季干旱、夏季高温和秋季暴雨及涝灾等。

低温寒害　一般认为，当最低气温降低到10℃以下时，热带作物即可出现轻度寒害，当最低气温降低到3～5℃时，热带作物即出现严重寒害。气温越低，且持续时间长，并伴有阴雨，则受害越严重。本区从11月至翌年3月份为冷空气活动期，其中1月份为最冷期，低温寒害最为严重。入侵本区的较强冷空气，年平均1～2次，出现时间多出现在1月上旬至2月中旬。在异常年份，较强冷空气可早在12月份出现，而最晚可迟到3月。本区出现10℃以下的轻度寒害和10℃以下持续阴雨寡照的复合型寒害概率较大，3～5℃强低温寒害的概率较小。

轻度寒害造成如莲雾、香蕉、芒果、橡胶和冬季瓜菜生长受阻，影响当季产量。10℃以下持续阴雨寡照的复合型寒害和3～5℃强低温寒害可使荔枝、香蕉和冬季瓜菜出现落花、落果现象，严重影响产量，甚至可导致香蕉、橡胶和冬季瓜菜死苗(树)。鉴于该农业气候区属全岛低温寒害最严重的区域之一，不宜引种较喜温的热带作物和冬季瓜菜。

低温阴雨　冬季12月至翌年2月份，冷、暖气流一度时期交绥于海南，出现低温阴雨天气。本区北部冬季冷空气活动频繁，是低温阴雨多发区，特别是西北部地区为全省之最，低温阴雨天气每年平均出现2次左右，异常年出现3次或更多，最多的儋州市46年共出现了98次低温阴雨。初冬12月份出现低温阴雨的概率较低，70%以上的过程出现于1—2月份。过程平均天数为7.4 d，3～7 d的占65%，8～14 d的占23%，15 d以上的仅占13%，最长的低温阴雨过程达26 d(1968年2月2—27日)。出现低温阴雨的年数占总年数的比率为50%～70%。

低温阴雨影响早稻播种育秧，容易造成烂种、烂秧和僵苗。因此，早稻播种要密切注意天气变化，必须抓住“冷尾暖头”播种，避过或减轻低温阴雨的危害。长期低温阴雨使冬季瓜菜光合作用受阻，落花落果，果实畸形，滋生病害，产量锐减。该气候区荔枝抽生花穗期及花期发生低温阴雨概率较大，常常造成沤花。此外，长期低温阴雨对防治橡胶两病不利，还影响塘鱼生长和发病致死、家畜受冻感病、死亡等。

春旱　春季(3—5月)，如果处在西南低压槽的前部，气温高、南风大、蒸发强，会发生春旱。不过，此期如果有冷空气活动，与西南低压槽组合形成冷空气低槽天气形势，则容易出现较大的降水，旱情解除或较轻。春旱正值农业用水高峰期和水库蓄水迅速减少期，旱情一般比冬季严重。

本区春旱较西部和南部轻，仅比中部略多。按连续少雨日数统计，本区全年春旱平均旱日

80 d左右，以琼海最少。中、大春旱(旱日≥70 d)出现频率大于50%，即至少两年一遇，以琼海最低。典型春旱年份有：1955年、1963年、1977年和1980年。

东、北部地区水利灌溉较好，一般春旱对城市供水和水生农作物(如水稻)影响较小。影响比较大的旱地作物，主要包括橡胶、热带果树和冬季瓜菜等。春旱影响橡胶第一、二蓬叶生长，造成橡胶开割期推迟，早期橡胶产量降低。荔枝、龙眼和芒果等热带果树此期正值开花结果和果实膨大期，严重干旱致使授粉不良、落花落果和果实膨大受阻等。严重干旱配合高温往往造成冬季瓜菜植株老化而提前罢园。

高温　本区属海南高温天气多发区之一。极端最高气温北部至西北部38.7～41.1℃，东部37.1～38.9℃。1994年5月3日澄迈曾出现41.1℃的高温天气。

持续高温天气除了可能造成干旱灾害以外，也可以对作物生长造成直接影响。高温主要影响热带果树开花授粉。高温造成花蜜过浓，影响昆虫采蜜辅助授粉。在高温干旱条件下，虽然开花，但是花粉和柱头活力降低，亦导致授粉不良。高温还影响瓜菜后期生长，容易造成植株老化，致使瓜菜提前罢园。

暴雨　本区是海南暴雨洪涝多发区之一。万宁仅次于琼中，年暴雨日数达11 d，本区的文昌、琼海和儋州年暴雨日数为8～9 d。5—10月为暴雨的多发季节，占全年的90%以上，其中8—10月暴雨占到全年的三分之二。产生暴雨的天气系统有热带气旋、冷空气(含变暖的高压脊)、低压槽和副热带高压脊。热带气旋是本区东部和东北部地区产生暴雨的主要原因。

暴雨洪涝主要影响本区水稻生长和冬季瓜菜育苗移栽。春末、夏初的暴雨洪涝通过影响早稻成熟和收割导致减产，秋季暴雨洪涝影响晚稻成熟收割。秋季暴雨洪涝对冬季瓜菜育苗、移栽影响巨大，往往使冬季瓜菜育苗期时间后移，甚至造成毁苗重栽，延误农时。

5.2.2　西部半干旱农业气候区

西部半干旱农业气候区包括昌江和东方。本区域范围较小，地势包括沿海平原和内陆山地。区内大部分区域降水量小，蒸发量大，属半干旱农业气候区。

5.2.2.1　农业气候资源及其特征

区内年平均气温分别为24.9℃和25.2℃，最冷月平均气温分别为19.4℃和19.3℃，最热月平均气温分别为28.9℃和29.6℃；日平均气温≥10℃年积温分别为9119℃·d和9233℃·d；年降水量分别为1693.1 mm和940.8 mm；年日照时数分别为2230 h和2558 h。

东方年日照条件和热量条件为全省最好地区之一，但也是降水最少的地区。昌江沿海地区日照、热量和降水情况也与东方相似。本区内陆山区日照、热量和降水条件与平原地带差异较大。

本区水利灌溉条件好的区域以种植水稻、香蕉和冬季瓜菜为主，灌溉条件差或无灌溉的区域种植甘蔗、剑麻和木薯等旱地作物。本区栽培的果树主要有芒果、荔枝、龙眼和腰果等。本区橡胶种植风害全省最轻，日照和热量条件优越，橡胶两病为害轻，但干旱对橡胶产量时有影响。本区光、温条件优越，风害少，香蕉产量高、品质好，是海南香蕉的主产区。

从农业气象要素的可控性来说，水是最易进行大区域人工控制的一个要素。因此，西部半干旱农业气候区农业发展潜力巨大。随着大广坝二期竣工及东方感恩平原引水工程的实施，本区农业生产力必将得到显著提升，单位面积生产率有望超过东部和北部传统农业区。

5.2.2.2　主要的农业气象灾害

本区的主要农业气象灾害有冬春季干旱和夏季高温等。

干旱　冬季(12 月至翌年 2 月)，主要受西路冷空气南下影响，盛行偏西北气流，空气干燥，降水机会很少，冬旱明显；春季(3—5 月)，如果处在西南低压槽的前部，气温高、南风大、蒸发强，也会发生春旱。春旱正值农业用水高峰期和水库蓄水迅速减少期，旱情一般比冬季严重。

本区冬季平均旱日可达 60 d，以东方最多。一次最长旱期平均天数可达百天，以东方最长(102.2d)。中、大冬旱出现频率东方高达 100%。西部半干旱农业气候区以灌溉农业为主，旱地农业比较分散。有无灌溉两重天，水利灌溉较好的区域农作物产量高、品质好，水利灌溉条件差的区域农作物稳产性差、产出率低。冬、春旱程度决定于灌溉区域的消长，对本区农业生产力影响巨大。干旱严重影响早稻插秧的情况时有发生，后期干旱可以造成望天收的早稻颗粒无收。严重干旱影响橡胶第一、二蓬叶生长，造成橡胶开割期推迟，早期橡胶产量降低。荔枝、龙眼和芒果等热带果树处于开花结果和果实膨大期时，严重干旱致使授粉不良、落花落果和果实膨大受阻等。严重干旱配合高温往往造成冬季瓜菜植株老化而提前罢园。

高温　本区的昌江属海南高温天气多发区之一，极端最高气温 40.2℃，年平均高温日数接近 40 d。持续高温天气除了可能造成干旱灾害以外，也可以对作物生长造成直接影响。高温主要影响热带果树开花授粉。高温造成花蜜过浓，影响昆虫采蜜辅助授粉。在高温干旱条件下，虽然开花，但是花粉和柱头活力降低，亦导致授粉不良。高温还影响瓜菜后期生长，容易造成植株老化，致使瓜菜提前罢园。

5.2.3　中部湿润农业气候区

中部湿润农业气候区包括五指山、琼中、白沙和屯昌 4 个市县。本区大多数区域为山地，地势起伏不平。区内降水量为全省最多，属湿润农业气候区，农业具有山区特色。

5.2.3.1　农业气候资源及其特征

本区内年平均气温 23.1～24.0℃，最冷月平均气温 17.4～18.4℃，最热月平均气温 26.2～28.2℃。日平均气温≥10℃的年积温 8430～8766℃ · d，年降水量 1870～2388 mm。年日照时数 1831～2058 h。

本区地形对气流的抬升作用明显，因此，年降水量为全省最多，相应的年日照时数为全省最少。特别是由于海拔高度高的原因，本区热量为全省最少，夏季凉爽，冬季偏冷，历史上全省极端最低气温就出现在白沙(1963 年 1 月 15 日为−1.4℃)。

本区山多地少，适合栽种果林。除了大面积原始林和次生林以外，栽培的果树主要为绿橙、荔枝、龙眼和槟榔等。山间缓坡地带较适宜于橡胶生长，风害较轻，水分条件好，但强冷空气入侵时偶有寒害。本区高山盆地或谷底温度相对低，可以尝试栽植一些温带的喜凉作物，如高粱，马铃薯和桑蚕等。本区雨量充沛，常有云遮雾盖，也是茶叶生产的良好基地和种植南药的有利地区。

5.2.3.2　主要的农业气象灾害

本区的主要农业气象灾害有冬季低温寒害、低温阴雨和秋季暴雨洪涝灾害。

低温寒害　本区地势为全省最高，受冷空气正面袭击加之地形垂直降温作用，低温寒害属全省最严重的区域，冷空气活动期从 11 月至翌年 3 月份，其中 1 月份为最冷期，低温寒害最为严重。入侵本区的较强冷空气，年平均 1～2 次，出现时间多出现在 1 月上旬至 2 月中旬。在异常年份，较强冷空气可早在 12 月份出现，而最晚可迟到 3 月。本区出现 10℃以下的轻度寒害和 10℃以下持续阴雨寡照的复合型寒害概率较大，3～5℃强低温寒害的概率较小。

轻度寒害造成果树生长受阻，影响当季产量。10℃以下持续阴雨寡照的复合型寒害和3～5℃强低温寒害可使荔枝和冬季瓜菜出现落花、落果现象，严重影响产量，甚至可导致橡胶和冬季瓜菜死苗(树)。鉴于该农业气候区属全岛低温寒害最严重的区域，不宜引种较喜温的热带作物和冬季瓜菜。

低温阴雨　本区也是低温阴雨多发区域，低温阴雨天气每年平均出现 2 次左右。初冬 12 月份出现低温阴雨的概率较低，70%以上的过程出现于 1—2 月份。

低温阴雨影响期间，正值本区水果生长关键期，长期低温阴雨使果树光合作用受阻，落花落果，果实畸形，滋生病害。例如，20 世纪 90 年代琼中大面积种植荔枝，由于开花授粉期和果实膨大期时常遭受低温阴雨，造成沤花、落果，产量低而不稳，进入 21 世纪，改种绿橙后，也因低温阴雨出现病害现象。此外，长期低温阴雨对防治橡胶两病不利，还影响塘鱼生长和发病致死、家畜受冻感病、死亡等。

暴雨　本区是海南暴雨发生频率最高的区域。全省暴雨中心琼中最多，达 11 d，屯昌和白沙 8～9 d。5—10 月为暴雨的多发季节，占全年的 90%以上，其中 8—10 月暴雨占到全年的三分之二。产生暴雨的天气系统有热带气旋、冷空气(含变暖的高压脊)、低压槽和副热带高压脊。热带气旋是本区东和东北部产生暴雨的主要因素。

暴雨主要造成本区山体滑坡，冲毁农田、道路等。近年来实行退耕还林措施，大力劝阻炼山垦田，暴雨冲毁农田情况大为减少，但因暴雨冲垮道路的事件还屡有发生。

5.2.4　南部热量丰富农业气候区

南部热量丰富农业气候区包括三亚、陵水、乐东和保亭等地。本区大部分区域山地多于平原，地势起伏不平。受中部山区屏障作用，冷空气难以影响，热量条件是全省最为丰富的区域。本区降水条件为较匮乏区，属半湿润至半干旱过渡农业气候区。本区也是海南主要农业区，特别是全国独有的作物南繁育种区。

5.2.4.1　农业气候资源及其特征

区内年平均气温 24.8～25.9℃，最冷月平均气温 20.2～21.7℃，最热月平均气温 27.7～28.9℃。日平均气温≥10℃年积温 9040～9475℃・d，年降水量 1561～2163 mm。年日照时数 1855～2477 h。

本区水利灌溉条件好，种植制度可以实行双季稻连作加喜凉作物一年三熟制，是我国独有的作物南繁育种区。栽培的果树主要为热带果树，如芒果、龙眼、槟榔和香蕉等。本区橡胶种植没有寒害，但有风害，虽然可能出现一定程度的干旱，但由于橡胶是深根作物，不会造成太大影响，而光照好和温度高非常有利于橡胶生长。本区也是冬季瓜菜的主产区，特别是种植喜温性瓜菜气候优势明显。

5.2.4.2　主要的农业气象灾害

本区农业气象灾害较少，主要有春季干旱和秋季暴雨洪涝等。

春旱　本区年降水量为全省偏少的地区之一，而全年平均气温却是全省最高的区域，因此，干旱发生频率为全省较大。特别是春季，正值农业用水高峰期和水库蓄水迅速减少期，旱情一般比冬季严重。

按连续少雨日数统计，本区全年春旱平均旱日近百天。中、大春旱（旱日≥70 d）出现频率大于 90%，几乎一年一遇。

本区水利灌溉较好，一般春旱对城市供水和水生农作物（如水稻）影响较小。影响比较大的旱地作物，主要包括橡胶、热带果树和冬季瓜菜等。春旱影响橡胶第一、二蓬叶生长，造成橡胶开割期推迟，早期橡胶产量降低。芒果、龙眼和荔枝等热带果树此期正值果实膨大期，严重干旱致使落花落果和果实膨大受阻等。严重干旱配合高温往往造成冬季瓜菜植株老化而提前罢园。

暴雨　本区秋季过境热带气旋多，也时有暴雨洪涝发生。本区陵水、保亭年暴雨日数达 8～9 d。5—10 月为暴雨的多发季节，占全年的 90%以上，其中 8—10 月份暴雨占到全年的三分之二。

暴雨洪涝主要影响本区水稻生长、冬季瓜菜和南繁育种育苗（育秧）和移栽。春末、夏初的暴雨洪涝影响早稻成熟和收割导致减产，秋季暴雨洪涝影响晚稻成熟收割。秋季暴雨洪涝对冬季瓜菜育苗、移栽影响较大，往往使冬季瓜菜育苗期时间后移，甚至造成毁苗重栽，延误农时。秋季是南繁育种的整地育苗期，与冬季瓜菜影响相似，暴雨洪涝往往使南繁育种整地育苗时间后移，甚至造成毁苗重栽，延误农时。

5.3　热带特色作物专题区划

5.3.1　橡胶种植气候适应性区划

近 50 年，我国在北纬 18°～24°区域内大面积成功种植了天然橡胶林，建成了海南、云南和广东三大天然橡胶生产基地等胶园。2010 年全国种植面积近 90 万 hm^2，年产量约 68.7 万 t。其中，海南岛橡胶种植面积大约在 46 万 hm^2 左右，年产量大约在 30 万 t 左右，已经成为海南农垦及农村的主要经济收入来源之一。

5.3.1.1　气象条件

（1）温度条件

温度是影响橡胶树生长、发育和产胶及其地理分布的主要因子之一。15℃为橡胶树组织分化临界温度，18℃为正常生长临界温度。18～28℃的时间越长，有效积温越高，则橡胶树的生长和割胶季节越长，产量越高。当气温降至 5℃，橡胶树开始受寒害。气温年较差小，不出现低温寒害是栽植橡胶的理想条件。

橡胶树光合作用的最适宜温度为 25～30℃（白天），低于 10℃或高于 40℃，光合作用停止。胶乳合成的温度在 18～28℃，其中 22～25℃为胶乳合成最适宜温度。排胶过程中，橡胶树林间温度 19～24℃，相对湿度大于 80%最为适宜。林内气温在 18℃以下，排胶时间延长；气温在 27℃以上，胶乳早凝，排胶时间缩短，产胶量减少（华南热带作物学院，1981）。

（2）水分条件

橡胶树大都种植在没有灌溉条件的丘陵缓坡地带，自然降水是其水分供应的主要来源。

一株7年生的橡胶幼树，年蒸腾耗水约9 t，20龄的达14 t以上，如以每亩25株计，在20龄时，每亩年耗水量350t，相当于消耗523 mm的降水量(1 mm降水量相当于每亩得0.67 t水)。但实际上橡胶树所能利用的最多水量占总降水量的1/3，故橡胶树的耗水量相当于1500～1600 mm的年降水量。年降水量1500～2000 mm最适宜橡胶树的生长和产胶，年降水量＞2500 mm，降水日数过多，不利于割胶生产，且病害易流行。

(3)光照条件

橡胶树在幼苗期可以忍受一定的荫蔽，即使在50%～80%的荫蔽度下也能正常生长，但在全光照下生长良好。随着树龄的增大，要求更多的光照。橡胶树主要生长季节中晴天多，光照充足，对其生长发育与产量形成最有利。

(4)风速条件

常风，年平均风速＜1.0 m/s，对橡胶树生长有良好的效应；年平均风速1.0～1.9 m/s，对橡胶树生长没有大的影响；年平均风速2.0～2.9 m/s，对橡胶树生长、产胶有抑制作用，需营造防护林加以保护；年平均风速≥3.0 m/s，严重抑制橡胶树的生长和产胶，没有良好的防护林，橡胶树不能正常生长。

强风，5～6级(8.0～13.8 m/s)风，使嫩叶皱缩或被撕破；＞8级(＞17.2 m/s)风，不抗风的品系出现断干、折枝。＞10级(＞24.5 m/s)风，橡胶树普遍出现折枝、断干、倒伏等风害。

5.3.1.2 主要气象灾害

(1)风害

海南受季风和台风影响，因地形和离海远近不同，各地风害影响程度不同。风害有两方面，一是常风大，二是台风多。常风可以通过保留次生林或营造人工林，选择避风小环境能较好地得到解决。

台风灾害是海南橡胶所面临的最严重的自然灾害，平均每年都会有台风影响和登陆海南岛，登陆地点以东部的万宁至文昌一带最为频繁。橡胶树风害率随风力增大而加剧，风力超过8级，橡胶树受害率明显增加；对橡胶树危害最大的是12级以上的强台风，可以使整片胶园遭受毁灭性损失。海南台风主要风害方向普遍为东南、东北风，中部与西部还有西南或西北风。因此，在发展橡胶时，必须因地制宜，因害设防，最大限度地防灾减灾。

(2)寒害

对我国橡胶区而言，寒害当居首位，因为它限制了种植范围，降低了经济效益。海南橡胶寒害影响相对较轻，特别是南部基本无寒害，然而特冷年份仍难免受害。因此，除从宏观上选择橡胶宜林地外，还要尽量利用避寒小环境，搞好小尺度的作物布局和品系配置，培育抗寒高产品种。

(3)干旱

海南西部植胶区的年降水量低于1500 mm，为1200～1500 mm，自12月至翌年4—5月为明显旱季，月降水量低于50 mm，旱季长达6～7个月。在此情况下，橡胶树的生长虽然受到一定的抑制，但对橡胶全年度的生长量与产量并无严重影响，只在特别干旱年份，连续5个月降水量低于50 mm，日平均气温经常超过28℃时，会出现落花、叶片曲卷枯黄脱落、越冬老叶急速枯黄脱落、部分幼树和开割橡胶树产生枝条回枯；在沙性较重的土壤中，严重干旱使橡胶树整个植株干死，但是这种现象很少见。与风害和寒害相比，干旱只是局部、个别年份，而且采取抗旱措施是容易战胜的。

5.3.1.3　区划及评述

根据橡胶生长发育特点及海南气候特点，选取年降水量，年平均风速和 10 级大风频率 3 个指标作为区划指标，进行海南橡胶种植农业气候区划(表 5.2 和图 5.3)。

表 5.2　海南橡胶种植气候适宜性区划指标

区划指标因子	最适宜区	适宜区	次适宜区	不适宜区
年降水量(mm)	>1800	1300～1800	<1300	<900 或>2500
平均风速(m/s)	<2.0	2.0～2.5	>2.5	>4
10 级大风频率(次/10a)	<3	3～4	>4	>5

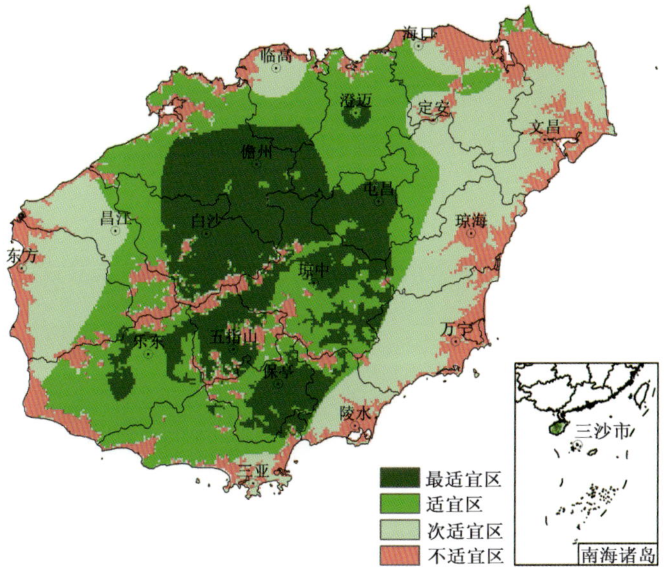

图 5.3　海南橡胶种植气候适宜性区划

(1)最适宜区

最适宜区，主要分布在儋州西部、临高南部、澄迈南部、屯昌大部分、琼中北部、白沙、五指山和保亭的大部分地区。该区年平均气温和最冷月平均最低气温均满足橡胶生长发育需要，大部分地区年平均降水量>1800 mm；该区常风相对较小，年平均风速在 2.0 m/s 以下，对橡胶排胶相对有利，常风害影响不大；热带气旋对该区的直接影响也相对较少，但是也会出现台风和超强台风的毁灭性影响，如 2005 年"达维"台风横穿海南，导致该区橡胶断干倒伏严重，经济损失惨重。

(2)适宜区

主要分布在最适宜区外围的大部分区域，该区年平均气温和最冷月平均最低气温均都满足橡胶生长发育需求，降水量 1300～1800 mm，其中东部和北部地区降水量超过 1800 mm，西北部和南部地区降水量也在 1300 mm 以上；该区常风都在 2.5 m/s 以内，其中东部地区在 2.0～2.5 m/s；热带气旋对该区影响也比较多，几乎影响海南的热带气旋对该区橡胶都有一定的影响。

(3)次适宜区

该区主要分布在海口、临高、昌江西部、东方西部、三亚南部和陵水部分地区，该区年平均气温和最冷月平均最低气温均满足橡胶生长发育需求，西部地区降水量不足 1300 mm，是限制该地区橡胶种植的主要因素；该区的临高干旱重，常风大，限制了该地区橡胶种植；东部和南部地区，热带气旋对该区影响也比较多，几乎影响海南的热带气旋对该区橡胶都有一定的影响。

(4)不适宜区

本区主要分布在海南岛中部海拔高度 600 m 以上地区和沿海地区，该区海拔高度较高，冬季平均温度低，不利于橡胶树安全过冬，日照时数较少，橡胶树容易发生“烂脚”病；四周沿海地区橡胶树种植容易遭受热带风暴等影响，导致树体断枝、倒伏等，而且靠近沿海常风相对较大，不利于橡胶树生长，排胶和产胶。

5.3.2 香蕉种植气候适应性区划

海南光温充足，雨量充沛，土地肥沃，是我国最适宜的香蕉种植区之一。近几年来，海南香蕉产业发展迅猛，海南香蕉在国内市场的占有率已达 80%。2010 年海南香蕉种植面积已达 4.67 万 hm^2(海南年鉴，2011)，种植面积、产量与产值都居首位，其中产量占全省水果的 60% 以上。香蕉产业对促进海南省农业经济发展，实现农业增效、农民增收起到了重要作用。

5.3.2.1 气象条件

(1)温度条件

香蕉植株一生只抽蕾结实一次，从种植至成熟的生长期约需 10～18 个月。全生长期对温度要求严格，香蕉生长温度为 15.5～35℃，以 24～32℃的温度为最适宜，在 30℃左右时生长最快(陶忠良等，2001)。在香蕉生长发育期间如长期超过 24℃，则香蕉的生育期可缩短并能获得高产优质的香蕉。香蕉虽喜高温但温度如超过 35℃则不适香蕉的生长。当温度在 37℃以上时，香蕉的叶片和果实会出现日灼病的危害。香蕉各器官生长的临界温度是，叶片 10～12℃，果实 13℃，根 13～15℃，低于上述临界温度即停止生长甚至出现寒害。3～5℃时，叶片出现冷害症状；0～1℃时，植株死亡(刘长全，2006；黄朝荣，1993)。

(2)水分要求

香蕉种植后经过一定的恢复时期便进入茎、叶的营养生长。由于香蕉为大型草本果树，假茎干疏松，植株多汁，果实是肉质果，含水量 80%，其假茎干含水量达 92%，尖长而宽大的蕉叶，含水量 82.6%。加上叶片宽大蒸腾作用强，根系浅生利用水分能力弱，性喜湿润忌干旱忌水浸。因此，香蕉在生长发育期对水分的需要量很重要。

香蕉种植年需水量，最理想的是年降水量达 1800～2500 mm 且雨量要分布均匀，最好每月要有 150～200 mm 的雨量。如降水量不足，就得通过灌溉作补充，夏季如 10 d 左右无降雨就需要适当灌溉。海南年雨量充沛，且雨热同季，全省大部分地区水利建设又已初具规模，所以，在一般情况下，香蕉种植所需水分可以满足，故不作划区指标。

(3)日照要求

要满足香蕉茎、叶的生长，除要求适宜的温度外，还需要有充分的水分和光照，最好晴雨相间，每天有日照 6 h 或以上；光照不足时，营养周期延长，假茎干徒长；但强光和高温又易引起果实的日灼。

(4)风速要求

香蕉茎干粗大、干质松脆、叶大易折、根浅质脆，韧性不强，极不抗风，一般风力 4～5 级时，叶片被吹破裂，伤及根系，树冠吹歪；风力 6～7 级时，叶片被吹破碎；8 至 9 级时，假茎被吹断，甚至连根拔起；10 级以上时，植株会遭到毁灭性危害。尤其进入结果后，果穗长、重，很易遭受强风、台风的危害，轻者折叶、烂叶、伤根，重者折干、倒伏。风对香蕉的危害程度与香蕉的品种、发育期等关系密切。一般认为高干品种和处花芽分化期、抽蕾和结果期的植株，较易受到风害。

5.3.2.2 区划及评述

香蕉种植气候区划选用冬季平均气温、年日照时数、10 级大风频率 3 个划区指标(表 5.3 和图 5.4)。

表 5.3 香蕉种植气候适应性区划指标

区划指标因子	最适宜区	适宜区	次适宜区	不适宜区
冬季平均气温(℃)	＞20	18.5～20	15～18.5	＜15℃
年日照时数(h)	＞2030	1960～2030	1600～1960	＜1600
10 级大风频率(次/10a)	＜3	3～4	4～5	＞5

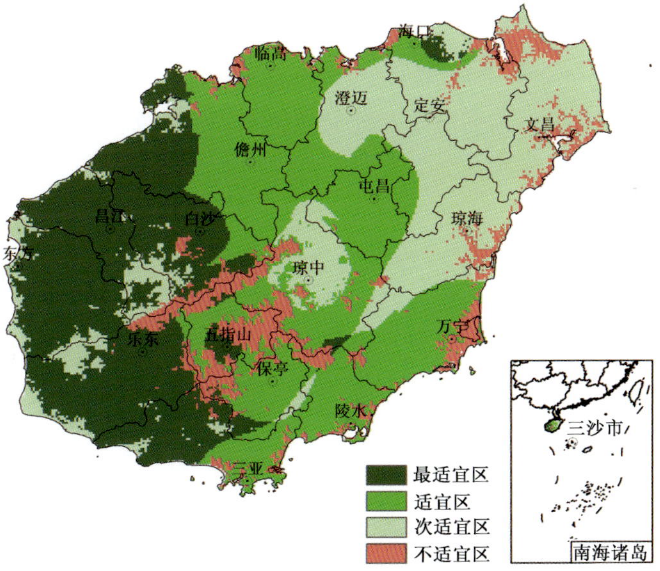

图 5.4 香蕉种植气候适宜性区划

(1)最适宜区

本区包括：儋州西部，白沙、昌江、东方和乐东大部，以及三亚西部。本区冬春气温高，冬季平均气温在 20℃左右，尤其是南部日照充足，轻风无霜，基本无洪涝灾害，香蕉生长周期 8～11 个月，适宜种植春蕉，收获时间一般在 12 月至翌年 3 月，恰值元旦和春节前后，价格较好，为海南香蕉种植最适宜区。

但是，该区年降水量较少，尤其 1 月和 2 月是海南的旱季，必须重点考虑水分管理。香蕉水分敏感期尽量避开旱季，如花芽分化果实膨胀期，缺水将导致香蕉花蕾难以抽生，或抽生后很难弯头，香蕉果短小如指，即使过后下雨或灌溉也无法补救。香蕉园建园必须重视防旱，应考虑靠近水源或者打井抽水进行灌溉是香蕉园不可避免的。

(2)适宜区

本区包括：临高、儋州、屯昌、保亭、万宁和陵水大部，海口、澄迈、白沙、琼中、五指山和三亚的部分地区。该区温度条件较好，雨量充沛，日照充足。其中，北部地区热带气旋影响较小，但冬季有低温、夏季有高温影响，香蕉生长周期10～13个月，主要收获季节为4—8月。香蕉花期和果实膨大期应注意避过冬季的低温寒害期。东南部地区热带气旋影响频繁，主要时段是7—10月，收获期以2—7月为宜，适宜种植春、夏蕉。香蕉生长周期8～11个月，种植重点是合理安排香蕉关键期避过热带气旋影响。

(3)次适宜区

主要包括东北部的大部分地区、琼中的中部、白沙和昌江的南部、东方与乐东的结合部，该区年降水量丰富，日照一般。中部地区基本上不受热带气旋的危害，冬季低温影响时间较长，香蕉生产周期11～14个月；冬、春温度较低，香蕉生产关键期该尽量避过冬、春季，控制香蕉抽蕾期和果实膨大期，特别是抽蕾期对不良环境抵抗能力最差，避开低温影响。1月中旬至2月中旬常出现低温阴雨事件，故相应地区应控制香蕉植株不在此期间抽蕾结果，以免造成不必要的损失。适宜种植夏蕉或秋蕉；日照相对偏少，须注意控制种植密度。

东北部地区，温、湿条件好，但热带气旋影响频繁，香蕉生长周期8～11个月。本区域种植的重点是合理安排香蕉关键期避过热带气旋影响。收获时间定在2—7月为宜。注意合理安排种植期，控制香蕉果实迅速膨大期和成熟期，尽量在7月底之前采收完毕，避过热带气旋造成的危害，适宜种植春、夏蕉。热带气旋登陆时风力达强热带风暴或以上级别时，可能对果实迅速膨大期和成熟期的香蕉造成毁灭性影响。

(4)不适宜区

不适宜区主要分布海南岛中部山区，该区海拔高度高，冬季平均温度小于15℃，不利于香蕉的生产；且日照时数较少，香蕉果实品质不好，果实着色不佳，经济价值很低，达不到高产稳产规划，故为不适宜香蕉种植区，不应盲目种植。

5.3.3 芒果种植气候适应性区划

芒果素有“热带果王”之美誉，以速生、早产、高产，果实风味独特、营养丰富，经济效益高等特点，使得芒果生产不断得到发展(黎启仁和文振德，1995)。目前已成为继葡萄、柑橙、香蕉、苹果之后的世界第五大水果之一。芒果是世界上栽培历史悠久的果树之一，4000年前已有芒果栽培。原产于印度，性喜高温、干燥的天气。我国的云南、广西、海南、福建和台湾栽培芒果历史都比较悠久，但由于气候与热带地区的差异，芒果生育习性不相适应；严重阻碍了芒果生产的发展，直至20世纪80年代后期，由于品种的改良，生产才得以发展。

海南栽培芒果有数百年历史，芒果的自然分布主要在昌江、东方、乐东至三亚一带。到2009年，海南种植面积达3.88万hm^2，产量35.92万t(海南省人民政府，2011)。

5.3.3.1 气象条件

(1)温度条件

芒果对气温适应性广，在平均气温20～30℃时生长良好，气温降到18℃以下时生长缓慢，10℃以下停止生长(陈尚漠等，1988)。冬季抗低温能力比一般的热带作物(橡胶、咖啡等)要强。据观察，在辐射型的低温条件下，当温度下降到 5℃时，幼树的新叶和成龄树的嫩梢就会发生轻度的寒害。而高温对芒果枝叶影响较小，在短时 40℃的高温条件下，对芒果枝叶无大的影响，这与其原产地为热带高温地区有很大关系。

温度对花期的影响主要表现在花期长短和授粉受精上。正常条件下，芒果从第一朵花开放至全穗花开完，只需 15～20 d；随着温度的降低，花期也逐渐延长至 30～35 d。芒果的授粉、受精只有满足一定的温度条件下才能进行，当日平均气温≥20℃时，能正常授粉、受精；日平均气温降至 15℃，授粉、受精受到影响，若持续达 7 d 以上，则不能授粉、受精；当温度降至 12℃时，花粉不能发芽，因而也不能实现授粉、受精。

(2)水分条件

芒果营养生长对水分的要求也不甚严格，最适宜在年雨量 800～2500 mm 的地区生长，在 800 mm 以下地区，也能生长，甚至在终年几乎无雨的地方，只需适当灌溉，也不至于死亡；在高温、高湿的月份芒果枝叶生长茂盛。可见芒果营养生长，对水分要求宽松。但是降水会对开花产生影响，主要是雨天影响昆虫传粉，使花粉流失，长时间阴雨，花穗霉烂，造成落花。同时连阴雨湿度大，易引起炭疽病、白粉病等病害暴发，造成大量的落花或枯穗。

(3)日照条件

芒果为阳性物种，营养生长对光照的要求较高，在充足的光照条件下，生长速度快，长势好，结果多，含糖量高，外观美；如光照不足，枝叶不繁茂，树势纤弱，发育不良，果味淡，品质也下降。

(4)风

芒果树比较抗风，但叶大、树冠浓密、枝繁叶茂的品种也不耐强风侵袭。6 级以上的大风会导致大量落果和折枝，9 级以上的大风会导致大量落叶和扭伤枝条，严重影响当年和次年的产量。常风大和台风多的地区种植芒果必须营造防风林。

5.3.3.2　区划及评述

海南是发展芒果生产的理想地区，树木周年都能生长，温暖、晴朗和干燥天气有利于花芽分化。但冬季低温阴雨对授粉、受精影响很大。因此，选取冬季平均气温、冬季日照时数和 2—3 月低温阴雨日数 3 个因子作为芒果种植气候适宜性区划指标(表 5.4 和图 5.5)。

表 5.4　芒果种植气候适宜性区划指标

区划指标	最适宜区	适宜区	次适宜区	不适宜区
冬季平均气温(℃)	≥19.5	18.5～19.5	15.0～18.5	<15℃
冬季日照时数(h)	≥380	340～380	300～340	<300
2—3 月低温阴雨日数(d)	<5	5～10	10～15	>15

(1)最适宜区

本区包括：乐东、三亚、陵水和万宁的丘陵台地，昌江和东方大部，海拔高度大多数在 200 m 以下，该区为芒果生产最适宜区。每年 12 月至翌年 3 月气温高，热量大，光照足，一般年份芒果花期无低温阴雨天气，属干旱或半干旱气候类型区。这里栽培不同类型的芒果品种都能获得较好的收成，且外观好、甜度高、经济效益好。这一地区可规划为优质芒果商品生产基地。主要栽培品种：吕宋芒、白象牙芒、圣心芒、椰香芒、台农 1 号、金龙芒等。

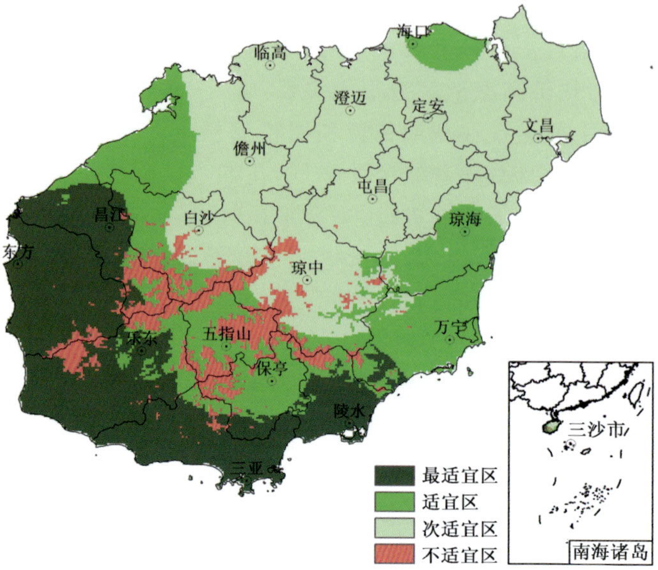

图 5.5 芒果种植气候适宜性区划

(2)适宜区

包括:乐东、三亚、保亭、陵水万宁和琼中的浅山缓坡地带,屯昌、澄迈、海口和定安交界地带,白沙西北部和儋州大部为芒果生产适宜区。这一类型与最适宜区气象要素较接近,但开花结果期有时湿度较大,还经常碰到低温阴雨寡照天气,属半干旱类型区至半湿润类型区。区内栽培的芒果一般丰产稳产,外观较好。但是果实相对较迟熟,有时受多降水或湿度大的天气影响,导致果实外观较差,特别是红芒品种,会因此,而色彩较暗淡,外观比最适宜区的产品差。经济效益比不上最适宜区。主要栽培品种:吕宋芒、白象牙芒、圣心芒、椰香芒、台农 1 号等。

(3)次适宜区

包括北部、东北部和中部地区山区。本区冬春常有低温阴雨天气,降水也较为充沛,大部分地区为湿润气候类型区,小部分地区为半湿润区。区内芒果开花结果时期常因低温阴雨影响导致产量不稳定,严重时颗粒无收;果实易受病害侵扰,外观较差,果实甜度有所下降。大多数地区果较迟熟,因此,易受夏季暴雨和热带气旋影响,以致降低产量和经济效益。这一类型区发展芒果商品生产弊多利少,从成熟期和商品率甚至产量上都不如上述地区。

(4)不适宜区

不适宜区主要分布在海南岛中部地区山区该区种植芒果,冬季低温不利于芒果安全过冬,其次中部日照较少,对芒果开花坐果也不利,最后低温阴雨时间较长,容易导致芒果开花障碍及花朵脱落。故该区芒果生产,经济价值较低,不应盲目种植。

5.3.4 荔枝种植气候适应性区划

海南是我国荔枝的原产地之一,栽培历史悠久,而且荔枝品种早熟(相同品种比内地早 15～20 d)、果实品质优等特点,较其他产区,可以提前采摘,抢先在市场上获得较丰厚的经济回报。目前,海南 18 个市县均有种植荔枝,海口、琼海、澄迈等市种植妃子笑品种较多,南部地区种植早熟品种三月红较多。此外,本地品种紫娘喜、大丁香、鹅蛋荔和无核荔等,在国内外市场深受欢迎。

5.3.4.1　气象条件

枝梢生长期：荔枝树全年都生长，没有明显的休眠期，生长速度与品种、树龄、气候和水肥条件有关。一般情况下，在5℃以下，营养生长几乎停止，8～10℃生长开始恢复，10～12℃生长缓慢，13～18℃生长增快，23～26℃生长最盛（周兆德等，2001），40℃时易发生“日烧病”。荔枝的枝梢生长发育需要较充足的水分，较大的空气湿度对新梢生长有利。若每5～7 d降雨一次或有充足水灌溉，则抽梢迅速，枝条生长旺盛，有利于结果母株的形成。

花芽分化期：在一定范围内，冬季平均气温愈低，持续时间长，天气晴朗少雨，日照时数多，则花芽分化良好，翌年花愈好（罗孝政和吴定尧，2000）。花芽分化期充足的日照有利于促进光合作用，增加有机质的积累，利于花芽分化，如果阴雨天多，会显著影响花芽分化的质量。冬季温暖多雨、湿度大，则对花芽形成以至花穗的发育都有不利的影响，会使明春的花穗少而小。总的说，冬冷、冬旱、晚花是次年荔枝丰产的预兆（高素华和黄增明，2004）。

开花期：开花期天气以温暖为好，荔枝小花在10℃以上才开始开放，18～24℃开花最盛，29℃以上开花减少。花粉的发芽以20～28℃最适合，在此温度范围内因品种而异，低于16℃或高于30℃花粉发芽率明显下降。22～27℃荔枝分泌花蜜最多，蜜蜂活动最适合，利于传花授粉。花期日照过强，大气干燥，蒸发量大，花药易干枯，花蜜浓度大，影响授粉受精，造成花而不实。所以开花期最好是以晴天为主的晴间雨天。花期阴雨造成沤花，花而不实现象，同时昆虫活动少，影响传粉授粉。花期忌吹西北风和过夜南风，西北风干燥，易致柱头干枯，影响授粉，过夜南风潮湿闷热、雾多，容易“沤花”和引起落花。总之，盛花期温暖，光足，雨少，无强劲偏北风，是荔枝收成好的年景。上述天气有利于光合作用，养分合成和积累，有利于器官分化和授粉受精和坐果。

果实发育期：要求15℃以上的温度，15℃以下的低温常引起严重落果。小果发育期要求较充足的日照，如果阴雨天较多，落果严重。荔枝果实膨大期要求适量的水分，宜数天一阵雨，如遇少雨干旱，会妨碍果实生长发育，引起大量落果，成熟期久旱骤雨，水分过多，则大量裂果。雨水过多则土壤通气不良，影响根系活动。果实发育期阳光不足，养分积累少，不利于果实发育长大，阳光充足有利于增进果实色味提高品质。果实发育期间最忌大风和暴雨，易引起大量落果，严重者枝折树倒，造成严重损失。总之，果实发育期天气晴暖，干湿适宜，无连绵阴雨、大风、暴雨和高温干旱等，是荔枝丰产的重要保证。

5.3.4.2　主要气象灾害

荔枝生长发育对气象条件要求有一定限度，当超过某一限度时，则会产生伤害，轻者受伤，重者死亡。荔枝气象灾害有以下几种。

(1)冬季奇暖多雨

这种天气会招致冬梢大量抽发，消耗树体养分，不利结果母株形成。防御方法主要通过“一摘二断三露四喷”等农业技术措施。即摘冬梢、切断水平根填土杂肥、露根暴晒、喷化学农药等，达到控制冬梢的目的。

(2)花果期低温阴雨和高温干燥

花期遇低温阴雨，一是易烂花；二是花药不开裂，不能散粉；三是雨水冲淡雌花柱头上的黏液而黏不牢花粉，即使黏在柱头上，也因低温影响，使花粉不能萌芽伸长，达不到受精的目的。

开花期气温超过 30℃，阳光强烈，空气干燥，花粉和柱头易干枯，妨碍授粉受精，坐果率低。防御措施有：合理安排花期，把开花期推迟到清明后；雨天摇树枝；摇去残花，把谢花后的残花摇去；旱天喷水；花期放蜂。

(3)夏季高温

夏季育苗期高温：在高温情况下使荔枝幼苗易发生顶芽枯萎和折腰，苗木纤瘦，难以达到嫁接要求。一般采用灌水，喷水、覆盖等方法降温。

果实成熟期高温：在高温时，特别是气温急升急降，会引起果实细胞成分的变化，导致果实在生理上难以恢复创伤。在果实发育早期遇高温干旱，则果皮发硬，甚至发生日烧，灌溉后因果肉急剧发育产生压力而裂果。为防御高温干旱造成裂果，采用 10 ppm(1 ppm＝10^{-6})乙烯喷洒能起到一定的效果。

(4)干旱和雨涝

干旱：秋季抽出的枝梢，对次年成花是有利的，但海南常有秋旱发生，对荔枝秋梢生长不利，造成次年减产。故干旱季节采用灌水(喷灌、滴灌)、土壤覆盖、中耕松土等方法。雨涝：土壤水分过多，使土壤中水、气关系失调、空气过少、根系活力差，影响吸水吸肥能力，好气作用和氧化过程减弱，土壤有机质分解不彻底，积累大量有毒物质，使植株养分不足和中毒危害。防御雨涝危害，应搞好排水沟，及时排除积水，株行间洼地应填平，以防积水，注意中耕松土等。

(5)大风

遇 8 级以上大风，成熟的荔枝果实会被刮掉。台风、龙卷风和雷雨大风，荔枝树易被吹倒，叶片被打烂，若遇上开花的荔枝花穗会被大风打坏；若遇上果实发育期则会造成大量落果，甚至失收。故应在荔枝园区周围建立永久性的防风林带，选好果园位置，充分利用地形的防风效能。

5.3.4.3　区划和评述

海南气候条件满足荔枝种植周年生长发育，但是干旱对荔枝影响显著，因此，选择年降水量作为区划指标之一；冬季适当低温天气有利于花芽分化，但是冬春低温阴雨对开花授粉影响很大，因此，选取年降水量、12 月平均气温和 2—3 月低温阴雨日数作为荔枝种植气候适宜性区划指标(表 5.5 和图 5.6)。

表 5.5　荔枝种植气候适宜性区划指标

区划指标因子	最适宜区	适宜区	次适宜区	不适宜区
年降水量(mm)	≥1800	1500～1800	1300～1500	＜1300
12 月平均气温(℃)	≤18.5	≤18.5～20.0	20.0～21.0	＞22.0
2—3 月低温阴雨日数(d)	＜8	8～10	10～12	＞12

(1)最适宜区

该区主要集中东北部和中部部分地区，包括文昌南部、琼海、屯昌、琼中和万宁北部等地。该地区冬季平均气温低，荔枝主要花芽分化期在 19℃左右，满足花芽分化需要气象条件。花芽分化前期—开花期平均气温(12 月至翌年 2 月)也在 18～20℃。荔枝开花期(2—3 月上旬)低温阴雨天气，东北部和中部地区平均每年在 12 d 左右，其他地区在 12 d 以上，低温阴雨对开花期影响相对较轻。结果期气候湿润，雨量充足，干旱较轻。最适宜区山地海拔高度较低，地形较为平坦，为海南荔枝生产最适宜区，种植荔枝的产量高，品质好。但要注意是东部地区常

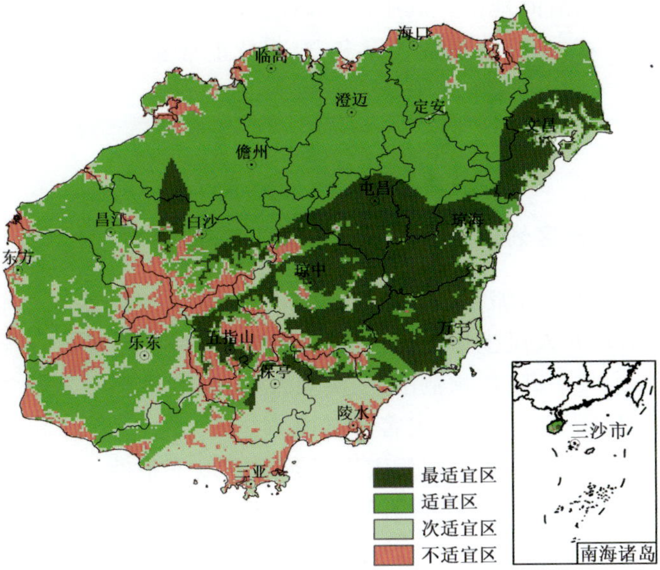

图 5.6 荔枝种植气候适宜性区划

风中等或较大，热带气旋影响较大，应注意营造防护林从而减少台风的影响。

(2)适宜区

该地区分布在海南大部分地区，该区历年极端温度均在 0℃以上，满足荔枝安全过冬需要的最低温度极限。其中北部和中部地区，荔枝花芽分化期月平均气温均在 20℃以下，满足花芽分化需要气象条件；西南部地区也在 21℃以内，基本满足花芽分化需要气象条件，可以进行花芽分化，生长有效地结果花，部分地区大小年严重，控梢工作要求高。花芽分化前期—开花期平均气温(12 月至翌年 2 月)也在 18～20℃。荔枝开花期(2—3 月上旬)低温阴雨日数，北部和中部地区平均每年在 12 d 左右，其他地区在 8～12 d，北部地区又出现低温阴雨对荔枝“沤花”现象，西南部和南部地区该现象出现较少。结果期北部地区气候湿润，雨量充足，干旱较轻；西南部和南部地区容易出现旱情，冬春干旱情况出现的频率一般，过程时间一般，开花期容易出现旱情，果实膨大期干旱情况中等，特殊年份需要进行浇水。该区为海南荔枝生产适宜区，种植荔枝的产量一般，需要田间管理工作较多，管理得当的荔枝园，产量也高，品质也能提升。

(3)次适宜区

该地区主要集中在陵水和三亚部分地区。荔枝主要花芽分化前期气温均在 21℃以内，基本满足早熟品种的花芽分化需要气象条件，主要种植“三月红”等早熟品种，该品种可以进行花芽分化，生长有效地结果花。其他早中熟、中熟或晚熟品种种植，果实产量大小年严重，“暖害”异常严重，控梢工作要求高。该区冬春干旱情况出现的频率高和过程时间长，开花期容易出现旱情，果实膨大期也容易遭遇干热风，因此，果园建设需要铺建灌溉设施，进行浇水。花期时间控制也很重要，以免花期遇低温阴雨或者高温灼伤情况。该区为海南荔枝生产次适宜区，荔枝营养生长时间长，需要营养较多，还应时刻注意冲梢现象，需要田间管理工作较多，且荔枝产量也一般。

(4)不适宜区

该地区主要为山区和沿海地区。其中海拔高度高的山地，云雾重雨量多寡日照，不利于荔枝开花结果。滨海地区荔常风大、热带气旋多，对荔枝正常发育不利，也不适宜种植。

5.4 气象灾害风险区划

5.4.1 热带气旋风险区划

热带气旋对海南的影响利弊共存，热带气旋暴雨带来大量降水可缓解旱情和增加水库蓄水量，同时也给经济活动和人民生活造成巨大损失和灾害，是世界上最严重的自然灾害之一。热带气旋灾害具有发生频率高、影响范围广、突发性强、群发性显著和成灾强度大的特征，主要由大风、暴雨、风暴潮及其引发的次生灾害所造成。

从灾害学的角度出发，形成热带气旋灾害必须具有以下条件：①形成热带气旋灾害的环境(孕灾环境)；②存在诱发热带气旋灾害的因素(致灾因子)；③热带气旋灾害的作用对象(承灾体)；④致灾因子与承灾体的相互作用。热带气旋主要是通过风、雨、风暴潮三种形式来对承灾体产生直接或者间接影响。热带气旋灾害多数是登陆热带气旋带来的狂风、暴雨、风暴潮的共同作用以及大风一暴雨灾害链所形成的，常见的灾害现象有大风、巨浪、暴雨、洪涝以及热带气旋引起的地质灾害如滑坡、泥石流等，以及水土流失、土地盐渍化、海水污染等生态灾害。所造成的影响包括直接造成人员伤亡、房屋倒塌和受损、直接经济损失、农作物减产和绝收、道路交通中断以及影响国民经济的正常运行、生态环境更加脆弱。

热带气旋灾害风险是致灾因子危险性、孕灾环境敏感性、承灾体易损性和防灾减灾能力综合作用的结果，热带气旋灾害风险函数可表示为：

$$R = f(H, S, V, R) \tag{5.1}$$

式中，R(Risk)表示灾害风险，H(Hazard)表示危险性，S(Sensibility)表示敏感性，V(Vulnerability)表示脆弱性，R(Resistance)表示防灾减灾能力或恢复力。

考虑到各风险评价因子对风险的构成所起的作用可能不同，对每个风险评价因子分别赋予权重，由于各评价因子值均小于等于 1，为便于计算，均扩大 10 倍，之后根据下面计算公式求算台风灾害风险指数，具体计算公式为：

$$TRI = H^{\alpha} \times S^{\beta} \times V^{\delta} \times (1-R)^{\gamma} \tag{5.2}$$

式中，TRI (Typhoon Risk Index)为台风灾害风险指数，用于表示风险程度，其值越大，灾害风险程度越大；H、S、V、R 分别表示风险评价模型中的致灾因子危险性、孕灾环境敏感性、承灾体脆弱性和防灾抗灾能力各评价因子指数；α、β、δ、γ 分别是各评价因子的权重系数，$\alpha+\beta+\delta+\gamma=1$，权重系数的大小依据各因子对热带气旋灾害的影响程度，主要采用层次分析法取得。采用热带气旋风险评估模型计算各地热带气旋灾害风险指数，利用 GIS 中自然断点分级法将热带气旋风险指数按 5 个等级分区划分(高风险区、次高风险区、中等风险区、次低风险区、低风险区)，基于 GIS 绘制热带气旋灾害风险区划图(图 5.7)。

热带气旋灾害风险性的空间分布特征为沿海高、内陆低。风险大小由沿海向内陆逐渐减弱。高风险区位于文昌、琼海、万宁一带沿海地区以及海口市东部和陵水县东北部地区。这些地区为热带气旋正面袭击高频区，致灾因子的危险性较其余地区高，加上地势低、河网密集、基

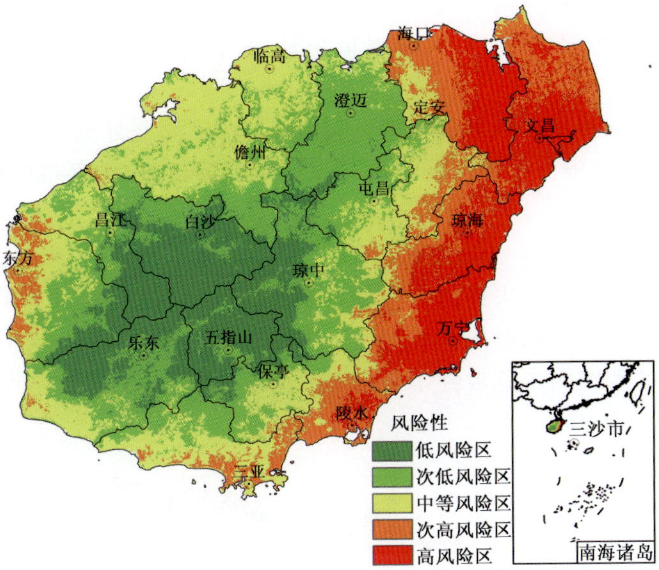

图 5.7　海南热带气旋灾害风险区划

础设施多，孕灾环境的敏感性及承灾体综合易损性都较高。

次高风险区主要分布在东部沿海地区与内陆地区接壤一侧的陆地以及三亚、东方的沿海地区。热带气旋袭击这些地区时，经海岸带地面摩擦作用，风力较沿海地区有所减弱，致灾因子的危险性有所降低，但与中部山区相比，致灾因子危险性仍较高，这些地区经济较发达，承灾体易损性也普遍较高。

中等风险区主要分布在西部沿海地区及定安、屯昌、琼中、保亭等地。这些地区的热带气旋大风潜在破坏力较小，但降水量较大，致灾因子的危险性及承灾体易损性属于中等水平。

海南中南部山区是热带气旋灾害的次低及低风险区。这些地区人口密度低、地均 GDP 小、土地利用类型多为森林，承灾体的易损性较其余地区明显偏低。

5.4.2　暴雨洪涝灾害风险区划

暴雨洪涝灾害是自然界的暴雨作用于人类社会的产物，是人与自然之间关系的一种表现。由于暴雨洪涝灾害的最终承灾体是人类及人类社会的集合体，因而，只有对承灾体的部分或整体造成直接或间接损害的暴雨洪涝才能称为暴雨洪涝灾害。从灾害学的角度出发，形成暴雨洪涝灾害必须具有以下条件：①存在诱发暴雨洪涝灾害的因素（致灾因子）及其形成洪涝灾害的环境（孕灾环境）；②暴雨洪涝影响区有人类的居住或分布有社会财产（承灾体）；③人类能在潜在的或现实的暴雨洪涝灾害威胁面前，采取回避、适应或防御洪涝的对策措施（防灾减灾能力）。

暴雨灾害风险是孕灾环境敏感性、致灾因子危险性、承灾体易损性和防灾减灾能力 4 个因子综合作用的结果，采用暴雨洪涝风险评估模型计算各地暴雨洪涝灾害风险指数，利用 GIS 中自然断点分级法，将暴雨洪涝风险指数按 5 个等级分区划分（高风险区、次高风险区、中等风险区、次低风险区、低风险区），并基于 GIS 绘制海南暴雨洪涝灾害风险区划图（图 5.8）。

暴雨洪涝灾害分布总体上呈现东北多、西南少的分布特征。高风险区主要分布在琼海南部、万宁东部、陵水北部一带及海口的大部分地区。热带气旋暴雨是该地暴雨洪涝灾害最主要的致灾因子。地势低洼、经济发达、人口密集为暴雨洪涝灾害提供了良好的孕灾环境和高易损性。

次高风险区主要分布在临高和儋州地区以及文昌、琼海北部到屯昌一带。受西南季风及海岛的特殊地形影响，暴雨发生频率及强度仅次于高风险区，孕灾环境的敏感性及承载体易损性也普遍较高。

中等及次低风险区分布在中部及西南部的大部分地区。这些地区暴雨发生频次相对较少，致灾因子危险性为中等，承灾体综合易损性较低。

低风险区分布在海南的高海拔高度地区，主要包括五指山、琼中、乐东等地辖区内的大型山脉地区。这些地区致灾因子危险性不低，但由于地势高，河网密度小，孕灾环境敏感性差，承载体易损性小。

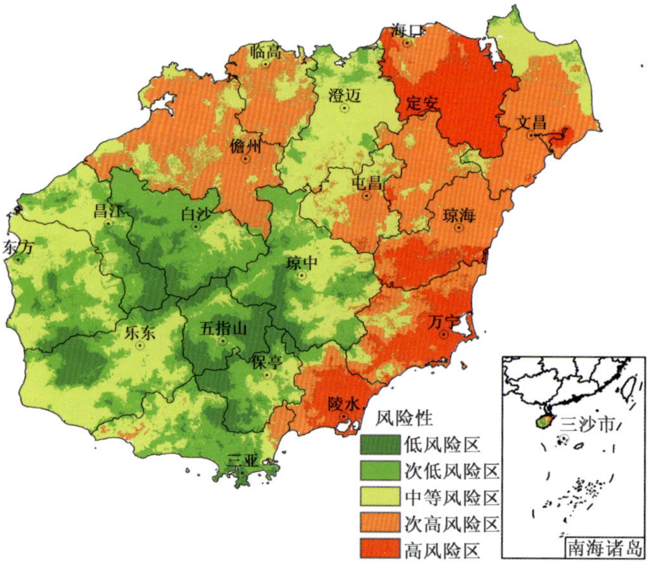

图 5.8 海南暴雨洪涝灾害风险区划

5.4.3 干旱风险区划

海南位于东亚季风区，热带季风海洋性气候给海南带来了丰富的光、热、水资源。海南水汽来源充足，降水类型复杂；降水总量多，但年际变化大；时空分配不均，旱季、雨季分明，雨量东多西少。由于海南终年强辐射、高温，蒸发量大，在自然降水少的季节（冬、春）及地区（西部），水分平衡失调现象相当突出。海南干季长达 5～6 个月，降水量少，只占年雨量的 15%左右。冬春连旱比较频繁，尤其是西部沿海地区是突出的干旱区。因此，干旱是海南最常出现的、影响范围最广的灾害性天气。

干旱风险区划工作是基于灾害风险理论及气象灾害风险形成机制，通过致灾因子危险性、承灾体易损性、防灾减灾能力等多因子综合分析，构建干旱风险评价的框架、指标体系、方法与模型，对干旱风险程度进行评价和等级划分，借助 GIS 绘制相应的风险区划图。

采用干旱风险评估模型计算各地干旱风险指数，利用 GIS 中自然断点分级法将干旱风险指数按 5 个等级分区划分(高风险区、次高风险区、中等风险区、次低风险区、低风险区),并基于 GIS 绘制干旱风险区划图。结果显示东方是高干旱风险区;陵水、三亚、乐东、昌江和临高等地是次高风险区;琼中是低风险区(图 5.9)。

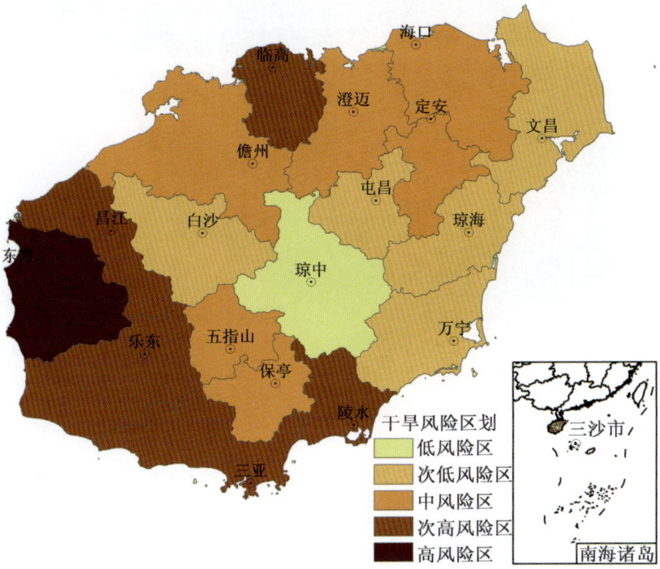

图 5.9 海南干旱风险分布

5.4.4 低温冷害风险区划

低温冷害致灾主要表现为因气温降低至一定程度或低温持续时间达一定程度引起的生物生理机能上的障碍。由于低温冷害的最终承灾体是人类及人类社会的集合体,因此,只有对承灾体的部分或整体造成直接或间接损害的低温过程才能称为低温冷害。基于自然灾害风险形成理论,低温冷害风险是由致灾因子危险性、孕灾环境敏感性、承灾体易损性和防灾减灾能力四部分共同形成的。

采用低温冷害风险评估模型计算各地低温冷害风险指数,利用 GIS 中自然断点分级法将低温冷害风险指数按 5 个等级分区划分(高风险区、次高风险区、中等风险区、次低风险区、低风险区),并基于 GIS 绘制低温冷害风险区划图。东南部沿海地区和西部沿海为低风险区,这与该区域基本无低温阴雨事件相一致;北部地区多为低或较低风险区,中部山区则为高或较高风险区(图 5.10)。

由于历史上低温冷害灾情数据收集较少,难以基于 GIS 对低温冷害灾情数据进行区划,进而对灾情数据的空间分布和相应的灾害风险区划结果进行比较。因此,仅对区划结果进行定性分析,讨论其合理性。由区划结果可知,海南低温冷害风险的分布特征是中部山区高于沿海地区。这与实际相符合,反映了孕灾环境敏感性中低温对海拔高度的敏感性,温度随高度的变化远大于其经向或纬向变化。风险区划结果的另外两个特征是北部高于南部,东部高于西部,这与冷空气的侵袭路径是一致的,影响海南的冷空气通常从北向南,且在侵袭过程中不断减弱。

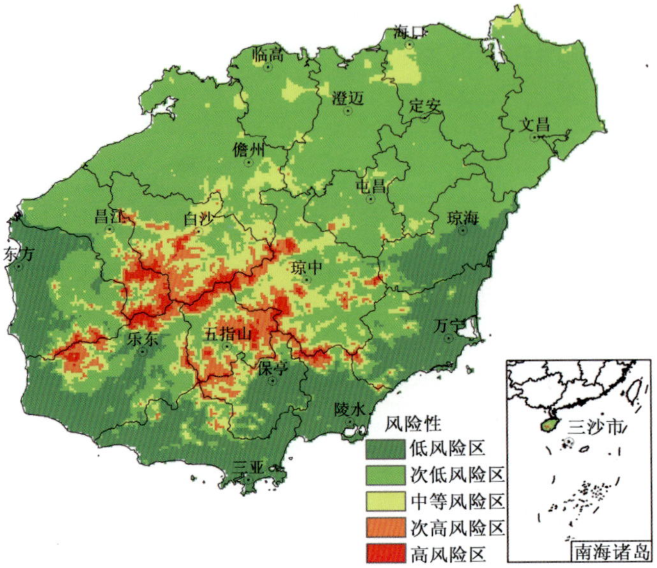

图 5.10 海南低温冷害风险区划

5.4.5 雷电风险区划

利用雷电区域易损度评估指标来进行雷电风险区划。雷电区域易损度评估指标应反映雷电孕灾环境和承灾体的特征，可以根据灾后损失评估体系采用反推法确定，也可基于社会易损性的理解、由灾害案例采用信息量法确定。根据以上原则，选取雷电灾害易损性的 6 个影响因子，定义如下指标变量：

①年平均雷暴日数 T_d，单位：d/a；

②50 kA 以上平均地闪密度 N_g，即单位面积年平均强地闪次数，单位：次/(km^2 · a)；

③雷灾频数 N，即年平均雷电灾害次数，单位：次/a；

④人员伤亡频数 P，即年平均雷击人员伤亡人数，单位：人/a；

⑤区域生命易损模数 C，即区域单位面积上的潜在受灾人数，单位：万人/km^2；

⑥区域经济易损模数 E，即区域单位面积上的潜在受灾经济，单位：亿元/km^2；

由于各变量的量纲不一致，对以上 6 个变量的 18 个样本数据进行标准化处理，将变量变换为无量纲的标准化变量指数。利用 R 型聚类分析法对变量因子进行筛选并对样本进行 Q 型模糊聚类，得到海南雷电区域易损度风险区划结果(表 5.6 和图 5.11)。海南雷电风险可分

表 5.6 各类别的综合易损值

区划级别	地区	标准化处理				综合易损值
		雷暴日数指数	经济易损模数指数	人员伤亡率指数	雷灾发生率指数	
一级	海口	0.1941	1.4887	0.72192	1.4865	3.89
二级	文昌、澄迈、临高、定安、屯昌、琼海	0.4212	−0.43292	0.83158	−0.32172	0.50
三级	儋州、琼中、白沙、五指山、保亭	0.8315	−0.66754	−1.3156	−0.51735	−1.679
四级	昌江、东方、乐东、万宁、陵水、三亚	−1.447	−0.38824	−0.238	−0.64743	−2.726

为四级，海口地区为一级区，属于雷电高风险区；文昌、澄迈、临高、定安、屯昌、琼海为二级区，属于次高风险区；儋州、琼中、白沙、五指山、保亭为三级区，属于中等风险区；昌江、东方、乐东、万宁、陵水、三亚等地为四级区，属于低风险区。

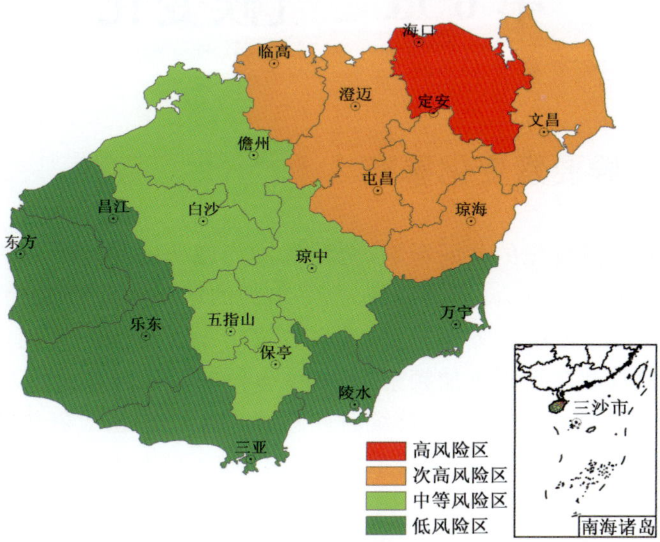

图5.11 海南雷电灾害风险区划

第 6 章　气候变化

6.1　基本气候要素变化事实

由于人类活动和自然变化的共同影响，全球气候正经历一场以变暖为主要特征的显著变化。政府间气候变化专门委员会(IPCC)于 2007 出版的第 4 次气候变化评估报告指出：最近 100 年全球平均地表温度上升了 0.74℃，极端温度发生了大范围的变化，冷昼、冷夜和霜冻已较为少见，而热昼、热夜和热浪则更加频繁，强降水事件的发生频率也在增加，20 世纪 70 年代以来在更大范围内观测到了强度更强、持续时间更长的干旱。造成气候变暖的主要原因是人类活动造成的，表现在农业和工业活动排放的二氧化碳(CO_2)、甲烷(CH_4)、二氧化氮(NO_2)、氯氟甲烷(HFCs)、氢氟化物(HF)、全氟化物(PFCs)、硫氟化物(SF6)等温室气体急剧增加，导致大气成分发生变化进而引起大气层升温。2005 年全球大气二氧化碳浓度 379 ppm，为 65 万年来最高，比工业革命前的 280 ppm 增高了 35%。此外，城市化和植被破坏等也导致温室气体源与汇变化、地表反照率变化，进一步影响气候变化。

在此背景下，中国气候也发生了明显变化：我国近 50 年增温十分显著，年平均气温上升 1.1℃。除四川盆地和川、滇交界地区有较小的下降趋势外，全国绝大多数地方表现为变暖，南方沿海区域普遍比内地增温明显。年均降水量变化趋势虽不显著，但区域降水变化波动较大，华北大部分地区、西北东部和东北地区降水量明显减少，华南与西南地区降水明显增加(任国玉等，2005)。已有研究表明，气候变化已经对我国产生了一定影响，造成春季物候期提前，冰川面积减少、冻土减薄，沿海海平面上升，并造成海岸侵蚀和海水入侵，使珊瑚礁生态系统发生退化。气候变化也引起了我国水资源分布的变化，主要表现为近 40 年来海河、淮河、黄河、松花江、长江、珠江等六大江河的实测径流量多呈下降趋势，北方干旱、南方洪涝等极端水文事件频繁发生等等。

观测资料和数据分析表明，海南气候也发生了明显变化。陈小丽和吴慧(2004)研究了 1961—2002 年海南年和各季气温和降水量的变化特征，发现 42 年中海南季和年的平均气温、平均最高气温、平均最低气温均具有显著增温趋势，特别是平均最低气温增温尤其显著。从全岛平均情况看，降水量除了冬季有明显增加趋势外，其余各季和年降水量仅有弱的增加趋势；从各地区看，仅南部地区降水量有显著增多趋势。吴胜安等(2006)利用 1959—2004 年的资料揭示了海南最高、最低气温增暖的不对称性。何春生(2004)利用海南 5 个地面气象观测站建站到 2000 年的资料分析指出，近 50 年来，海南各地年平均风速有不同程度下降，西部和北部地区尤其明显。

海南长夏无冬，四季不分明，但干湿季节分明。旱季冷空气活动频繁，气温低，降水少；雨季对流活跃，常有热带气旋影响，气温高，降水多；秋末初冬，气爽宜人，气温、降水介于干季和雨季之间。为更全面的检测不同气候要素的变化，本章照此标准从干季、雨季和秋末初冬三个时段来分析 1961—2010 年期间海南平均气温、最高气温、最低气温、降水量、降水日数、日照时数、平均风速等基本气象要素的气候变化特征。分析时利用经验正交函数分解(EOF)方法求取气候要素场占绝对优势的主分量的时间系数曲线代表各气候要素的主要变化,并引入趋势系数和倾向率来评估各要素的线性变化的显著性和变化幅度,利用 Mann-Kendall 方法(以下简称 M-K 方法)对各要素进行突变检测。

6.1.1 气温变化规律

6.1.1.1 气温变化的空间特征

表 6.1 是海南年及各季平均气温、平均最高、最低气温 EOF 第一特征向量的方差贡献率。由表可见,各场 EOF 第一特征向量的方差贡献率均达到或超过 89%,即这些场主分量分析的第一特征向量均占绝对优势,说明各气温场第一特征向量的变化特征基本代表了相应场的变化特征。

表 6.1 海南气温 EOF 第一特征向量的方差贡献率(%)

	旱季	雨季	秋冬季节	年
平均气温	94.8	89.0	94.4	92.9
平均最高气温	92.6	84.5	92.6	87.2
平均最低气温	91.2	81.2	91.2	82.3

图 6.1 是海南年平均气温(a)、年平均最高气温(b)和年平均最低气温(c)EOF 第一特征向量的空间分布。由图可见,各气温场 EOF 第一特征向量的空间分布均表现出明显的全岛一致性(同向变化)。年平均气温 EOF 第一特征向量的空间结构表现为东侧低,西侧高;年平均最高气温 EOF 第一特征向量空间结构表现为西北高、东南低的分布型;年平均最低气温总体表现出中部高、南北两侧低的分布型;由 EOF 的原理可知空间值越大,说明该点处的变化幅度越大,在高温年份越高,在低温年份越低,若特征向量的时间系数表现为一种变暖倾向,则该点的变暖倾向更明显。由各场 EOF 第一特征向量的空间分布结构我们可以发现海南气温变化总体一致性的基础上,还呈现出最高、最低气温变化空间分布的非对称性特征。

各季气温的变化与年气温变化的空间分布特征总体相似,即表现为明显的一致性,但各季的变化特征与年的变化特征存在一定的差异。其中旱季平均气温、平均最高气温和平均最低气温均表现为明显的东南低、西北高的梯形分布特征,与年平均最高气温的变化特征相似(图 6.2)。雨季平均最高气温变化的分布特征为东南低、西北高,雨季平均最低气温变化的分布特征则表现为中部高、南北两侧低的分布(图 6.3)。秋末初冬平均最高气温和平均最低气温变化的空间分布特征与其他季节有较大差异,高值中心位于西北内陆或中部地区,低值区位于东南沿海和西部沿海(图 6.4)。

6.1.1.2 气温的变化趋势

表 6.2 给出各个季节及年平均气温 EOF 第一特征向量对应时间曲线的趋势系数和倾向率。由表可以看出,年及各个季节平均气温呈显著的线性增长趋势。由 EOF 的原理可知,在第一特征向量占绝对优势的情况下,第一特征向量的空间某点的值与时间系数的乘积可近似代表该站点原始数据序列,因此,某站点原始序列的倾向率亦近似等于 EOF 第一特征向量在

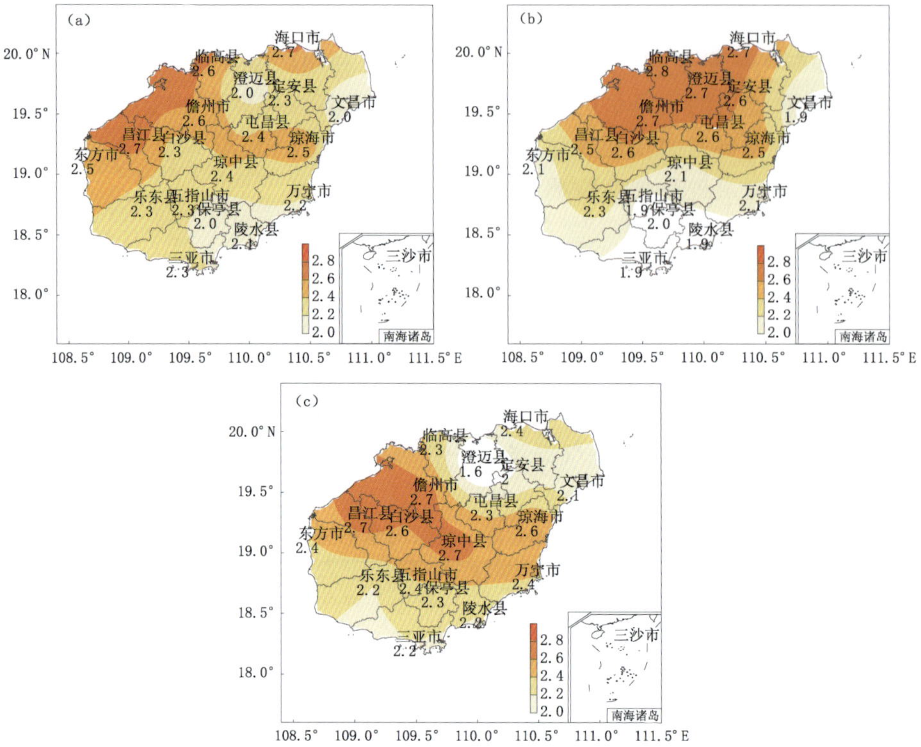

图 6.1 海南年平均气温(a)、年平均最高气温(b)和年平均最低气温(c)EOF 第一特征向量空间分布

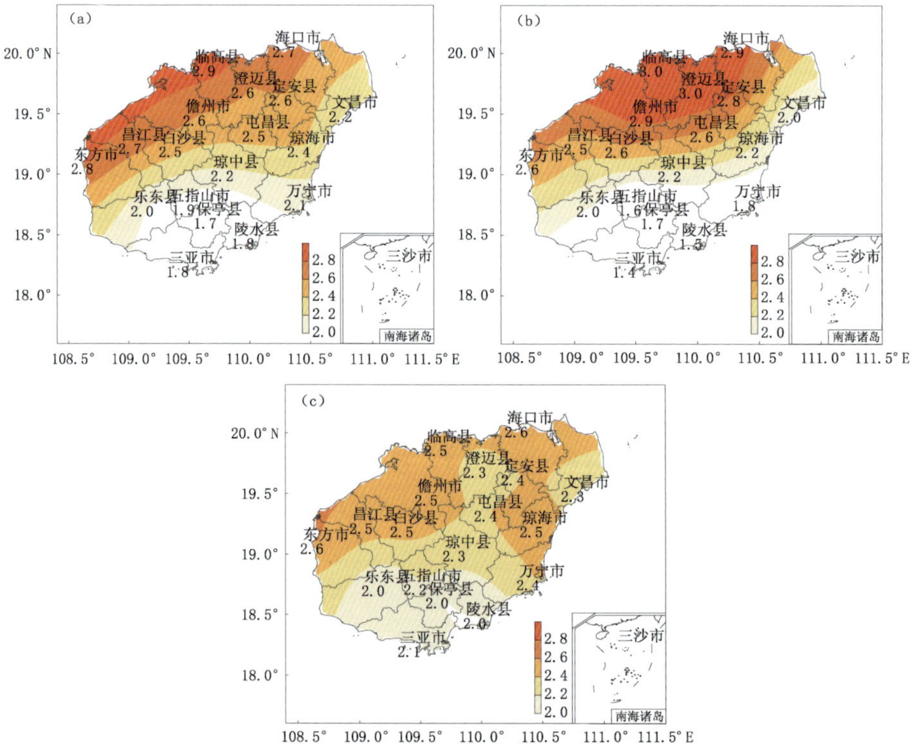

图 6.2 海南旱季平均气温(a)、平均最高气温(b)和平均最低气温(c)EOF 第一特征向量空间分布

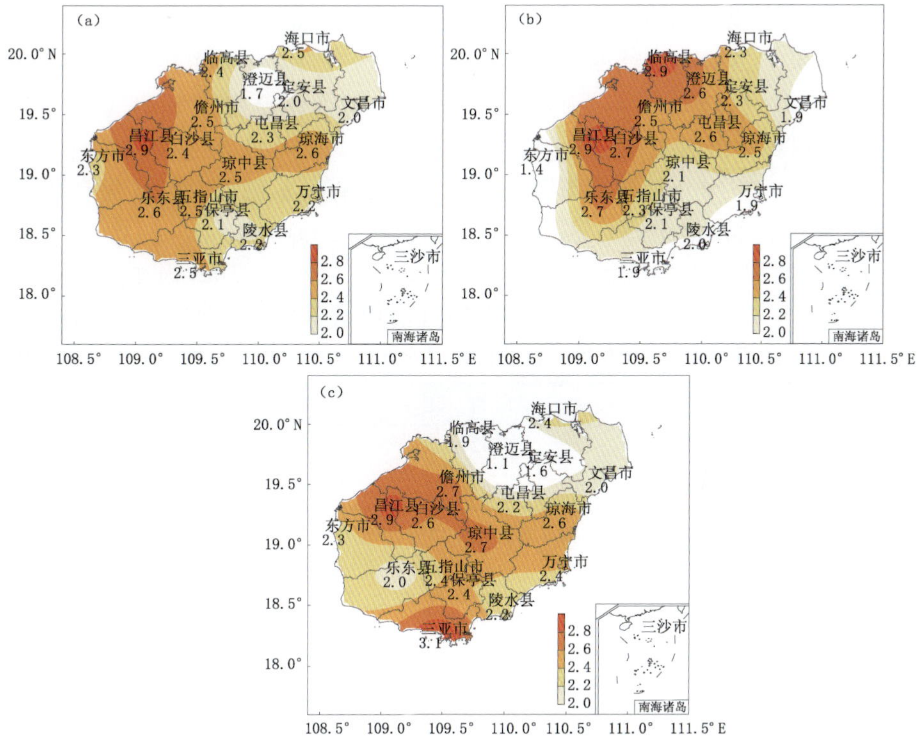

图 6.3　海南雨季平均气温(a)、平均最高气温(b)和平均最低气温(c)EOF 第一特征向量空间分布

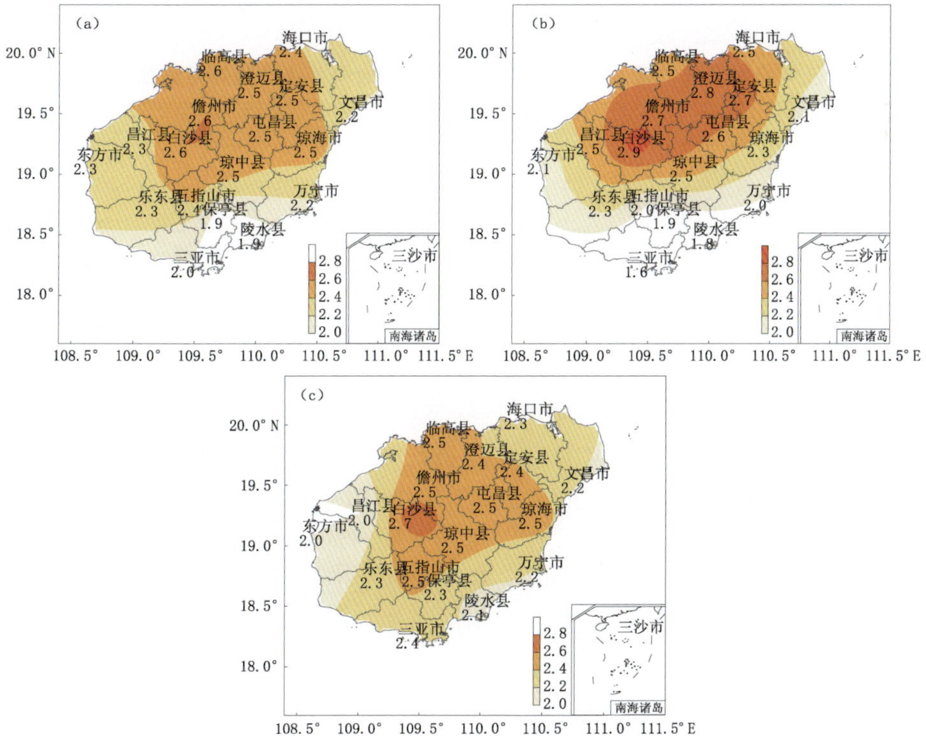

图 6.4　海南秋末初冬平均气温(a)、平均最高气温(b)和平均最低气温(c)EOF 第一特征向量空间分布

该点的空间值与时间系数曲线倾向率的乘积。由图 6.1 可知年平均气温 EOF 第一特征向量的空间值为 2.0～3.0,其时间曲线的倾向率为 0.1℃/10a,二者相乘可得海南各站点年均气温的线性倾向率为 0.20～0.3℃/10a。为检验其合理性,对海南全省年平均气温的原始序列做线性倾向分析,发现各站点的线性趋势系数均超过 0.45,达 0.01 的显著性水平,线性倾向率在 0.19～0.31℃/10a,空间分布结构与图 6.1 一致,西侧高、东侧低,澄迈、保亭和文昌为三个低值中心,琼海为东侧的高值中心。这与图 6.1a 的空间分布吻合。

同样的分析可得旱季平均气温的倾向率为 0.34～0.51℃/10a,雨季为 0.14～0.24℃/10a,秋末初冬则为 0.19～0.30℃/10a,各季平均气温均呈明显的增高趋势,旱季尤其显著。

表 6.2　各季及年平均气温 EOF 第一特征向量对应的时间曲线趋势系数和倾向率(℃/10a)

	旱季	雨季	秋冬季节	年
趋势系数	**0.44**	**0.42**	**0.47**	**0.69**
倾向率	**0.19**	**0.07**	**0.11**	**0.10**

注:黑体数字表示变化趋势通过 0.05 或更高的显著性水平检验,下同。

在气候变暖的背景下,海南平均最高最低气温存在着明显的非对称变化现象,这与全国其他地区相似,与早期的相关研究也较为接近(吴胜安等,2006)。其特点之一是最低气温的线性增长趋势比最高气温显著。由表 6.3 可见,年及各个季节最低气温的线性趋势系数都在 0.38 以上,可通过 0.01 的显著性水平检验,而最高气温只在年的尺度上增温趋势通过 0.01 的显著性水平检验,在雨季和秋末初冬增温趋势能通过 0.05 的显著性水平检验,而在旱季增温趋势不显著。非对称变化的特点之二是增温幅度变化有季节差异,旱季(冷季)明显要大于雨季(暖季)。

表 6.3　各季及年最高最低气温 EOF 第一特征向量对应时间曲线的趋势系数和倾向率(℃/10a)

要素		旱季	雨季	秋末初冬	年
平均最高气温	趋势系数	0.28	**0.31**	**0.29**	**0.46**
	倾向率	0.11	**0.03**	**0.08**	**0.06**
平均最低气温	趋势系数	**0.47**	**0.65**	**0.38**	**0.74**
	倾向率	**0.24**	**0.09**	**0.11**	**0.11**

气候在各种不同尺度上都存在着不稳定性及突变现象,是气候系统非线性的反映,是不同气候状态的转折方式,即是从一种稳定的气候状态(或稳定持续的变化趋势)跳跃式地转变到另一种稳定的气候状态(或稳定持续的变化趋势)。利用 M-K 方法来检测海南各个温度场 EOF 第一特征向量对应的时间系数序列的突变年份,结果见表 6.4。可见,海南平均气温在年、季尺度上都存在突变现象,其中旱季和雨季的突变时间开始于 1986 年,与我国在 1986 年前后的普遍增温时间一致(任国玉等,2005),秋末初冬季的突变开始于 1994 年,而年平均气温的突变时间介于二者之间,始于 1990 年。与华南南部沿海的东莞近 50 年的突变比较(吴志权等,2005),夏季的突变点一致,冬季和年的突变时间偏早,秋季突变时间偏晚。

年平均最高气温在 1997 年出现突变,但在各季均无突变;平均最低气温与平均气温类似,在各个季节和年均存在突变现象,其中旱季和年的突变时间与平均气温保持一致,雨季突变时间比平均气温的突变时间要晚 4 年,而秋末初冬的突变时间则要比平均气温的要早 14 年。

表 6.4　气温跃变年表

要素	旱季	雨季	秋冬季节	年
平均气温	1986 年	1986 年	1994 年	1990 年
平均最高气温	无明显突变	无明显突变	无明显突变	1997 年
平均最低气温	1986 年	1990 年	1980 年	1990 年

年高温日数、极端最高和最低气温也有明显的趋势变化。1961—2010 年，海南日最高气温≥35℃的高温日数以 3.1 d/10a 的速率显著增加。在空间分布上，北部地区增加更为明显，而南部和东部增加很小，西部的东方甚至有微弱的减少趋势。海南区域平均的年极端最高气温上升速率为 0.23℃/10a；而从地区分布看，大部分地区均呈不同程度的上升趋势。其中，北部地区上升速率最大，在 0.2℃/10a 以上，西部沿海地区为弱的下降趋势。海南区域平均的年极端最低气温上升速率大约为 0.84℃/10a；各地极端最低气温也均表现出一致的上升趋势，并呈中西部高、东北部低的空间分布，中西部的上升速率在 0.68℃/10a 以上。

6.1.2　降水变化规律

6.1.2.1　降水变化的空间特征

对海南 18 个站点 45 年(1966—2010 年)降水场进行 EOF 正交分解，年及不同季节各场 EOF 第一特征向量的方差贡献率均超过 55%(表 6.5)，远大于第二特征向量的方差贡献率(6%～8%)，因此，第一特征向量的变化特征基本能代表相应场的变化特征。

表 6.5　海南年及各季降水量和降水日数 EOF 第一特征向量的方差贡献率(%)

要素	旱季	雨季	秋冬季节	年
降水量	64.5	55.8	73.3	59.3
降水日数	74.8	64.8	76.5	69.3

从图 6.5 可看出，年和不同季节降水的 EOF 第一特征向量的空间分布均表现出明显的全岛一致性，但在数值上表现为东高西低的梯状形态。东西差异最明显的是秋末初冬的降水，其次为旱季，雨季降水差异最小。

相对于降水量而言，海南各地降水日数的 EOF 第一特征向量也表现出全岛一致性，但各地差异明显变小。其分布形态表现为东北高西南低的梯状结构，年和旱季最明显，雨季和秋冬末初冬在北部内陆有一高值中心。差异最明显的也是秋末初冬，其次为旱季，年雨日的差异最小(图 6.6)。

6.1.2.2　降水的变化趋势

表 6.6 给出了海南年、雨季、干季的平均月降水量、月降水日数第一特征向量时间曲线的趋势系数和倾向率。由表可以看出，降水量无明显的线性变化趋势，而年平均的月降水日数则呈显著的下降趋势，干季平均的月降水日数下降趋势相对明显(通过置信度 90%的显著性检验)，雨季平均的月降水日数下降趋势最弱。全省各地年均月降水日数减少的倾向率大约为 0.2～0.3 d/10a。

由于降水量变化幅度大，频率高，变化趋势在原始序列中很难体现，因此，对原始序列进行

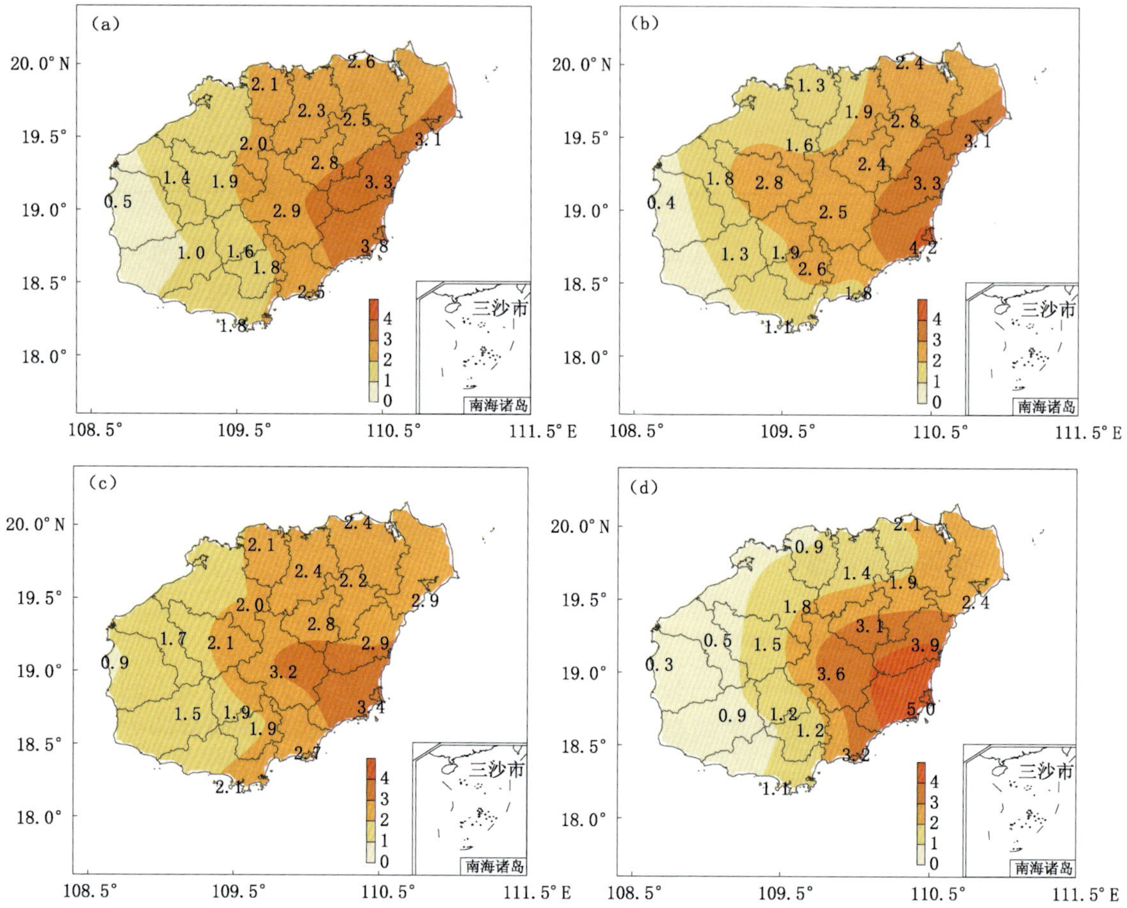

图 6.5　海南年(a)、旱季(b)、雨季(c)和秋末初冬(d)降水量 EOF 第一特征向量空间分布

了低通滤波处理，去除 7 年以下的高频变化后，再对年、雨季和干季平均的月降水量、月降水日数进行 EOF 分析，其第一特征向量仍然占绝对优势，第一特征向量的空间分布依然表现出明显的一致性。表 6.7 给出的是滤波后的情况，但年平均和干季的平均月降水量仍然看不出明显变化趋势，雨季的平均月降水量有增加趋势，但不显著。计算表明，在年代际尺度上海南雨季平均月降水量有 2.0～6.5 mm/10a 的线性增加趋势，其中南部、西部沿海地区为 2.0～3.0 mm/10a 的线性增加趋势，中部、东部地区为 3.0～4.5 mm/10a 的线性增加趋势，而东北部则为 4.5～6.5 mm/10a 的线性增加趋势。年代际尺度上，年和不同季节月降水日数的减少趋势变得更加显著。在空间分布上，雨季各地平均月降水日数减少的倾向率为 0.15～0.35 d/10a。

表 6.6　海南降水第一特征向量时间曲线的趋势系数和倾向率(mm/10a,d/10a)

要素	月降水量			月降水日数		
	年	雨季	干季	年	雨季	干季
趋势系数	6.47	13.60	−2.32	**−1.11**	−0.96	−1.19
倾向率	0.08	0.09	−0.03	**−0.33**	−0.21	−0.26

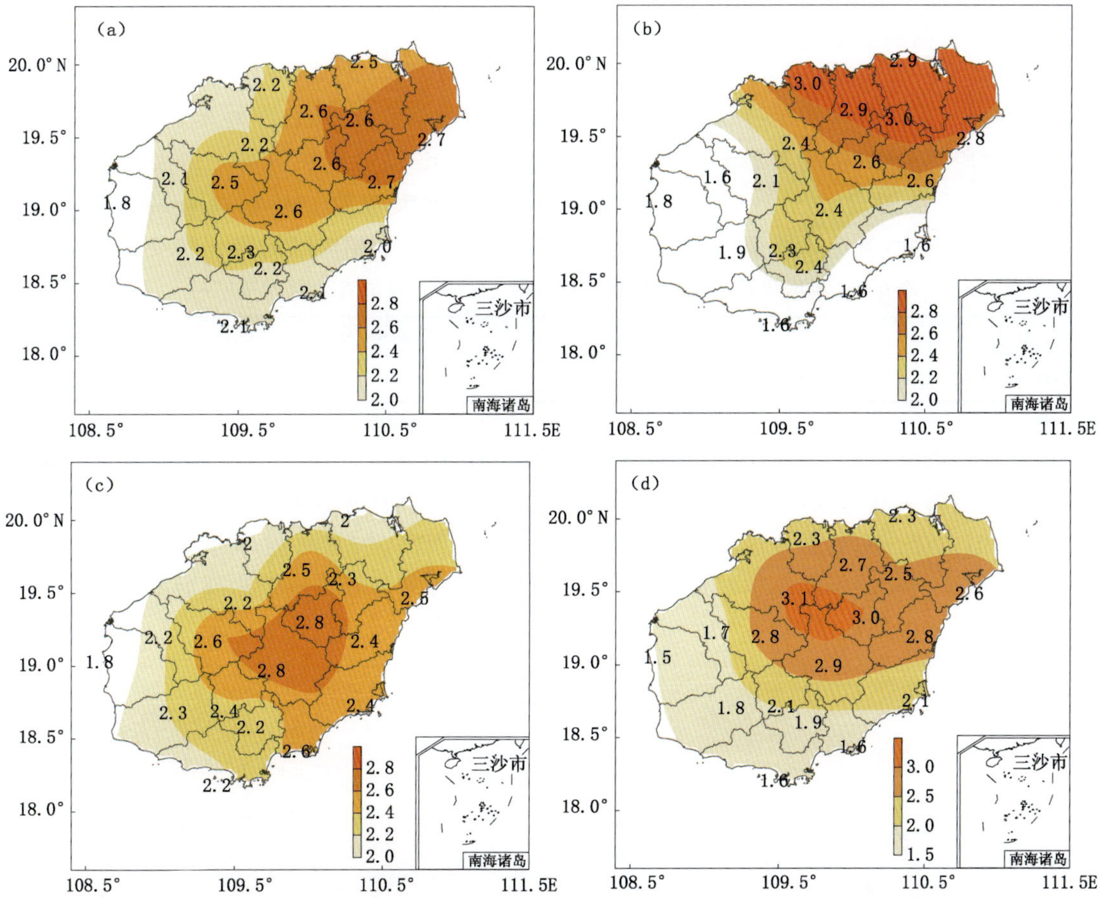

图 6.6　年(a)、旱季(b)、雨季(c)和秋末初冬(d)降水日数 EOF 第一特征向量空间分布

表 6.7　低通滤波后海南降水第一特征向量时间曲线的趋势系数和倾向率(mm/10a,d/10a)

要素	月降水量			月降水日数		
	年	雨季	干季	年	雨季	干季
趋势系数	0.18	0.27	−0.12	**−0.68**	**−0.54**	**−0.62**
倾向率	6.22	15.84	−2.80	**−1.20**	**−1.06**	**−1.33**

月降水量没有明显趋势，而月降雨日则呈明显减少趋势，这意味着降水强度有增加趋势。进一步对海南年、雨季和干季平均的月内最大日降水量滤波后做 EOF 分析，求得第一特征向量时间曲线的趋势系数分别为 0.48、0.44 和 0.36，说明年代际尺度上年、雨季和干季平均的月内日最大降水量确实有显著的增加趋势，另外，对年、雨季和干季的平均月内日降水量大于 50 mm 的频数做同样的分析，发现在年代际尺度上，年、雨季的平均月内暴雨日数也具有显著的增加趋势，干季则为显著的减少趋势。说明年、雨季和干季的极端降水强度确有显著增强趋势。

对年、雨季和干季平均的月降雨日的减少趋势和月内最大降水量的增加趋势做了突变检验，未发现突变点。

6.1.3 日照时数变化规律

6.1.3.1 日照时数的空间特征

对同时段海南 18 个气象观测站日照时数场进行 EOF 经验正交分解。由表 6.8 可见，各场 EOF 第一特征向量的方差贡献率也均超过 54%，远大于第二特征向量的方差贡献率(5%～11%)，因此，其第一特征向量的变化特征也基本代表了相应场的变化特征。

表 6.8 海南年及各季日照时数 EOF 第一特征向量的方差贡献率(%)

要素	旱季	雨季	秋冬季节	年
日照时数	70.4	59.6	75.8	54.6

年日照时数的空间分布均表现出明显的全岛一致性(图 6.7a)，其主要特征表现为北部、东部和南部沿海为高值区，中部和西部为低值区。不同季节日照时数的空间分布亦表现出全岛一致性，但也存在明显的地区差异。旱季高值区位于西南、东北两侧，低值区缩小到西部沿海；雨季的特征与年的特征总体相似，但差异变大；秋末初冬高值区位于北部沿海，低值中心分散在西部沿海和中部山区(图 6.7b～d)。

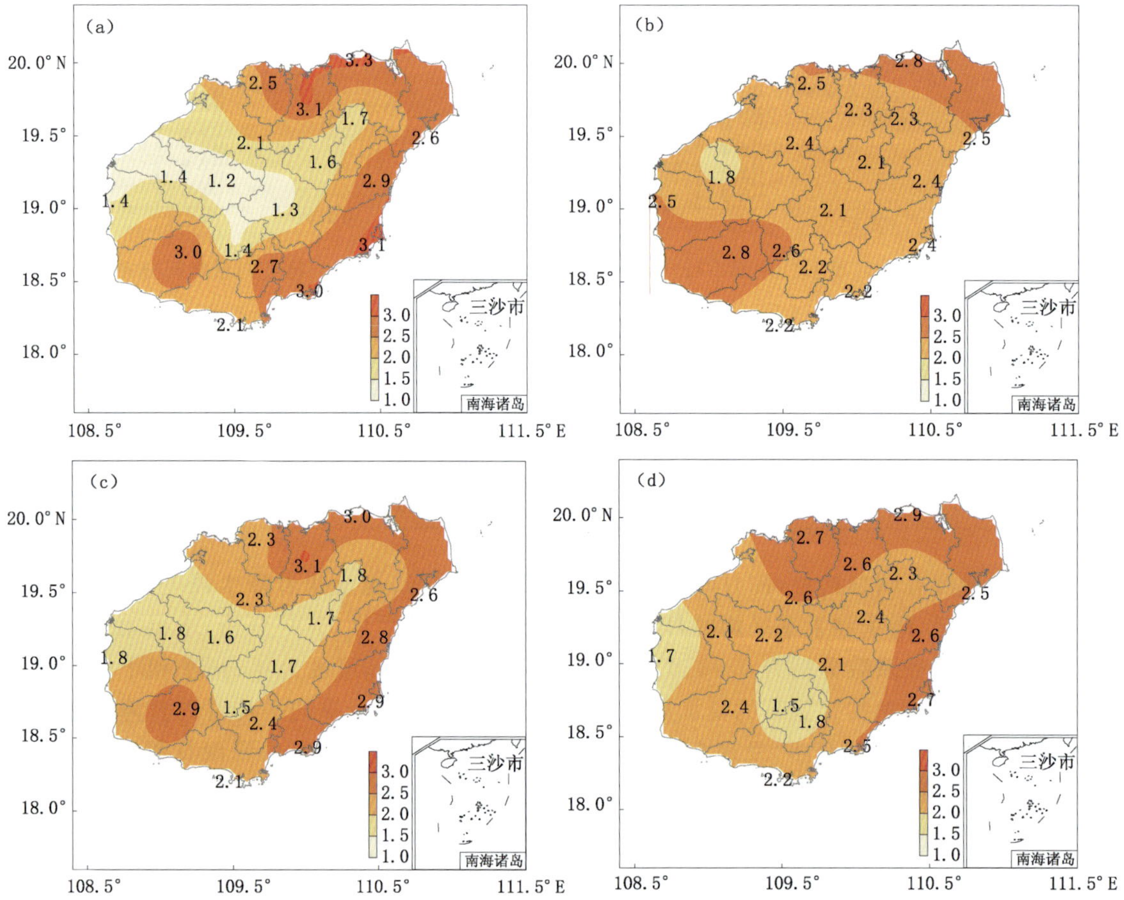

图 6.7 年(a)、旱季(b)、雨季(c)和秋末初冬(d)日照时数 EOF 第一特征向量空间分布

6.1.3.2　日照时数的变化趋势

对年及各季日照时数第一特征向量时间曲线进行分析，发现海南年和各季日照时数均呈不同程度的减少趋势，其中年、雨季和秋末初冬的减少趋势显著，干季仅为弱的减少趋势（表 6.9 和图 6.8）。

表 6.9　海南日照时数 EOF 第一特征向量时间曲线的趋势系数和倾向率(h/10a)

要素	年	干季	雨季	秋末初冬
趋势系数	**−0.54**	−0.16	**−0.45**	**−0.29**
倾向率	**−23.00**	−3.91	**−12.50**	**−4.50**

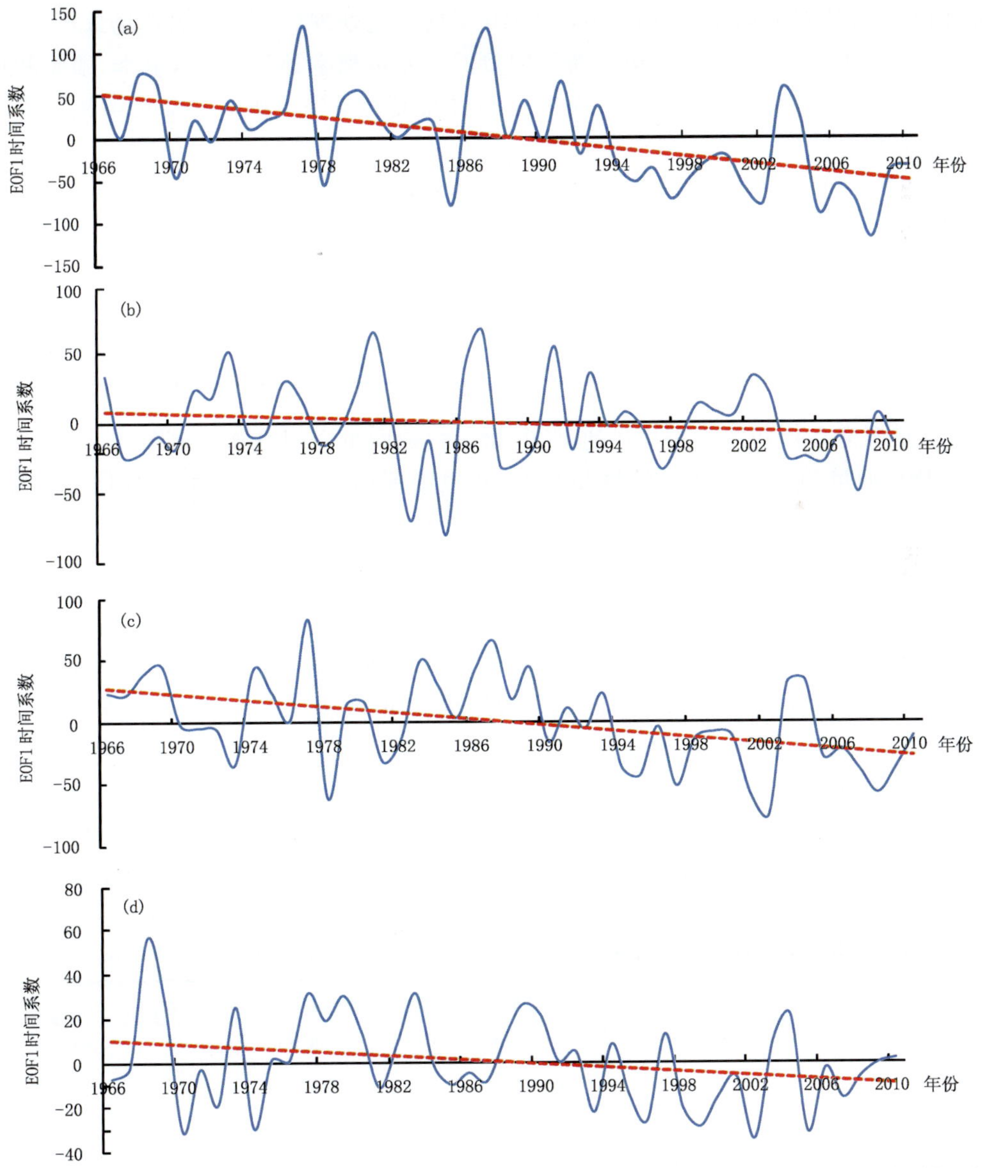

图 6.8　海南岛年(a)、旱季(b)、雨季(c)和秋末初冬(d)日照时数 EOF 第一特征向量对应时间系数（红色虚线为线性变化趋势线，下同）

全岛各地干季日照时数减少的倾向率大约为 4.2～11.2 h/10a。雨季各地日照时数减少大约为 18.7～37.5 h/10a；秋末初冬各地日照时数减少趋势约为 6.8～13.0 h/10a。

6.1.4 平均风速变化规律

6.1.4.1 平均风速变化的空间特征

由于迁站造成观测到的风速变化非常显著，为了更好地分析风速变化的事实，用比值法对迁站的海口、三亚和陵水风速进行初步的均一化处理。具体做法是：在所需均一化站点的周围取 3 个未迁移站点的平均风速序列作为参考序列，求取该站点与参考序列的多年平均(1981—2006)风速的比值，某年迁站后风速值为参考序列中该年值与前述多年平均风速比值的乘积。

利用 EOF 方法对海南 18 个站 1966—2010 年均一化处理后的平均风速场进行正交分解。表 6.10 表明，年平均风速场 EOF 第一特征向量的方差贡献率达到 60%，旱季、雨季和秋末初冬平均风速 EOF 第一特征向量的空间分布一致性也超过 52%，基本可反映年和各季平均风速变化的主要信息。

表 6.10 海南岛年及各季平均平均风速 EOF 第一特征向量的方差贡献率(%)

要素	旱季	雨季	秋冬季节	年
EOF1	55.5	52.7	56.2	60.0
EOF2	14.0	13.9	14.0	14.0
EOF3	7.4	7.5	6.9	6.0

图 6.9 是海南岛年和各季平均风速 EOF 第一特征向量空间分布。由图可见，年平均风速 EOF 第一特征向量的空间分布一致性相对差，并呈中部山区与南北两侧的反向分布结构(图 6.9a)。各季 EOF 第一特征向量的空间分布一致性也相对差，呈中部山区与南北两侧的差异明显、中部山区的空间值较小、东北角和东南角则为高值区的特征(图 6.9b～d)。

6.1.4.2 平均风速的变化趋势

年平均风速 EOF 第一特征向量的时间系数曲线表现为显著的线性减少趋势(表 6.11)。综合第一特征向量的空间分布及其时间系数的分析可知，除琼中外，海南其余各地的年平均风速呈减少趋势，北部和南部的减少速率较中部和西南部更快。大部分地区年平均风速每 10 年减少 0.02～0.35 m/s。

各季平均风速也均呈显著的减少趋势(表 6.11 和图 6.10)。其中干季各地平均风速大约每 10 年减少 0.01～0.46 m/s；雨季每 10 年减少 0.01～0.25 m/s。秋末初冬每 10 年减少 0.05～0.47 m/s。

表 6.11 海南省年及各季平均风速第一特征向量时间曲线的趋势系数和倾向率[(m/s)/10a]

要素	年	干季	雨季	秋末初冬
趋势系数	**−0.89**	**−0.90**	**−0.83**	**−0.83**
倾向率	**−0.08**	**−0.09**	**−0.06**	**−0.10**

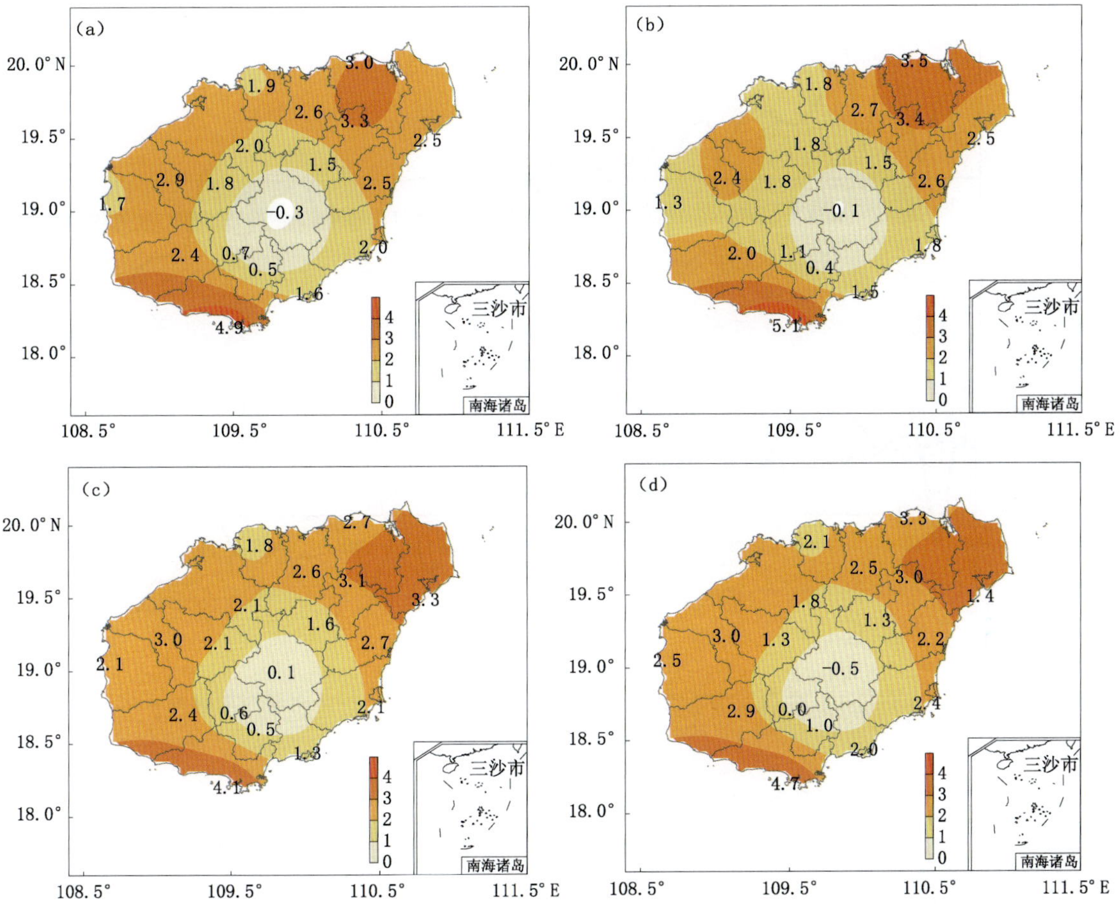

图 6.9　年(a)、旱季(b)、雨季(c)和秋末初冬(d)平均风速 EOF 第一特征向量空间分布

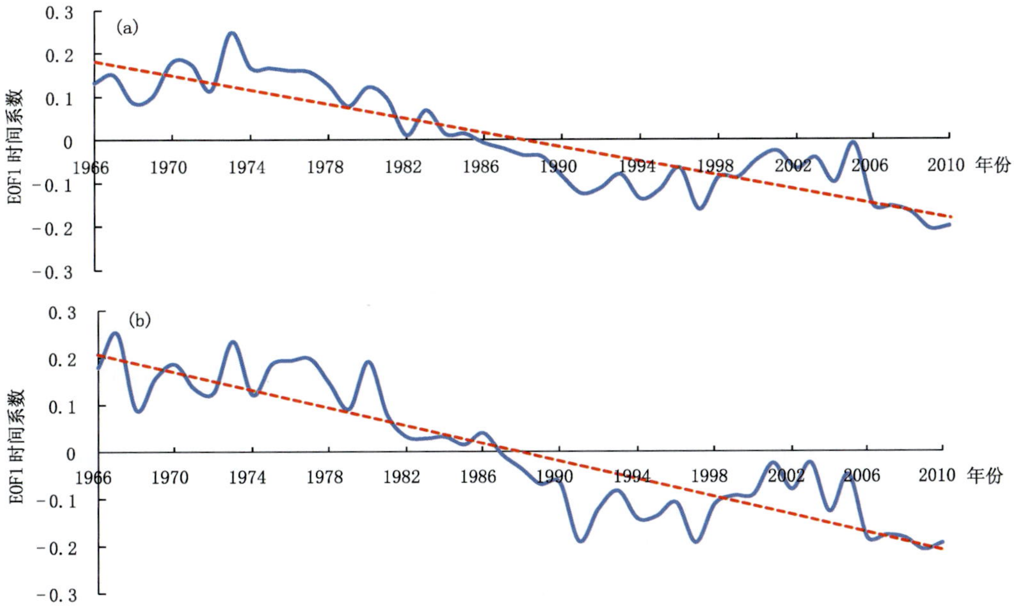

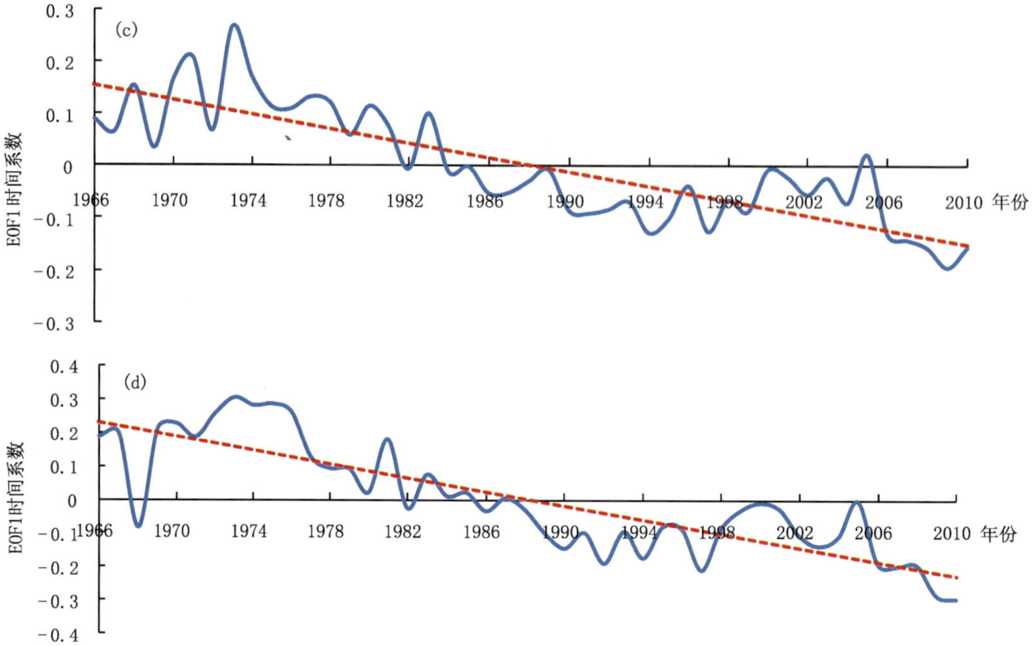

图 6.10 年(a)、旱季(b)、雨季(c)和秋末初冬(d)平均风速 EOF 第一特征向量对应时间系数的变化

6.2 高影响天气气候事件变化

6.2.1 热带气旋变化

影响海南的热带气旋标准按海南省气候业务的规定，凡热带气旋中心进入 15°～23°N、106°～114°E 区域达 2 个观测时次以上，便属于热带气旋影响海南省(图 6.11)。如果热带气旋登陆海南岛，则属于热带气旋登陆海南。根据该标准，统计分析影响和登陆海南的热带气旋气候变化规律。

6.2.1.1 影响热带气旋气候变化

(1) 频数变化

陈小丽(2000)利用 1884—1998 年 115 年影响海南的热带气旋年频数对其若干气候变化特征进行了分析。结果表明一百多年来影响海南的热带气旋年频数具有 43 年、19 年、14 年和 4 年的显著周期，并大致可分为 4 个多台期和 5 个少台期，其中多台期为 1887—1896 年、1909—1912 年、1932—1938 年、1947—1989 年，少台期为 1884—1886 年、1897—1908 年、1913—1931 年、1939—1946 年、1990—1998 年。

利用 1961—2010 年的资料统计分析，发现近 50 年影响海南的热带气旋年频数只有显著的准 3 年周期。热带气旋年频数的变化具有明显的年际和年代际变化：影响最多的年份达到 12 个(1971 年和 1989 年)，最少的年份 0 个(2004 年)。20 世纪 60 年代前中期、70 年代前中期、80 年代中后期基本处于偏多阶段，60 年代后期、70 年代后期至 80 年代前期和 90 年代之后基本处于偏少阶段，特别是 90 年代至今处于明显的偏少阶段。M-K 检验表明，影响海南的

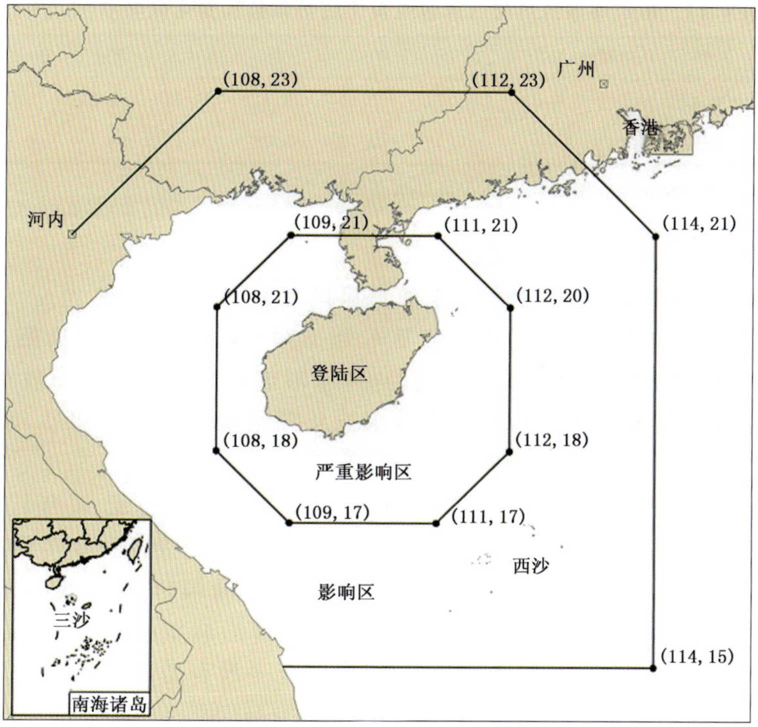

图 6.11　热带气旋影响海南区域

热带气旋年频数在 1996 年前后发生了突变。近 50 年影响海南的热带气旋年频数还呈显著的减少趋势(通过 0.01 的显著性水平检验),大约每 10 年减少 0.7 个(图 6.12)。

从汛期(5—10 月)和非汛期(11 月至翌年 4 月)两个时段看,汛期为热带气旋影响海南的主要时期,其影响年频数也呈显著的减少趋势,大约每 10 年减少 0.7 个,汛期影响海南的热带气旋年频数也在 1996 年前后发生了突变。而非汛期影响海南的热带气旋年频数则为微弱的增多趋势。

表 6.12 给出汛期各月热带气旋频数的变化趋势,各月频数基本为不同程度的减少趋势,其中 5 月、6 月、8 月和 9 月的减少趋势相对强,但未达到显著性检验。非汛期中主要是 4 月和 12 月的热带气旋频数有增多趋势,4 月相对明显,但不显著,11 月则呈现微弱的减少趋势。

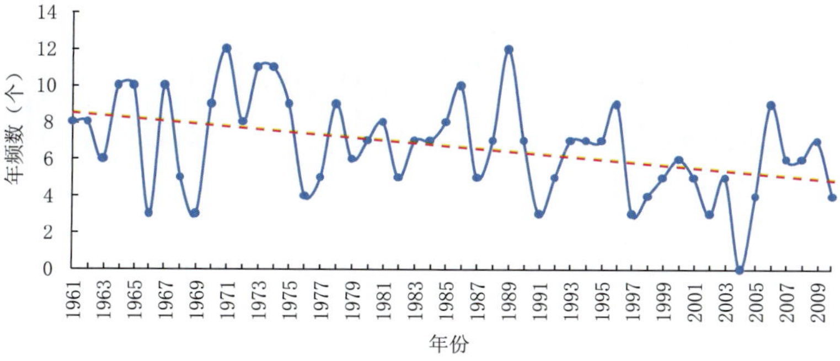

图 6.12　影响海南的热带气旋年频数逐年变化

表 6.12 影响海南的热带气旋线性变化趋势系数和变化倾向率(个/10a)

	年	汛期	非汛期	4月	5月	6月	7月	8月	9月	10月	11月	12月
趋势系数	**−0.39**	**−0.42**	0.07	0.24	−0.27	−0.26	−0.17	−0.22	−0.21	−0.08	−0.10	0.11
倾向率	**−0.71**	**−0.73**	0.04	0.04	−0.11	−0.13	−0.11	−0.16	−0.15	−0.07	−0.04	0.02

注：表中标黑体数字表示变化趋势超过 0.01 的显著性水平检验，下同。

(2) 影响初、终旋日期和活动时间变化

1961 年以来，影响海南的初旋时间具有明显的年代际变化。20 世纪 60 年代前中期、70 年代前中期、80 年代中期至 90 年代前期基本处于偏早阶段，60 年代后期、70 年代后期至 80 年代前期和 90 年代中期之后基本处于偏迟阶段，影响初旋偏早阶段一般对应着影响年频数偏多阶段，影响初旋偏晚阶段则基本对应着影响年频数偏少阶段。1961 年以来，影响初旋总体有延迟的趋势，但不显著(图 6.13)。

与影响初旋时间类似，影响终旋时间也具有年代际变化。20 世纪 60 年代前中期、70 年代前中期和 80 年代和 21 世纪前 10 年中期基本处于偏晚阶段，20 世纪 60 年代后期、70 年代后期、90 年代前期至 21 世纪前 10 年初和后期基本处于偏早阶段，影响终旋偏晚阶段一般对应着影响年频数偏多阶段，影响终旋偏早阶段则基本对应着影响年频数偏少阶段。与影响初旋的变化不同，1961—2010 年的 50 年中，影响终旋时间几乎没有变化趋势(图 6.14)。

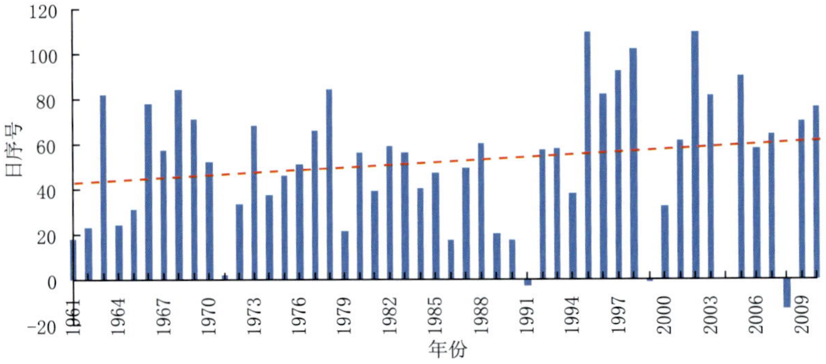

图 6.13 影响海南初旋时间逐年变化(Y 轴为 5 月 1 日起算的日序)

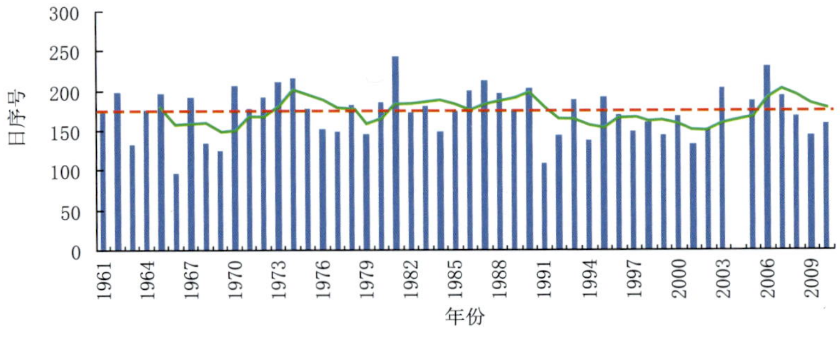

图 6.14 影响海南终旋时间逐年变化(Y 轴为 5 月 1 日起算的日序)

影响海南的热带气旋活动时间多年平均为 122 d，最长的达 204 d。最近 50 年其活动时间有弱的缩短趋势。20 世纪 60 年代前中期、70 年代前中期、80 年代基本处于活动时间偏长时期，而 60 年代后期、70 年代后期和 90 年代之后一般处于活动时间偏短时期。

(3) 热带气旋降水量变化

Wu 等(2007)分析了 1962—2005 年影响海南的热带气旋降水量变化特征，发现热带气旋降水量占海南总降水量的比重较大，达到 28.4%。该时段内热带气旋年降水量的变化与热带气旋年频数变化趋势一致，也呈现出减少趋势，热带气旋年降水量占年总降水量的比重亦表现为减少趋势，但平均单个热带气旋降水量则为弱的增多趋势，反映了单个热带气旋平均降水强度在增强。吴胜安等(2007)研究发现 1962—2004 年期间海南热带气旋降水量具有明显的周期性变化，高频的年际变化周期在 20 世纪 70 年代以前以 3 年为主，80 年代以后以 2 年为主；低频的年际变化周期在 80 年代以前以 8～9 年为主，之后以准 6 年为主；年代际变化则以 17 年的周期为主。

利用 1961—2010 年的资料分析，发现最近 50 年中，影响海南的热带气旋年降水量有微弱的增加趋势，热带气旋年降水量占总雨量的比重仍为弱的下降趋势，而单个热带气旋平均降水量为显著的增多趋势，可见 2005 年之后，海南单个热带气旋年平均降水强度的增强趋势进一步加剧。

6.2.1.2　登陆热带气旋气候变化

(1) 频数变化

1961—2010 年期间登陆海南的热带气旋年频数有弱的减少的趋势，大约每 10 年减少 0.25 个(图 6.15 和表 6.13)。登陆热带气旋最多的年份达到 6 个(1971 年)，最少的年份 0 个(1982 年、1997 年、1999 年和 2004 年)。20 世纪 60 年代前期、70 年代前中期、80 年代中期至 90 年代中期基本处于偏多阶段，其余时段一般处于偏少阶段。登陆热带气旋年频数也在 1997 年前后发生了突变。

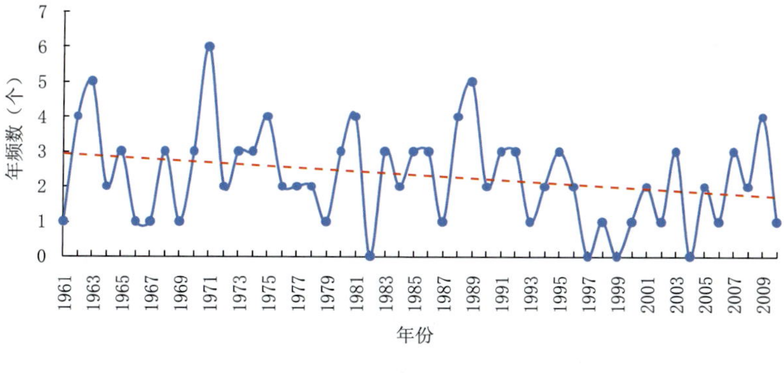

图 6.15　登陆海南热带气旋年频数逐年变化

从汛期和非汛期两个时段分别分析，汛期登陆热带气旋频数呈显著的减少趋势，大约每 10 年减少 0.27 个，而非汛期登陆热带气旋频数则为微弱的增多趋势。可见汛期登陆热带气旋的减少使全年登陆热带气旋减少。与影响和登陆热带气旋年频数的突变时间相比，汛期登陆热带气旋年频数的突变时间略有推迟，在 1999 年前后发生突变，非汛期登陆热带气旋频数无突变发生。

从各月的情况看，汛期 6 月和 8 月登陆热带气旋频数有显著的减少趋势，5 月和 9 月有弱的减少趋势，7 月和 10 月则有弱的增加趋势。非汛期各月登陆热带气旋频数均有弱的增多趋势，其中 4 月和 12 月相对明显(表 6.13)。吴慧等(2010)利用 1949—2005 年的资料，从登陆热带气旋的生成源地分析造成登陆海南热带气旋年频数减少的原因，发现这主要归功于南海生成并登陆海南的热带气旋年频数减少，由西北太平洋生成并登陆海南的热带气旋年频数减少趋势微弱。利用1961—2010年的资料分析，结果略有不同，相似之处在于两个源地登陆海南的热带气旋年频数均有减少趋势，但均不显著，而由于2005年之后南海登陆热带气旋进入一个相对偏多时期而西北太平洋登陆热带气旋进入一个相对偏少时期，从而导致了近50年中西北太平洋登陆热带气旋的减少趋势比南海登陆热带气旋的减少趋势相对明显。

表 6.13 登陆海南的热带气旋线性变化趋势系数和变化倾向率(个/10a)

	年	汛期	非汛期	4月	5月	6月	7月	8月	9月	10月	11月
趋势系数	−0.26	**−0.27**	0.09	0.20	−0.18	**−0.34**	0.14	**−0.38**	−0.01	0.02	−0.03
倾向率	−0.25	**−0.29**	0.03	0.03	−0.05	**−0.10**	0.06	**−0.18**	−0.01	0.01	−0.01

(2) 登陆强度变化

登陆热带气旋强度变化分别从热带气旋登陆海南时的平均强度和极端强度两方面分析。平均强度用一年中所有登陆热带气旋登陆时中心最低气压的算术平均值表示，极端强度用一年中所有登陆热带气旋登陆时中心最低气压的最低值表示。

登陆海南的热带气旋平均登陆强度多年平均值为985 hPa，登陆时极端最低强度为925 hPa(1973年)(图6.16)。1961年以来的50年中，登陆海南的热带气旋平均强度总体有增强趋势，这主要是由于南海登陆热带气旋平均强度增强所致，西北太平洋登陆热带气旋平均强度反而有减弱趋势。从不同等级登陆热带气旋年频数分析，南海登陆热带气旋中，主要是登陆的热带低压年频数的显著减少起到重要的作用，而登陆热带风暴年频数的弱增加也起了一定程度作用。西北太平洋登陆热带气旋平均强度的减弱主要归功于其登陆台风的显著减少，其他等级登陆热带气旋年频数无显著变化趋势。

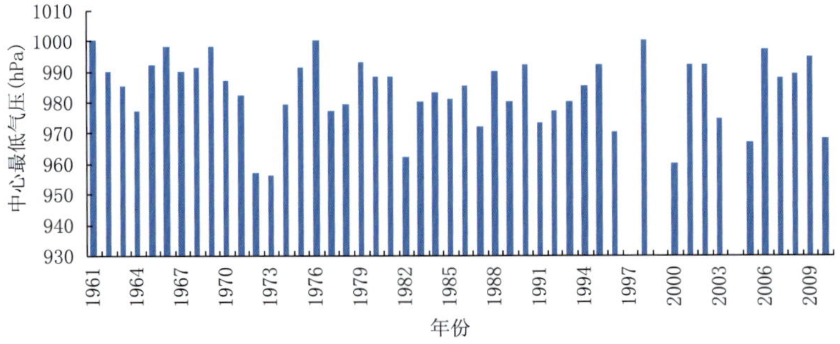

图 6.16 登陆海南的热带气旋登陆时平均中心最低气压逐年变化

(3) 登陆地点变化

登陆海南的热带气旋登陆点基本集中在海南的北、东、南部沿海，平均登陆纬度在18.7°N，大约在东部的万宁一带(图6.17)。1961—2010年，海南登陆热带气旋的登陆地点有南移趋势，20世纪80年代中期以前登陆点基本在万宁以北地区，在东部沿海的文昌和琼海登陆的热带气旋最多，约占该时期登陆总数的53%，在南部三亚登陆的仅占17%，80年代中期之后，大部分热带气旋在万宁及其以南地区登陆，1985—2010年在三亚登陆的热带气旋达

14 个，约占该时期登陆总数的 27%。

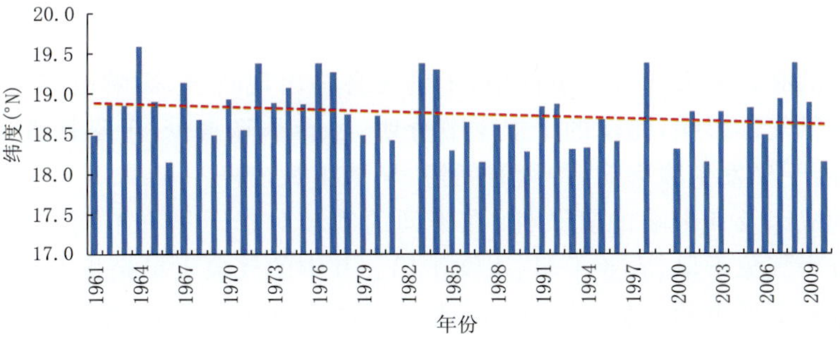

图 6.17　登陆海南的热带气旋平均登陆纬度逐年变化

（4）登陆活动时间变化和登陆维持时间变化

登陆海南的热带气旋平均活动时间为 64.6 d，最多年份达到 174 d。初旋登陆海南的平均时间在 7 月 9 日，终旋登陆海南的平均时间在 9 月 17 日。20 世纪 60 年代后期、70 年代后期、90 年代中期至 21 世纪前 10 年中期登陆海南的热带气旋活动时间基本处于偏短时期，其余时间一般处于偏长阶段。最近 50 年登陆海南的热带气旋活动时间有弱的缩短趋势。

类似地，1961 年以来登陆海南的热带气旋年平均登陆维持时间和年最长登陆时间也有弱的缩短趋势，其年际和年代际变化也非常明显。登陆热带气旋穿越海南岛的年平均时间为 9.3 h，7623 号（序号）南海登陆海南的热带气旋穿越时间长达 57 h，为海南有记录以来登陆穿越时间最长的一个热带气旋。20 世纪 60 年代至 70 年代前期、80 年代至 90 年代和 21 世纪前 10 年后期基本为穿越时间偏短时期，20 世纪 70 年代中后期和 21 世纪前 10 年前中期基本为穿越时间偏长时期。20 世纪末至 21 世纪头 5 年为平均穿越时间波动最为剧烈的时期。

（5）登陆热带气旋降水量变化

1962—2010 年，海南登陆热带气旋降水量呈现减少的变化趋势，但不显著（图 6.18）。其中登陆热带低压的降水量有减少趋势，登陆热带风暴和强热带风暴降水量有增加趋势，登陆台风及台风以上级别降水量为减少趋势。也就是说，不同等级登陆热带气旋降水量的变化趋势基本与该等级登陆热带气旋年频数的变化趋势相同。

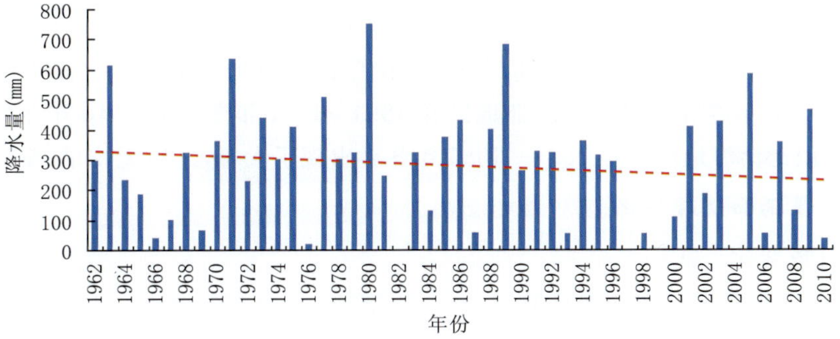

图 6.18　登陆海南的热带气旋降水量的逐年变化

6.2.2 其他高影响天气气候事件变化

6.2.2.1 干旱变化

在影响海南的高影响天气气候事件中，干旱灾害是出现较多、影响范围最广、持续时间最长的事件。受季风气候影响，海南的干湿季节分明，冬春季降水少，干旱持续时间长、范围大，夏秋季雨量充沛，干旱发生频率低、持续时间短，旱情相对较轻。

由于干旱的成因及其影响的复杂性，在不同的领域对于干旱有不同的定义。IPCC 报告(2007)把干旱分为气象干旱、农业干旱、水文干旱。其中的气象干旱是指在相对广阔的地区长期无降水或降水异常偏少的气候背景下，降水与蒸散收支不平衡造成的异常水分短缺现象。不少学者对气象干旱进行了大量的研究，并定义了一些干旱指数用于表征干旱的变化程度。目前用得比较多的主要有降水距平百分率、*Z* 指数、Palmer 干旱指标(PDSI)、标准化降水指标(*SPI*)和气象干旱综合指数(*CI*)。李伟光等(2009)研究发现，利用 6～12 个月尺度的 *SPI* 指数来监测海南干季(11 月至翌年 4 月)的干旱效果比较理想。因此，这里利用 12 个月尺度的 SPI 指数来分析海南干季干旱事件的气候变化。干旱等级标准参考 GB/T 20481—2006《气象干旱等级》(表 6.14)。

表 6.14 标准化降水指标(*SPI*)等级分类表

等级	类型	*SPI* 值
1	无旱	$-0.5<SPI$
2	轻旱	$-1.0<SPI\leqslant-0.5$
3	中旱	$-1.5<SPI\leqslant-1.0$
4	重旱	$-2.0<SPI\leqslant-1.5$
5	特旱	$SPI\leqslant-2.0$

图 6.19a～e 为 1961—2010 年海南北部、东部、中部、西部和南部各代表站干季 *SPI* 指数变化。从中可以看出，最近 50 年，海南各地干季的干旱有不同程度的减缓趋势。其中干旱严重地区之一的南部沿海地区(三亚)的减缓趋势显著，其余地区为微弱的减缓趋势。这种变化主要得益于近 50 年三亚干季降水量的显著增加和其他地区干季降水量的微弱增加。

各地干季干旱的年代际变化不尽相同。其中北、东、中部地区干旱变化较为一致。20 世纪 90 年代之前，大部分地区重旱或特旱年一般出现在各年代后期(1969—1970 年冬春、1977—1978 年冬春、1987—1988 年冬春)；北、东、中部地区 90 年代无重、特旱发生，进入 21 世纪前 10 年则在中期(2004—2005 年冬春)出现特旱；西部地区在 1993—1994 年冬春和 2010 年冬季分别出现了特旱和重旱，而南部沿海地区则在 1984—1985 年冬春出现了大旱，之后无特旱、重旱发生。

6.2.2.2 暴雨和洪涝变化

(1)暴雨日数变化

1961 年以来，海南年平均暴雨日数以每 10 年增加 0.6 d 的速率显著增多。年暴雨日数在 20 世纪 60 年代前期至 70 年代初、80 年代前中期、90 年代前期、21 世纪前 10 年中期处于偏少阶段，在 80 年代后期、90 年代中期、21 世纪前 10 年前期和后期处于偏多阶段(图 6.20)。

海南一年四季均有暴雨发生，汛期暴雨日数占年总暴雨日数的 88%。从各月暴雨的变化

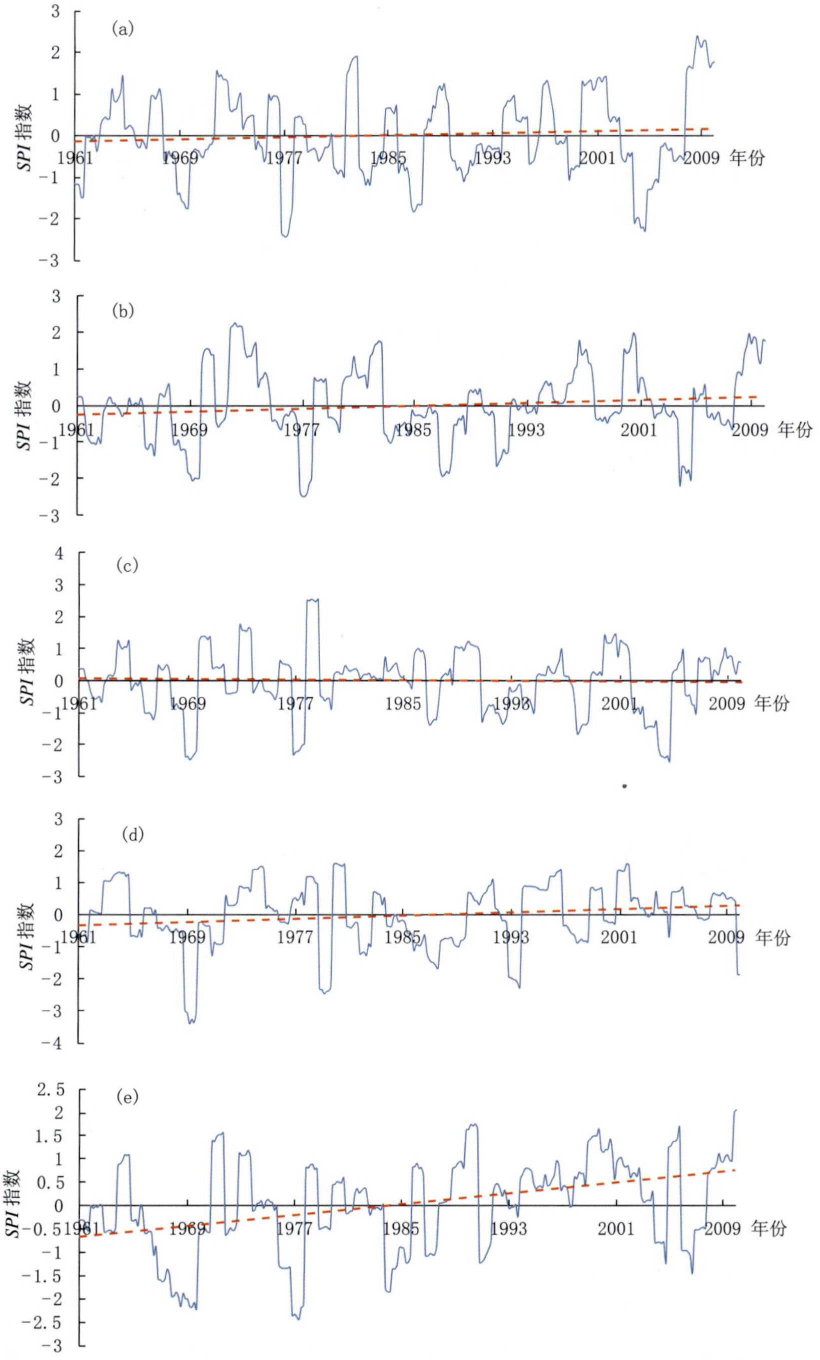

图 6.19　海口(a)、琼海(b)、琼中(c)、东方(d)和三亚(e)干季 *SPI* 指数逐年变化

趋势分析，汛期各月中除了 6 月暴雨日数有弱的减少趋势外，其余各月均有不同程度的增多趋势，其中 10 月的增多趋势显著。干季各月中，1—3 月和 12 月有弱的增加趋势，其中 12 月增加趋势相对明显，而 4 月和 11 月为弱的减少趋势。可见年暴雨日数的增加主要是由于汛期大部分月份暴雨日数的增加所引起。

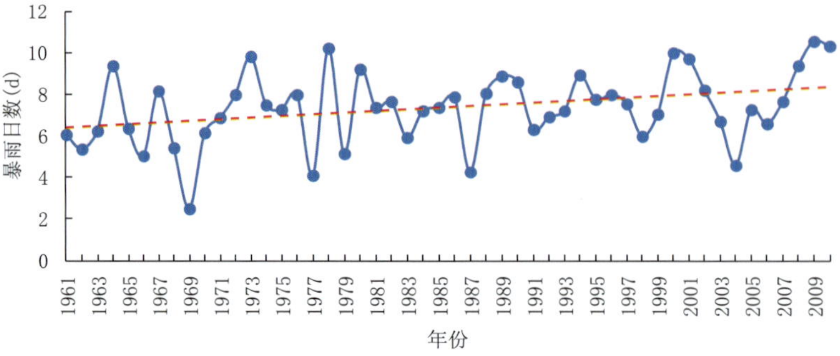

图 6.20　海南年平均暴雨日数逐年变化

(2)年最大日降水量变化

年最大日降水量可以从一个侧面反映降水的极端强度。分析 1961—2010 年海南各地年最大日降水量的变化,发现除了万宁和白沙外,其余地区基本有不同程度的增强趋势,其中东部沿海的文昌、琼海和南部的保亭的增强趋势显著。图 6.21 为文昌年最大日降水量逐年变化。这也说明了近 50 年海南极端降水强度增强了。

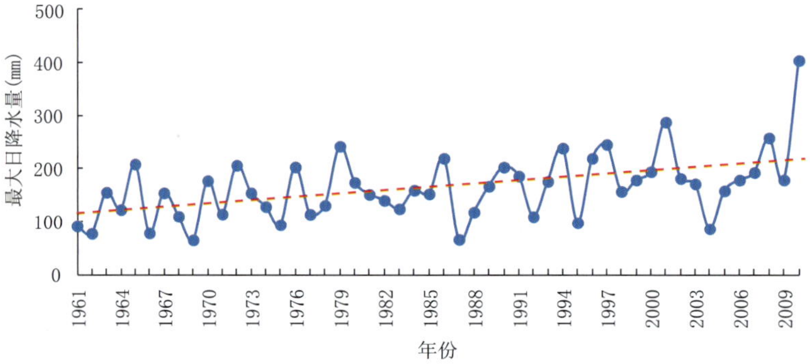

图 6.21　文昌年最大日降水量逐年变化

(3)区域持续性暴雨变化

区域持续性暴雨的定义没有统一标准。为使所选的个例样本适中便于研究海南持续性暴雨的气候变化规律,也利于与我国其他地方的情况做一个比较,参考鲍名(2007)的研究,定义在海南区域范围内,相同时间上至少有 4 个测站满足连续 3 日总降水量≥100 mm,且每日该区域内至少有 4 个测站日降水量≥25 mm 为一次海南区域持续性暴雨过程。

根据以上标准统计分析发现,1961—2010 年海南全年区域持续性暴雨频次具有明显的年际和年代际变化。其多年平均的区域持续性暴雨为 2.4 次;最少的年份发生次数为 0,大部分年份出现在 20 世纪 60 年代和 70 年代初;最多的年份有 5 次,分别出现在 1978 年、1994 年、1996 年和 2009 年。从累积距平曲线看,海南全年区域持续性暴雨频次大致可分为 4 个偏多和偏少的交替阶段:即 60 年代至 70 年代中期的偏少阶段、70 年代后期至 80 年代初的偏多阶段、80 年代前中期的偏少阶段和 80 年后期以来的偏多阶段。线性倾向估计表明,近 50 年全省区域持续性暴雨有显著的增加趋势,大约每 10 年增加 0.27 次。最大熵谱分析表明,全年区域持续性暴雨具有 2.2 年的显著周期。

从分月看，5—11 月均有区域持续性暴雨发生，但各月区域持续性暴雨发生次数具有不同的年代际变化，其变化趋势则以增多为主要趋势，其中 6 月、9 月和 11 月变化趋势微弱，5 月、7 月和 8 月有弱的增多趋势，10 月增多趋势显著。各月区域持续性暴雨的周期振荡也有所不同，其中 5—6 月和 9—11 月区域持续性暴雨均具有共同的准 2～3 年的显著周期，6—7 月还存在 5～7 年的显著周期，5 月、8 月、9 月和 11 月还具有 10 年以上的显著长周期。

近 50 年海南区域持续性暴雨年平均持续时间有延长趋势，但不显著。区域持续性暴雨的平均持续时间变化大致可分为 4 个阶段，即 20 世纪 60 年代前期至 70 年代前期、80 年代中期为持续时间偏短的阶段，而 70 年代中期至 80 年代前期和 80 年代后期以后为持续时间偏长的阶段。这与区域持续性暴雨年频次的年代际变化有较好的对应。

近 50 年海南区域持续性暴雨最长持续时间也有弱的增长趋势。其时间变化大致也可分为 4 个阶段。其中前两个阶段变化与平均持续时间基本一致，所不同的是，区域持续性暴雨最长持续时间从 20 世纪 80 年代中期开始进入偏短阶段后持续至 90 年代前期才结束，然后在 90 年代中期以后再转为偏长阶段。

值得关注的是，虽然各月中大部分月份区域持续性暴雨的平均持续时间和最长持续时间的变化趋势较弱，但 10 月份的增长趋势均非常显著，其平均持续时间在最近的 50 年中大约延长了 3 d。

(4) 洪涝趋势变化

一些研究表明(鞠笑生等，1997；袁文平和周广胜，2004；吴慧和邢旭煌，2004)，采用正态化 Z 指数来定义汛期旱涝等级，也可以较好地描述旱涝发生规律。这里利用正态化 Z 指数确定海南汛期和汛期各月单站的旱涝等级，并在单站的基础上定义区域旱涝指数，再研究其变化规律。

正态化 Z 指数是假设降水量服从皮尔逊Ⅲ型分布，通过对逐月降水量标准化处理后，将其概率密度函数转变为以 Z 为新变量的标准化正态分布，根据计算得到的 Z 值进行分级判断，以确定旱涝等级。Z 指数的计算公式为：

$$Z_i = \frac{6}{C_s}\left(\frac{C_s}{2}y_i + 1\right)^{1/3} - \frac{6}{C_s} + \frac{C_s}{6} \tag{6.1}$$

式中，偏态系数 $C_s = \sum_{j=1}^{35}(x_j - \bar{x})^3/n\sigma^3$，标准化距平序列 $Y_i = \frac{x_i - \bar{x}}{\sigma}$，$x_i$ 为降水量，$\bar{x}$ 为平均值，σ 为均方差。表 6.15 为根据式(6.1)得到的单站旱涝等级划分标准。

表 6.15　单站旱涝等级划分表

等级	类型	Z 值
7	特 涝	$1.645<Z$
6	重 涝	$1.037<Z\leqslant1.645$
5	偏 涝	$0.642<Z\leqslant1.037$
4	正 常	$-0.642\leqslant Z\leqslant0.642$
3	偏 旱	$-1.037\leqslant Z<-0.642$
2	重 旱	$-1.645\leqslant Z<-1.037$
1	特 旱	$Z<-1.645$

在单站旱涝等级标准的基础上根据区域干旱指标 L 和区域雨涝指标 I 定义区域旱涝等级。

区域干旱指标 L 和区域雨涝指标 I 的计算公式为：

$$L = \frac{2n_1 + n_2 + n_3}{n} \times 100\% \qquad (6.2)$$

$$I = \frac{2n_7 + n_6 + n_5}{n} \times 100\% \qquad (6.3)$$

式中，n_i 为区域内 Z 指数为 i 等级的站数，n 为总站数。

区域旱涝等级标准如表 6.16 所示。

将区域旱涝等级为 1、2 级的月份作为区域严重干旱月，6、7 级的月份作为区域重涝月。这样得到海南汛期 5—10 月各月区域旱涝指数序列(图 6.22 和图 6.23a～f)。

表 6.16　区域旱涝等级划分表

等　级	类　型	($L-I$)值
7	特 涝	$L-I<-75$
6	重 涝	$-50>L-I\geqslant-75$
5	偏 涝	$-20>L-I\geqslant-50$
4	正 常	$20\geqslant L-I\geqslant-20$
3	偏 旱	$50\geqslant L-I>20$
2	重 旱	$75\geqslant L-I>50$
1	特 旱	$L-I>75$

从整个汛期(5—10 月)旱涝指数分析，在过去的 45 年中，海南洪涝趋势总体趋于增强而干旱趋势趋于减弱，并且这种趋势达到显著(图 6.22)。表现在重旱和特旱年有所减少而重涝和特涝年有所增多：20 世纪 60 年代后期有 3 个重旱和特旱年，之后各年代分别有 2 个、1 个、0 个和 2 个重旱或特旱年；60 年代无重涝或特涝年，之后各年代分别由 2 个、1 个、1 个和 5 个重涝或特涝年，特别是 21 世纪前 10 年的最后 3 年连续为特涝年。汛期旱涝指数在 1966—1971 年、1984—1988 年、2003—2007 年基本处于指数偏低(偏旱阶段)，1972—1983 年、1989—2002 年、2008—2010 年则处于指数偏高(偏涝阶段)。

而从汛期各月来看，除了 6 月干旱程度有增强趋势外，其余月份洪涝趋势也有不同程度的增强，且表现出各自不同的年际和年代际振荡(图 6.23a～f)。

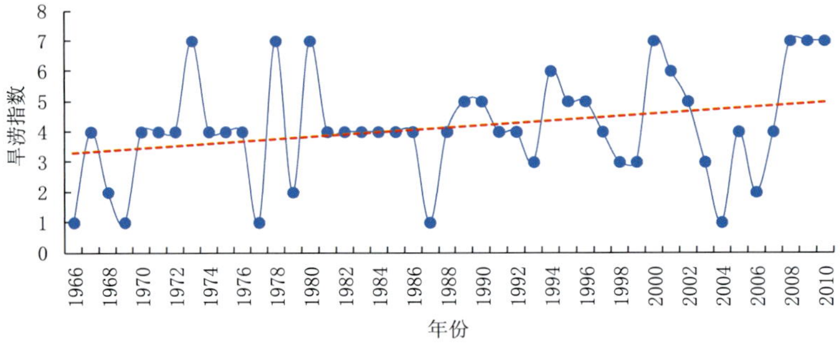

图 6.22　海南汛期(5—10 月)旱涝指数逐年变化

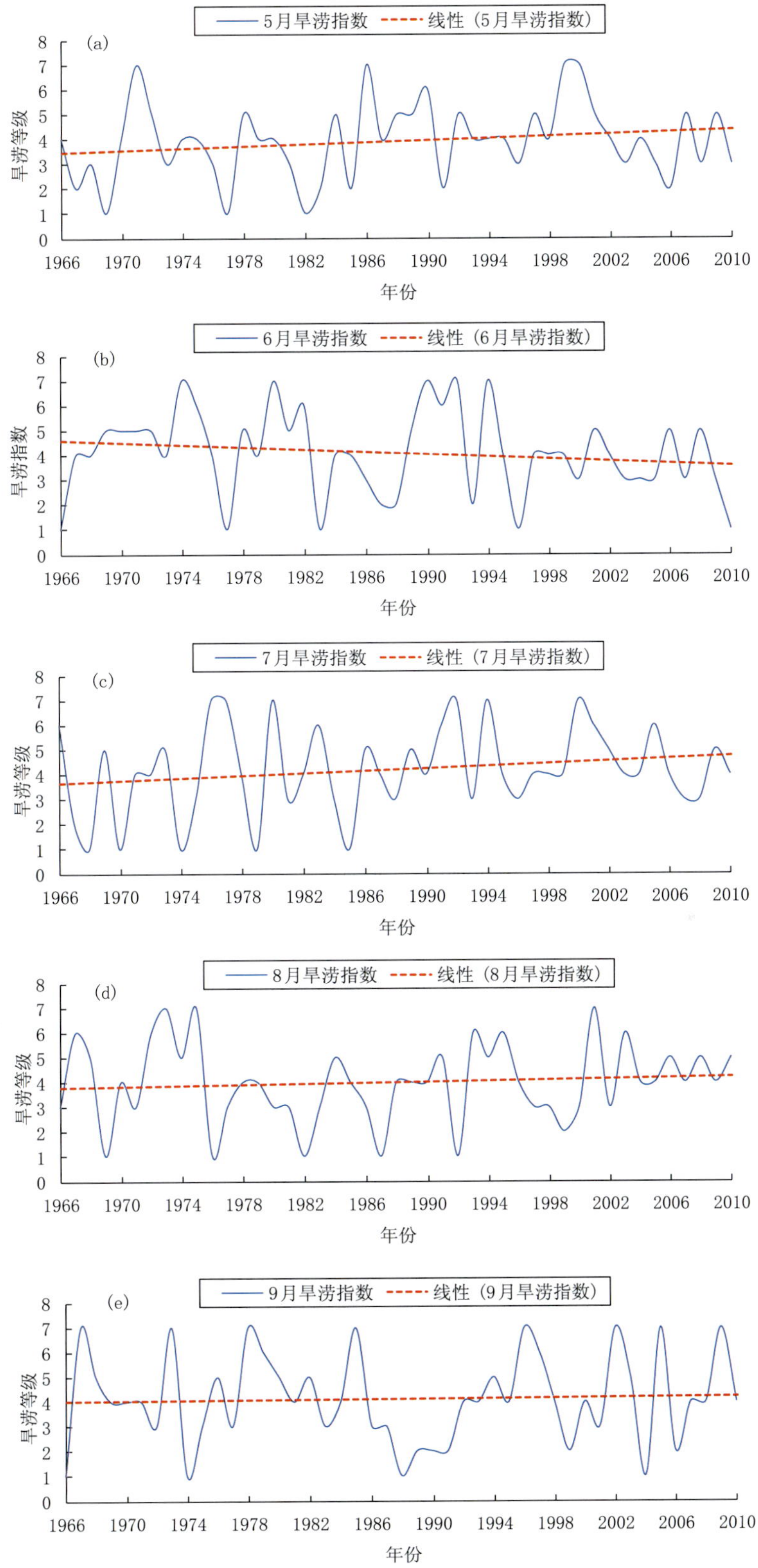

5月旱涝指数
线性（5月旱涝指数）
(a)
旱涝等级
年份
6月旱涝指数
线性（6月旱涝指数）
(b)
旱涝指数
年份
7月旱涝指数
线性（7月旱涝指数）
(c)
旱涝等级
年份
8月旱涝指数
线性（8月旱涝指数）
(d)
旱涝等级
年份
9月旱涝指数
线性（9月旱涝指数）
(e)
旱涝等级
年份

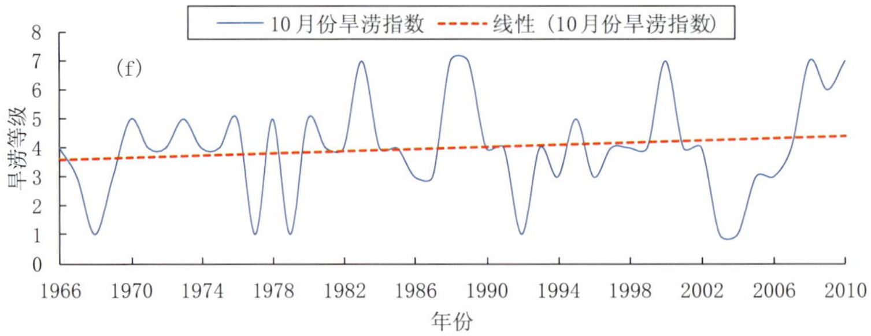

图 6.23　海南汛期各月旱涝指数逐年变化

6.2.2.3　雷暴变化

海南各地雷暴日数具有较好的空间一致性(黄彦彬等,2009),因此,利用全省 18 个气象观测站历年雷暴日数资料求平均获取全省年平均雷暴日数,利用线性倾向估计法计算其变化趋势。计算结果表明,1961—2010 年,全省年平均雷暴日数下降趋势极其显著(图 6.24),大约每 10 年减少 7.8 d,并通过 0.01 的显著性水平检验。年平均雷暴日数大约在 1989 年前后发生突变。

海南各月均有雷暴发生,年雷暴日数的这种减少主要是由于雷暴发生的主要月份 4—9 月各月的雷暴日数均显著减少造成,与 1 月、3 月、10 月和 11 月为弱的减少趋势也有一定关系,2 月和 12 月则为弱的增多趋势。除了 5 月雷暴日数在 2001 年前后发生突变外,4—9 月中的其余各月雷暴日数基本在 20 世纪 80 年代发生突变。

郭冬艳等(2008)比较了多雷暴年和少雷暴年 500 hPa 位势高度场的差异,发现多雷暴年西太平洋副热带高压脊撤出南海,且孟加拉湾有深槽,海南地区由槽前西南风控制,强大的西南季风气流控制了南海大部分地区,暖湿的西南气流与撤出南海地区的副高南侧偏东气流交汇,容易形成南海夏季风槽,有利于大范围深对流出现(潘静和李崇银,2006);而少雷暴年副高较强,位置偏西,海南地区受高压脊控制,下沉气流盛行,不利于雷暴天气发生。1966—2005 年的 40 年中,海南地区大气稳定性减弱,从局地对流的角度看,这有利于雷暴天气的发生,但实际上近 40 年来海南雷暴呈减少趋势,这可能是大尺度环流背景对海南雷暴活动的影响起主导作用,局地对流等中小尺度条件起相辅作用。

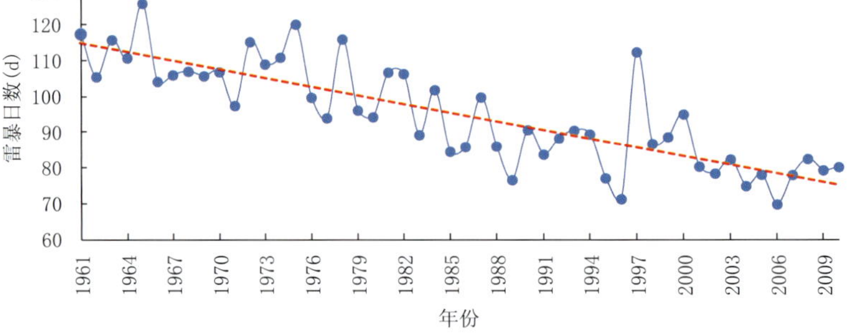

图 6.24　海南年平均雷暴日数逐年变化

6.2.2.4　高温变化

利用海南 18 个气象观测站 1961—2010 年的高温日数统计资料,分析其变化趋势发现,海南年平均高温日数呈现非常显著的增多趋势，大约每 10 年增加 3.2 d，超过 0.01 的显著性水平检验(图 6.25)。年平均高温日数大约在 1987 年前后发生突变。

1961 年以来的 50 年中，海南的高温日只在冬季 12 月没有出现过，其余月份均存在，其中 5—9 月为集中月份。高温日数的增多趋势在 2—11 月均有不同程度体现，其中 2 月、4 月、6 月、7 月和 9 月均有显著的增加趋势，3 月、5 月、8 月、10 月、11 月有弱的增加趋势。与年平均高温日数一致，6 月的高温日数也在 1987 年前后发生突变，而 4 月则提前在 1976 年前后发生突变，7 月延迟至 1996 年前后发生突变。其余月份高温日数无突变发生。

张永领等(2005)利用海南 15 个气象观测站 1961—2001 年的高温日数资料研究发现，南海中部海域是影响同期海南 35℃以上高温天气的关键海域。高温日数偏多年，欧亚地区中高纬度有阻塞高压存在，西风槽南压，西太平洋副热带高压位置长期偏南、偏西，海南地区长期受副高控制，高温日数易偏多。

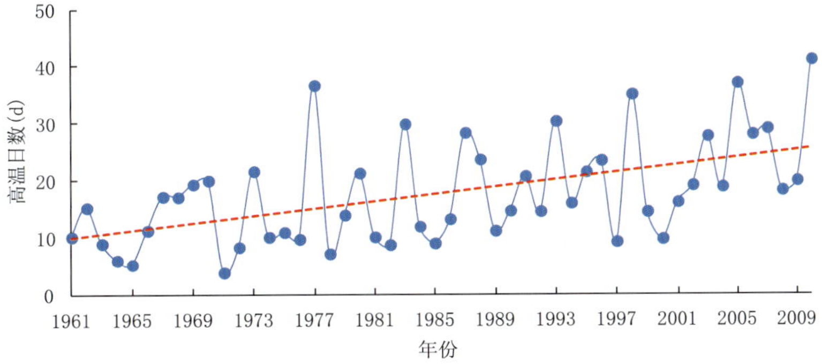

图 6.25　海南年平均高温日数逐年变化

6.2.2.5　低温阴雨变化

1961—2010 年，随着海南冬季气候变暖，低温阴雨年频数呈现减少趋势，但不显著。从图 6.26 中可看出，20 世纪 80 年代中期以来，大部分年份低温阴雨年频数仅 1～2 次，最多的年份有 3 次，而在此之前，多数年份低温阴雨年频数 2～5 次，有 38%的年份在 3 次以上，有 3 年达 5 次之多。

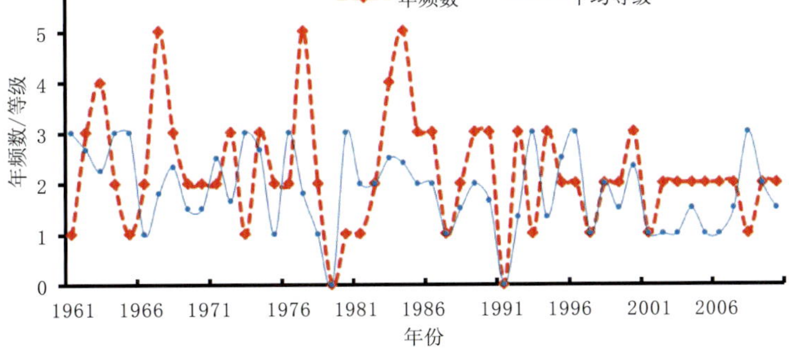

图 6.26　海南低温阴雨年频数和平均等级逐年变化

以等级 1～3 分别代表低温阴雨的轻度、中度和重度影响，在相应的 50 年中，低温阴雨的年平均强度有显著的减弱趋势。与年频数的变化相似，20 世纪 80 年代中期以前年平均强度偏重，大部分年份达中到重度的等级，之后年平均强度偏轻，大约 70% 的年份年平均强度为轻度等级。进一步分析不同等级低温阴雨年频数变化，发现近 50 年重度低温阴雨过程有显著减少趋势，中度低温阴雨过程有弱的减少趋势，轻度低温阴雨过程则有弱的增加趋势。

需要指出，虽然近 50 年海南低温阴雨年频数和年平均强度均有减少和减轻的趋势，但近年个别年份低温阴雨灾害却异常严重。如 2008 年 1 月下旬至 2 月中旬，重度低温阴雨天气过程持续时间长达 24 d，波及海南岛 83% 的地区，低温和寡照特别是寡照天气对农业和水产养殖业造成约 10 亿元的直接经济损失，成为 1951 年以来低温冷害经济损失最惨重的一年（朱乃海等，2008）。

6.2.2.6 雾变化

海南各地雾日数也具有较好的空间一致性（张春花等，2010）。利用全省 18 个气象观测站历年雾资料求平均作为全省年平均雾日数，发现最近 50 年中，全省年平均雾日数也呈现极其显著的下降趋势（图 6.27），大约每 10 年减少 3.4 d，通过 0.01 的显著性水平检验。年平均雾日数大约在 1987 年前后发生突变。

雾日数的减少在大部分月份中也非常显著，除了 2 月、4 月和 10 月减少趋势不显著外，其他月份均通过 0.05、甚至 0.001 的显著性水平检验（表 6.17）。各月雾日数发生突变的时间不太一致，但主要集中在 20 世纪 80—90 年代。其中 6 月和 8 月在 80 年代初前后发生突变，5 月、7 月、11 月和 12 月在 80 年代中后期发生突变，1 月、3 月和 9 月在 90 年代前中期发生突变。

张春花等（2010）研究认为，最低气温升高是引起海南年雾日数减少的主要原因，并与相对湿度的减少相一致。年雾日数偏多和偏少年，大气环流具有明显差异：显著偏多年 850 hPa 大陆高压偏弱，有利于海南陆地雾的生成，500 hPa 西太平洋副热带高压偏弱，范围偏小，有利于西风槽向东移动，引导低层大陆高压东移减弱，从而有利于雾的形成，偏少年则相反。

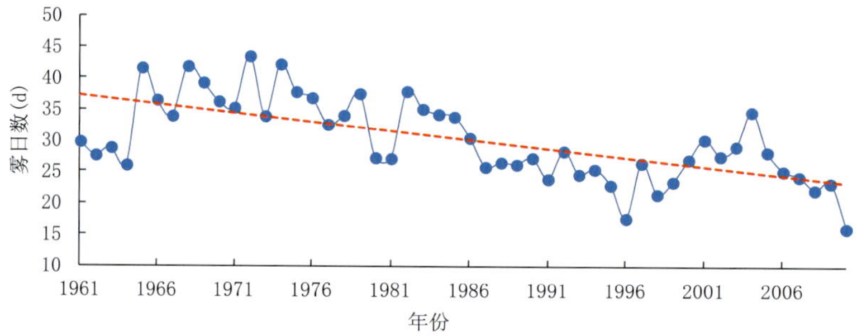

图 6.27 海南年平均雾日逐年变化

表 6.17 海南雾日数变化趋势系数和变化倾向率(d/10a)

	年	1月	2月	3月	4月	5月	6月	7月	8月	9月	10月	11月	12月
趋势系数	**−0.64**	**−0.31**	−0.17	**−0.37**	−0.26	**−0.28**	**−0.49**	**−0.54**	**−0.39**	**−0.43**	−0.19	**−0.36**	**−0.44**
倾向率	**−2.85**	**−0.27**	−0.14	**−0.27**	−0.16	**−0.15**	**−0.22**	**−0.23**	**−0.20**	**−0.32**	−0.15	**−0.26**	**−0.49**

6.2.3　厄尔尼诺事件对海南气候的影响

厄尔尼诺事件是指赤道中东太平洋海温异常持续偏暖的一种现象。厄尔尼诺是引起全球气候异常的重要因子之一。研究发现，厄尔尼诺对赤道太平洋沿岸地区的气候具有直接影响，对其他地区也有不同程度的间接影响。厄尔尼诺现象发生后，我国常常出现暖冬，东北地区容易发生冷夏；我国夏季主要雨带位置偏南，长江中下游地区易发生洪涝，黄河和华北地区易干旱少雨；影响和登陆我国东南沿海地区的台风数量比常年减少，拉尼娜现象对气候的影响与厄尔尼诺大致相反，但其影响程度弱于厄尔尼诺（翟盘茂等，2003）。研究还发现，厄尔尼诺对我国气候造成的影响也因其爆发的时间、发展阶段和类型不同而有所不同（刘永强和丁一汇，1992；许武成等，2005；陈奕德等，2005）。一些学者还注意到厄尔尼诺对我国区域气候的影响还具有年代际变化特征（琚建华和陈琳玲，2003；游泳等，2005；高辉和王永光，2007），高辉和王永光（2007）特别指出，20世纪80年代以后，ENSO对我国淮河流域降水和梅雨开始早晚的预测意义减弱。厄尔尼诺事件对海南气候也有重要影响。

6.2.3.1　厄尔尼诺事件对海南四季气候的影响

吴慧等（2009）利用1951—2005年的NINO3区四个季节海表温度指数资料和相应时段海南平均气温、降水量、影响和登陆海南的热带气旋资料进行了相关分析，表明ENSO对海南各季节气候具有显著影响。其对不同气候要素、不同季节影响的持续性和影响程度均有所不同，这种影响具有瞬时影响和滞后影响，但以滞后影响为主，说明ENSO对海南气候的影响也主要是间接影响。这种影响关系还存在明显的年代际变化。

ENSO对海南各季平均气温的影响主要表现在，ENSO对海南春、夏季平均气温以滞后1～3个季的影响达到显著，但对其同期影响弱，而对秋、冬季平均气温以滞后1～2个季的影响和同期影响达到显著。当前期或同期ENSO为暖（冷）位相时，有利于各季平均气温偏高（低）。各季中夏季平均气温与ENSO的相关关系在增强，但其余3个季节的平均气温与ENSO相关关系有下降趋势（表6.18）。

表6.18　海南四季平均气温和同期及前期1～4个季节NINO3区季SSTA指数的相关系数

季节	气温落后季数				
	4	3	2	1	0
春季	0.14	**0.35**	**0.35**	**0.32**	0.21
夏季	0.25	**0.35**	**0.33**	**0.29**	−0.04
秋季	0.17	0.15	**0.39**	**0.36**	**0.37**
冬季	−0.08	0.18	**0.27**	**0.40**	**0.36**

ENSO对海南春、夏、秋季降水量以滞后1～2个季节的影响达到显著，冬季则以滞后4个季节的影响达到显著。前期ENSO为暖（冷）位相时，容易使海南春、秋、冬季降水量一致性偏少（多），也容易使夏季降水量呈北少（多）南多（少）的分布形势。冬、春季降水与ENSO的相关关系呈现初减弱的趋势，而夏、秋季降水量与ENSO的相关变化表现为增强趋势（表6.19）。

ENSO对夏季影响和登陆海南的热带气旋频数影响弱，但对秋季影响和登陆海南的热带气旋频数有重要影响，这种显著影响提前2个季节开始出现，至同期仍维持。即当前期春、夏季和同期秋季为ENSO的暖（冷）位相时，有利于秋季影响和登陆海南的热带气旋频数偏少（多）。秋季影响和登陆海南的热带气旋频数与 ENSO 的相关关系总体呈现出增强的趋势(表 6.20)。

表 6.19 海南四季降水量和同期及前期 1～4 个季节 NINO3 区季 SSTA 指数的相关系数

季节	降水落后季数				
	4	3	2	1	0
春季降水 EOF1	0.02	−0.20	**−0.30**	**−0.37**	−0.16
夏季降水 EOF2	0.15	0.20	**0.34**	**0.31**	−0.04
秋季降水 EOF1	−0.15	−0.13	**−0.30**	−0.23	−0.17
冬季降水 EOF1	**−0.38**	−0.29	−0.04	−0.07	0.02

表 6.20 夏、秋季影响和登陆海南的热带气旋与同期及前期 1～4 个季节 NINO3 区季 SSTA 指数的相关系数

季节	热带气旋落后季数				
	4	3	2	1	0
夏季影响 TC 频数	−0.08	−0.10	−0.10	−0.17	−0.12
秋季影响 TC 频数	0.03	0.02	**−0.36**	**−0.39**	**−0.39**
夏季登陆 TC 频数	0.02	0.01	0.02	−0.09	−0.03
秋季登陆 TC 频数	−0.01	−0.01	**−0.27**	**−0.36**	**−0.34**

研究还发现(吴慧,2005),厄尔尼诺事件年有利于影响和登陆海南的热带气旋年频数偏少、影响和登陆初旋的时间偏晚,这种影响通过 0.05 的显著性水平检验,拉尼娜事件年则相反。但 ENSO 事件对影响和登陆终旋的时间影响不显著。

进一步给出了 1961 年以来海南秋季平均气温距平(图 6.28)和春季降水量距平百分率变化图(图 6.29)。可以看出前期夏季和当年秋季处于厄尔尼诺状态时海南秋季气温一般偏高,只有个别年份气温偏低,前期冬季处于厄尔尼诺状态时,来年春季海南降水量以偏少为主,反映了厄尔尼诺事件与海南季节平均气温和降水量关系密切。

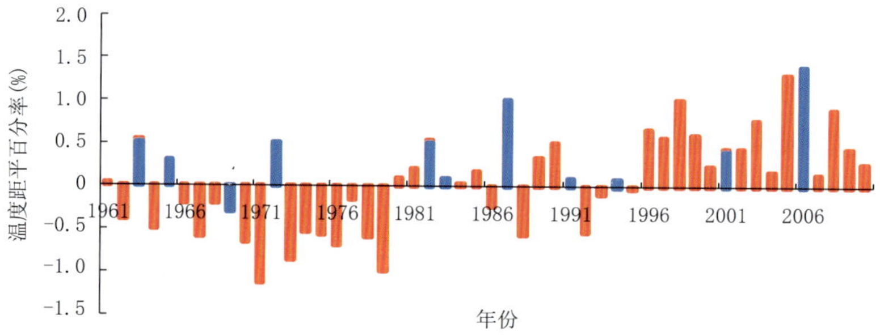

图 6.28 海南秋季平均气温距平变化(蓝色表示当年夏、秋季为厄尔尼诺年)

6.2.3.2 *厄尔尼诺与海南低温冷害事件*

研究发现,厄尔尼诺发生年的冬季,东亚极锋锋区位置一般偏北,东亚地区冷空气活动偏弱,东亚冬季风偏弱,南方暖气团势力偏强,有利于海南冬季偏暖、低温冷害事件偏轻。

根据 1961—2010 年期间发生的 12 次厄尔尼诺事件对应的 14 个冬季统计,有 10 年冬季

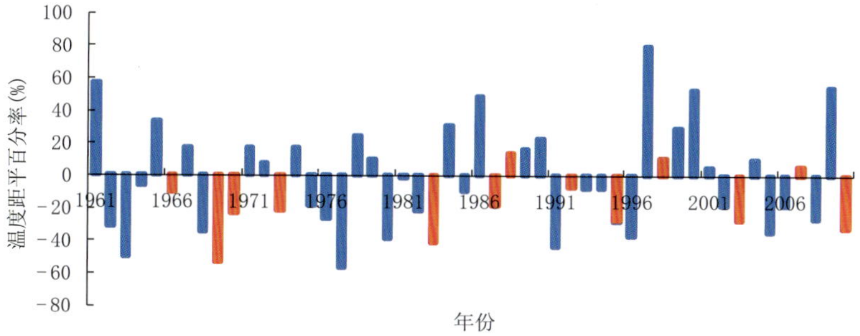

图 6.29　海南春季降水量距平百分率变化(红色表示前期冬季为厄尔尼诺年)

海南平均气温偏高，偏高概率为 71.4%，较气候概率 56.7%还偏高 14.7%；12 次厄尔尼诺事件对应的 14 个冬季中均出现低温阴雨天气过程，年平均出现次数 2.1 次，接近气候平均值 2.2 次。其中有 7 年出现重度低温阴雨天气过程，但有 5 年是局部地区(1～2 个市县)出现，只有 2 年出现了 3～5 个市县的小范围重度低温阴雨天气过程，重度低温阴雨天气过程发生概率为 58.3%，3 站以上重度低温阴雨天气过程发生概率为 14.3%，而重度低温阴雨天气过程发生的气候概率为 70%，3 个市县以上重度低温阴雨天气过程发生气候概率为 43.3%。可见，厄尔尼诺爆发年，海南的低温阴雨天气以轻到中度为主，重度低温阴雨天气发生概率低、且以局部地区出现为主。

而当拉尼娜事件发生时，海南冬季气温容易偏低，低温阴雨年景偏重。1961 年以来发生的 12 次拉尼娜事件对应的 15 年冬季中，有 11 年海南冬季平均气温偏低，偏低概率为 73.3%，较气候概率 43.3%偏高 30%；12 次拉尼娜事件对应的 15 年冬季中，共发生了 36 次低温阴雨天气过程，平均每年发生 2.4 次，比气候平均值略高。这 15 个冬季中有 14 年出现了重度低温阴雨天气过程，重度低温阴雨发生概率为 93.3%，比气候概率 70%偏高 23.3%，其中 3 个市县以上重度低温阴雨天气过程发生概率为 73.3%，也较气候概率偏高 30%(表 6.21)。

表 6.21　ENSO 事件年海南低温阴雨发生次数和程度统计

	厄尔尼诺年	正常年	拉尼娜年
发生频次	2.1	2.2	2.4
重度低温阴雨概率(%)	58.3	70.0	93.3
3 个市县以上重度低温阴雨概率(%)	14.3	43.3	73.3

6.3　气候变化对经济社会的影响

6.3.1　气候变化对海岸带的影响

6.3.1.1　海南海岸带概况

海岸带是指海洋与陆地的交汇地带，范围包括海岸线向陆方向延伸 10 km 左右，向海至水深 10～15 m 等深线处。中国海岸带北起鸭绿江口，南至北仑河口，呈向东南突出的弧形。

在漫长的海岸线上，侵蚀海岸占总岸线长度（大陆岸线长约 18000 km，岛屿岸线约 14000 km）的三分之一以上，初步统计其侵蚀率：渤海沿岸为 46%，黄海沿岸为 49%，东海沿岸（包括台湾岛）为 44%，南海沿岸（包括海南岛）为 21%（季子修，1996）。海南海岸线分布情况：海南海岸线全长 1822.8 km，周围岛屿 300 多个。海岸带 5 m 水深的海域面积有 1116 km^2，水深 5～10 m的面积有 1215 km^2。南部海岸水深大，北部海岸水深小，东部海岸水深较西部大（王颖，2002）。其中自然岸线长度约 1226.5 km，占全省海岸线的 67.3%；人工岸线长度约 596.3 km，占全省海岸线的 32.7%。海南的自然海岸线分四种，分别是砂质岸线、养殖区岸线、基岩岸线和红树林岸线。海南自然岸线的海岸线类型最主要的是砂质岸线，全长 785.7 km，占全省海岸线长度的 43.1%，是海南的主要海岸线类型，分布于全省各市县的大小海湾中。其次是养殖区岸线，全长 362.2 km，占全岛海岸线长度 19.9%，主要分布于入海河口和泻湖港湾两侧，各市县均有分布。第三是基岩岸线，全长 190.1 km，占全省海岸线长度的 10.4%，主要是延伸入海的山脉形成的岬角岸线，主要分布于东北部的文昌市铜鼓岭等多个市县沿岸。第四是红树林岸线，这是具有南海热带特色的生物岸线，全长约 153.7 km，占全省海岸线长度的 8.4%，主要分布于潟湖港湾和入海河口岸段，如海口的东寨港、文昌的八门湾、陵水的新村港和黎安港、儋州的新英湾、临高的后水湾、澄迈的花场湾等。

6.3.1.2 近年来观测到的气候变化对海岸带的影响

随着经济的发展，在人为活动造成的负面环境效应和全球气候变暖的叠加作用下，海岸侵蚀现象呈现加剧态势，使该地区的压力日益加大。在近期人类对全球气候变化还难以进行有效控制的前提下，气候变暖的趋势是极难逆转的（蔡锋等，2008）。

（1）对海平面高度的影响

全球气候变暖对海岸带的影响尤其是海平面上升的问题，早已受到世界各国特别是沿海国家的关注。因为工农业发达、人口密集的地区多集中于海岸带地区，即使海平面上升 0.5 m，也会带来严重的甚至灾难性的后果。近 30 年，在全球气候变化背景下，中国沿海海平面总体呈波动上升趋势，平均上升速率为 2.6 mm/a，高于全球平均水平。2010 年的中国海平面公报显示：近 30 年，中国沿海各省（区、市）的海平面年代际变化呈现明显的区域性差异。其中，海南沿海属于上升最为明显的岸段之一，自 2001 年以来，海南沿海的海平面总体处于历史高位，2001—2010 年的平均海平面比 1991—2000 年的平均海平面约升高 29 mm，比 1981—1990 年的平均海平面约升高 69 mm。海南岛东部沿海海平面平均上升速率为 3.6 mm/a，西部沿海海平面平均上升速率为 2.4 mm/a。

（2）对海岸侵蚀的影响

随着气候变化形势的日益恶化，海岸侵蚀已成为世界范围内的一个热点研究课题。海南有 80% 为沙质海岸，平均侵蚀速率为 1～20 m/a（黄巧华等，1997；季荣耀等，2007）。根据黄少敏和罗章仁（2003）的研究，海南海岸的侵蚀强度为东北岸最大，西岸次之，东岸最小。海岸的侵蚀强度主要表现在侵蚀的宽度和速率上：在 1938—1975 年的 37 年间，海南全部沙质岸的年平均侵蚀速率为 5.7 m/a，其中东北岸为 6.5 m/a，西岸为 6.0 m/a，东岸为 4.7 m/a。侵蚀最强烈的岸段是：东北部由南渡江三角洲北岸、七星岭至美仍岸；东部由赤水港至宝陵港岸、春桃至泰山岸、邦塘岸、高隆岸、南坡至港北岸、大花角岸；西部由昌化江三角洲岸、旦场园至四更岸、墩头至八所岸、通达至老方岸等。年侵蚀速率达到 13～21 m/a，更强烈的为 27 m/a。全球气候变暖与海平面上升加剧了海南沿海的海岸侵蚀，严重影响了海岸带地区的生产和生活。

根据 2007 年中国海平面公报:乐东县龙栖湾村附近海岸在 11 年内后退超过 200 m,数十间房屋被毁,村庄随海岸变化而三次搬迁,村民的生存空间越来越小。

(3)对珊瑚礁的影响

以海南岛沿海及其岛屿的生物海岸侵蚀为主,加上人为破坏等因素，主要表现为珊瑚礁死亡,湿地退化和红树林的衰退和消失(范航清和梁士楚,1995)。根据 2009 年最新调查统计,全岛活珊瑚分布面积上百平方千米,其中文昌分布面积最大。珊瑚礁的分布,呈现出断断续续的特点:在北岸,西起峨蔓港,向东依次在兵马角—谢屋角、邻昌礁、将军印、红桃咀、雷公岛、林梧和抱虎港等地有分布;在东岸,北起邦塘、向南在冯家湾、沙老、潭门、大洲岛等地均可见到;在南岸,东起南湾角,向西在新村港、蜈支洲、后海、亚龙湾、东岛、野猪岛、东排、西排、榆林港、大东海、小东海、鹿回头、东瑁洲和西瑁洲等地发育;在西岸,南起岭头—双沟港,向北在八所,沙渔塘—南罗、海头—南华、干冲和神尖嘴等岸段皆有分布。海南沿岸分布着大量的岸礁,由于气候变化,特别是人类活动的影响,珊瑚礁受到了严重破坏。20 世纪 50 年代以来,海南岛沿岸珊瑚礁破坏率达 80%。三亚鹿回头 81 种造礁石珊瑚中,30 种已经区域性灭绝。根据 2008 年中国海洋环境质量公报,在海南海域发现了不同程度的珊瑚白化和死亡现象。根据省海洋开发规划设计研究院 2009 年全岛珊瑚礁资源调查显示,周边目前造石珊瑚数量比 20 世纪 70 年代有较明显减少。

6.3.2　气候变化对热带农业的影响

6.3.2.1　热带农业概况

海南光热水同季,气候生产潜力高,素有“天然大温室”的美称,全年皆为喜温喜热作物的活跃生长期,物种资源十分丰富,是我国重要的冬季瓜菜生产基地、热带水果生产基地、天然橡胶生产基地、农作物种子南繁基地、无规定动物疫病区和海洋渔业基地,其热带农业在全国具有不可替代的地位。

6.3.2.2　气候变化对热带农业的影响

对当前的气候波动和未来的气候变化,农业是最敏感的部门。近几十年及未来的气候变化已经并将继续通过温度、降水等要素变化的综合作用,对农业生产环境产生影响,进而对种植制度、作物生长发育、产量、品种布局及病虫草害等方面产生影响,且在不同地区、不同农业生态系统上有不同的表现,海南热带农业也受到了巨大影响。

(1)对种植制度和种植结构的影响

气候变暖,活动积温增加,作物生长期间的热量资源更加充足,光热水同季,提高了作物的生产潜力,尤其是冬季气温的增加,一定程度上降低了低温冷害的发生频率,使一些本来不适合本地种植的蔬菜和果树等得以生长,使原来本地的作物受到低温冷害影响的程度和风险降低。随着气候条件的变化和农业结构的调整,19 世纪 50 年代以来,海南稻田耕作制度先后经历了熟制改革、植期改革和全面调整时期(罗文杰和罗文忠,2001),合理安排水稻与冬季瓜菜的轮作,逐步优化稻田耕作制度。

(2)对生产的影响

气候变化对农作物生长发育、产量和品质的影响是综合的、缓慢的,且因种类、品种的不同而不同。

水稻　温度升高可延长全年生长期，对无限生长习性或多年生作物有利，而对生育期短的栽培作物来说则会产生不利的影响，因为温度使作物的发育速度加快，生育期缩短，单产下降。随着温度的升高，海南水稻的生育期缩短，不仅单产下降，且稻米品种受到影响。未来 CO_2 浓度增加，温度升高，水稻产量呈不断下降趋势，且随着温度不断增加，产量下降幅度也越大，需采用新的改良品种（姚凤梅等，2007）。因此，要不断进行品种改良。

荔枝、龙眼　荔枝、龙眼等热带水果花芽分化前需要一段时间的低温诱导，冬季平均气温高会导致其成花诱导失败。未来有可能不得不种植荔枝、龙眼的早熟品种，而早熟品种的质量远远比不上中、晚熟品种。此外，现在海南的荔枝主产区（东北沿海和平原地区），可能由于气温的升高导致荔枝生产萎缩，而中部和内陆山区又可能成为荔枝的主产区（吴志祥等，2004）。

香蕉　海南春夏香蕉的主要生长期在 11 月至翌年 5 月，一方面，温度上升使低温冷害对其品质的威胁正在不断降低，另一方面，高温虽然增加不如低温明显，但危害却在逐步增多，同时气温日较差、日照时数的降低将减少果实内糖分的积累，影响香蕉的风味。且随着气温的显著上升，活动积温普遍增加，导致香蕉生长加快、生育期缩短、提早成熟，最终导致减产。热带气旋减少，风速减小，使香蕉受到的风害威胁降低，但同时降水更加集中、强度增大，给香蕉带来不利影响。目前，香蕉主产区以南部和西南部地区为主，随着气候逐渐变暖，香蕉在北部地区的种植面积在逐步扩大（辛吉武等，2009）。

甘蔗　海南甘蔗种植主要分布在西部，干旱和台风是主要影响因素。降水增加，特别是 9—10 月降水量增加，有利于缓解干旱对海南甘蔗种植产生的严重影响，提高其产量和品质。登陆海南的台风减少，使甘蔗遭受机械损伤的威胁减小，有利于产量的提高。未来增温增湿的气候变化趋势对海南西部土地沙漠化逆转有促进作用，有利于甘蔗产量的提高和最佳适宜种植区面积的扩大。

芒果　海南芒果的开花期在 11 月至翌年 3 月，温度越高，降雨越少，越有利于芒果缩短花序发育时间，提高两性花的比例，有利于授粉受精。因此，冬季气温升高对芒果生产是有益的。目前，集中于南部地区的优势种植面积正在不断扩大，产量也不断提高。

橡胶　橡胶的生长需要高温、多雨、沃土、静风的生态环境。未来 CO_2 浓度倍增情景下，海南气候会变得更加温暖、湿润，但登陆的热带气旋也会增加一倍，橡胶风害会进一步加重。北部光热资源较次，气候变化加剧了北部橡胶寒害的概率，可见气候变化可能导致适宜橡胶种植面积的减少，进一步影响橡胶的产量（霍治国等，2002）。总体说来，气候变化对海南热带作物的生长是有益的，促使品种的不断改良和优势种植区域的扩大。

（3）对病虫害的影响

气候变化将使病虫害为害的地理范围扩大、程度加剧，病虫害发生期提前、危害加重，特别是冬季气温偏高有利于害虫繁殖代数增加和病虫害越冬。例如，暖冬可使稻飞虱冬季繁殖或残存数量增加、越冬范围为扩大、虫源基数提高（霍治国等，2002），并使越南等境外或中国稻飞虱越冬区的稻飞虱迁入期提前，为害期延长。1987 年海南琼海、陵水等地早稻 4 月下旬局部田块百丛密度达 1000～4500 头，高的甚至达 1.5 万头，并有相当多的田块出现“穿顶”（汤金仪等，1996）。降水增加，有利于水稻病虫害虫（如稻瘿蚊、二化螟、稻苞虫、稻纵卷叶螟、水稻纹枯病、稻瘟病等）的发生和危害加剧。未来气候变化将给水稻生产带来更为严峻的病虫害防治形势，威胁水稻的安全生产。此外，气候变化后，土壤有机质的微生物分解加快，造成土壤地力下降，将导致化肥和农业的使用量提高，水稻将表现为气候产量减产和极大的波动性（潘根兴等，

2011)。

(4)对海洋渔业的影响

气候变化导致海温上升、海平面升高、珊瑚白化和海水酸度增加,风暴危害加重,进而影响渔业生产。中国渤海、黄海、东海和南海四大海区主要经济鱼种的产量和渔获量在气候变化后都将有不同程度的降低,在 CO_2 年递增率为 1%的 HadCM2 情景下,2030 年和 2056 年的经济鱼产量降低幅度为 5%～15%,渔获量降低幅度为 1%～8%。其中,南海海区受到的负面影响最大,例如,2030 年年初万尾带鱼在南海海区年终的累计产量减少 8%～12%,其他海区为 1%～8%;2056 年年初万尾带鱼在年终的累计产量减少 12%～14%。2030 年年初万尾大黄花鱼在南海大部年终的累计产量减少 10%～14%,2056 年减少 14%～16%,部分地区甚至超过 16%,产量下降均超过 10%,捕获量的减少最高也接近 10%,均为四大海区中最高(刘允芬,2000)。

6.3.3 气候变化对水资源的影响

6.3.3.1 海南水资源概况

水资源是海南基础性自然资源,人均水资源量 3900 m^3 左右,为全国平均值的 2 倍。海南由于地理环境特殊,水资源的时空分布极不均匀。近几十年来,由于气候变暖、人口增长、城市化和社会经济发展等因素,海南水资源问题日益突出。水资源问题与气候异常及气候变化有密切关系,气候变化是水资源变化的主要影响因素之一。

海南有独流入海的河流 154 条,其中集水面积 100 km^2 以上的干、支流 98 条;主要河流有南渡江、昌化江和万泉河,全长分别为 331 km、230 km、163 km,流域面积分别为 7033 km^2、5150 km^2、3693 km^2,三大江河流域面积占全岛面积的 47%。流域面积 500～2000 km^2 的有陵水河、宁远河、珠碧江等十多条河流。海南地表水多年平均径流量约为 324.92 亿 m^3,多年平均地下水量约为 131.74 亿 m^3,扣除地下水与地表水间的重复计算量约 114.92 亿 m^3,多年平均水资源总量约为 341.74 亿 m^3。由于海南植被发育充分、天然补给充足,水文地质条件适宜,地下水十分丰富且水质好,特别是海南北部地区,是个大的地下水富水区。

6.3.3.2 气候变化对水资源的影响

水资源与水循环是气候变化中重要的一环,全球气候变化将改变大气环流和地表的辐射平衡,加速水汽循环,改变降水时空分布和降水强度。气候变暖对水文系统的直接影响主要表现在各种水文变量的变化,如降水、蒸发、径流、土壤含水量,以及这些水文变量的极值在时间、地点、范围中的变化,这些变化会引起水资源在时空上的重新分配,主要影响水资源在长时间序列下的均值变化,对水资源管理和开发利用产生重大影响。水资源量及其空间分布的变化将影响地表水及地下水对工业、灌溉、水力发电、航运、河流生态系统以及家庭生活用水的供应。水资源季节性变化、空间分布变化以及在极值条件下的发生频率和量值的变化,易造成极端气候异常事件的发生,导致洪水和干旱的发生频率和强度增加,加剧水资源供需矛盾,增大水资源系统对气候变化的脆弱性表现,从而影响区域经济的持续快速发展。

(1)降水变化对水资源的影响

水资源量的变化主要取决于降水和蒸发,大气降水是地球淡水的唯一补给源,是影响水资源最直接的因素,也是影响水资源周期性变化的主要因素之一。水资源和气候降水有较强的正相关关系，年降水量变化与水资源总量的变化规律非常一致。因此，水资源量也主要集中在降水量较大的夏季。根据IPCC科学报告，温度升幅越大，降水量增加越多(沈大军和刘昌明，1998)，水资源供给量越多，可利用水资源数量越多。相反，降水减少，水资源补给量减少，可利用水资源数量减少。海南平均降水量冬季有明显增加趋势外，其余各季和年降水量呈弱的增加趋势(陈小丽和吴慧，2004)。这表明，海南水资源量随着降水量的变化而变化，海南水资源总量呈增加趋势。

(2)气温变化对水资源的影响

水资源量的变化不仅与降水变化有关，还与气温有关。气温对降水的形态、蒸发能力的大小都有不同程度的影响。气温变化可直接导致蒸发量发生变化，二者关系是正相关关系，也就是说气温升高时，大气中水汽压会增大，大气含水量会增多，此时会促进蒸发。而蒸发量增大时，会消耗地面水资源量，因此，水资源相应会减少。在全球气候变化背景下，海南各季和年平均气温、平均最高气温、平均最低气温都具有增温趋势，特别是平均最低气温增温尤其显著，年平均气温总体上呈上升趋势。因此，使得地面蒸发加大，水文循环加强，会改变海南降水量和降水分布格局，增加海南降水极端异常事件的发生，导致洪涝、干旱灾害的频次和强度增加，使水资源量发生变化。一般来说，气温对水资源的影响主要表现在高温使水体蒸发加大。由于海南的特殊地理位置，使得海南高温与干旱往往同时出现，高温干旱是导致区域水资源紧张的重要因素，高温与干旱直接导致农业需水与用水增加，旱情加剧，在补给源减少和需水流增加的双重压力下，进一步加剧了原本紧张的水资源供需矛盾，使农田需水量增加。一旦农业用水得不到有效供给，就会发生严重干旱，加上极端温度频频发生，农业旱灾情况加剧。此外，农业灌溉用水增加必定挤占其他行业用水，致使该地区用水紧张态势加剧。同时，城市生活用水量增加，也会加大城市供水的负担。

(3)蒸发对水资源的影响

蒸发是水循环的重要组成部分，它和降水、径流等一起决定着一个地区的水量平衡。区域蒸发包括水面蒸发、土壤蒸发和植物蒸腾三个部分。水面蒸发速率由空气和水面的水汽压差以及风速决定，季节或年的自由水面蒸发并不与气温存在很好的相关关系。土壤蒸发受风速和水分的影响。植物蒸腾受叶面生理作用控制，受大气的蒸发能力、土壤水分和植物气孔调节作用的影响。蒸发量与水资源总量的变化基本呈反相关关系，一般认为，假设其他条件没有太大的变化，气温升高将导致区域潜在蒸发增加。气温一般是通过蒸发间接影响区域水量平衡，当全球平均气温升高时，空气将变得干燥，陆面水体的蒸发量会增加。气温增幅越大，蒸发增幅越大，水资源总量减少。气温低时，蒸发量小，水资源总量增多。在全球气候变化的基础下，海南不同地区的月平均蒸发量总趋势也呈现出月分布极不均衡的特点。随着气候变化，在蒸发量季节变化上，3月份、5—9月份这6个月的蒸发量呈下降趋势，其余6个月呈升高趋势(周璋等，2009)。因此，气候变化将导致海南蒸发量发生相应变化，从而影响水资源变化及分布。

(4)极端天气气候事件对水资源的影响

极端天气气候事件主要是通过影响降水、气温等要素，继而影响水资源的变化趋势和分布特征。气温的影响主要表现为极端高温天气对水资源的影响。近50年，海南高温频数呈现略增趋势，但年最高温度变化不大，没有显著的上升或下降。高温天气频数增加，蒸发量加强，水资源消耗量增加，水资源减少。降水的影响主要表现为干旱、极端降水、洪水灾害及热带气旋降水对水资源的影响。海南区域平均的年极端降水量及极端降水日数均有微弱的增加趋势，汛期旱涝具有由偏旱转为偏涝的趋势。极端降水的增加及干旱的减弱趋势均有利于海南水资源的增加。

另外,热带气旋性降水是海南最主要的降水来源之一,全省热带气旋降水平均约占年总降水量的30%,比重最大的年份接近或超过50%,西部和南部沿海更达60%以上(吴胜安等,2007)。1961年以来,影响和登陆海南的热带气旋年频数有不同程度减少,热带气旋降水量也有下降趋势(吴慧等,2010)。热带气旋影响和登陆频数的减少及其降水量的减少对海南水资源的增加有不利影响。

(5)气候变化对径流的影响

径流是水文水资源系统响应气候变化研究的重点之一。水资源的径流量不仅受时间与空间的影响,更与气候变化密不可分。气候变化对水资源径流的影响主要包括对径流区域分配的影响,对年径流量的影响以及对径流系数的影响等。

①气候变化对径流区域分配的影响

海南为季风气候,在季风气候影响下,各区域的年径流量存在一定的差异性。不同地区的气候变化状况不同,各地区年径流量的分配也有所不同。年径流量增加(递减)幅度最大的时段为温度降低(增高)和降水开始增加(减少)的时期。另外,对于湿润半湿润地区,由于常年降水较充足,径流量与降水量没有太大关系,主要取决于该地区的气温。对于旱情较重的区域,其径流量主要由降水量决定(涂永彤和丁铭,2011)。

②气候变化对年径流量的影响

降水量与气温是影响年水资源量的主要因素,影响着水资源径流量的变化趋势。在气候变化的影响下,海南年平均降水量呈增加趋势,冬季降水量增加趋势明显,其余各季降水量增加趋势较弱。各季和年平均气温、平均最高气温、平均最低气温都呈增加趋势,特别是平均最低气温增加趋势尤其明显。因此,海南年径流量随着降水量及气温的变化而发生着相应的变化,降水量偏多使得年径流量增加,气温增加则使得年径流量减小。

③气候变化对径流系数的影响

水资源的径流系数直接影响着不同区域的干旱与湿润情况,由于海南各区域的气候差异,水资源情势也随之有着相应的变化。若区域径流系数增加,则表明湿润的指数随之加大,该区域的水文情况会进一步变湿,水资源量增加。相反,当径流系数递减时,则该地区的干旱指数增大,该区域的水文情况会进一步变干,水资源量将少。可见,在不同气候变化状况的影响下,海南水资源的径流数也随之发生相应的改变,继而影响海南水资源总量的变化。

④气候变化对水质的影响

水资源质量是水资源重要组成部分,气候变化通过改变水温、径流、蒸发等水资源数量时空变化规律,进而影响水质的变化。气候变化对海南水质多种影响(黄志珍,2010)一是气温升高,使得水温升高,在入河污染物量等不变的情况下,水温升高改变水体中的生物化学过程,降低水中溶解氧的浓度,易造成水质变坏;但在河流径流量增加的地区水质恶化可能得以缓解,反之,在径流量减少的地区将加剧。二是气候变暖使蒸发量加大,河水中污染物得到"浓缩",如果降水无法补充蒸发的损失,河流径流量和地下水补给量趋于减少,则可能加重地表和地下水污染程度,特别是在枯水季节,严重的将导致河道干涸、湖泊湿地萎缩,造成干旱甚至荒漠化。三是输入水体的污染物增多。一方面,雨强增大,冲刷增强,水土流失加重使得携带入水体的污染物增多;另一方面,气候变暖使土壤微生物活动加强,造成肥力下降,促使过量施用的氮、磷等化肥淋失而进入水体的数量增加。四是气候变暖加剧水体富营养化趋势。气候变暖使温湿度等环境条件更适合藻类生长，大量滋生的藻类若未得到及时清理，腐烂后容易消耗水体氧气，导致水质恶化，影响饮用水安全及用水卫生，威胁人体健康。五是洪涝和干旱事件变化改变了水文极值状态变量的大小，影响着河流和湖泊等水体的水环境状况。六是气候变化对地下水水质也会产生多方面的影响。气候变暖，海平面上升或是因干旱向沿海地区排放的淡水减少，加重了沿海地区海水入侵危害；另外，气候变化引起的地下水补给的改变，可能影响到污染物的传送，这些因素均会影响水质。同时，因气候变暖，一些地区干旱加剧，地表水源减少，过量开采地下水，形成严重的地下水漏斗，进一步加剧生态环境恶化。

6.3.4 气候变化对热带雨林的影响

6.3.4.1 海南热带雨林概况

我国热带雨林主要分布在台湾南部、海南、广西和云南南部及西藏东南的部分地区，属于世界热带雨林分布的北缘。海南地处北纬 18°10′～20°10′，东经 108°37′～111°03′，属于热带季风海洋性气候，是我国热带雨林资源最丰富、最典型、保存最完整的地区。海南的热带雨林属印度—马来雨林群系的一部分，是一种在热带季风条件下发育的雨林，有别于典型的赤道热带雨林，主要分布在五指山、霸王岭、尖峰岭、吊罗山、黎母山等中部山区，植被类型以低地雨林、山地雨林、沟谷雨林为主，优势种类有龙脑香科、桑科、大戟科、桃金娘科、无患子科、橄榄科、肉豆蔻科、梧桐科及棕榈科等。1954 年海南岛有热带天然林 86.3 万 hm^2，但由于过度采伐和当地少数民族刀耕火种的影响，森林面积大幅减少，到 1979 年，热带天然林覆盖率由 25.7%下降到 9.7%，面积仅剩 8.1 万 hm^2（黄金城，2006），20 世纪 80 年代政府开始实行保护、恢复和发展并重的方针，采取封山育林措施，停砍天然林，热带森林面积得到一定程度的恢复，到 2007 年，原始林面积为 24.6 万 hm^2，天然更新林 34.08 万 hm^2，合计 58.68 万 hm^2（张裕山和陈修仁，2007）。

这些热带雨林区面积虽小，但生物多样性极其丰富，被誉为“世界生物基因宝库”，有野生维管束植物 242 科 1210 属 4600 多种，分别占中国野生植物科、属、种的 68.6%、38.0%、11.6%，其中药用植物 2500 多种，占全国药用植物总量的 30%，有“天然药库”之称。同时也是众多野生动物的理想栖息地，有昆虫 4000 多种，陆生脊椎动物 567 种，其中爬行类 104 种，鸟类 344 种（占全国的 26%），哺乳类 82 种（占全国的 19%）。在哺乳类中，21 种为海南特有，如海南黑长臂猿、海南毛猬、猕猴等，因此，海南也是我国最重要的热带动物物种宝库。此外，由于海南全岛中部高四周低的地形特点，形成了许多短粗状独流入海的河流组成的辐射状水系，加上气候干湿季明显，雨季降水集中，且多暴雨。因此，河流上游的天然林对全岛水源的涵养和水土保持起着重要作用，是海南生态环境最根本的保障和可持续发展的基础。

6.3.4.2 气候变化对热带雨林的影响

森林生态系统是地球陆地生态系统的主体，热带雨林是生长在热带地区的一种特殊森林系统，与气候之间存在着密切的联系，被称为“地球之肺”，在维系地球生命系统的平衡中具有不可提替代的作用。全球气候变化已经并将继续对我国的热带雨林产生重大的影响，主要表现在改变了热带雨林的分布、林区气候条件、物候、森林生产力和生物量、物种结构和组成、碳储量等方面。

(1)对热带雨林分布的影响

由于海南地处世界热带北缘,受热带季风气候限制,热带雨林仅在其沟谷、山地等局部湿润环境有小片分布,并呈现出季节性特征。且近几十年来,由于人为因素的严重干扰加上气候变化的影响,逐渐从平原、台地、丘陵山地退缩,现主要存在于中部山区。未来气候持续变暖,预期热带将扩展纬度 2°,郑刚(2010)基于 ANN(人工神经网络)和 CA(元胞自动机)的气候变化对中国森林分布影响的模拟与预测结果显示,到 2090 年,A2 情景下,我国热带雨林面积将达到 4.7483 万 km^2,是 2002 年(2.3490 万 km^2)的 2 倍,B2 情景下,将达到 16.1783 万 km^2。由此可见,若只考虑气候变化的影响,海南热带雨林的面积可能会扩大,并且更具有世界典型热带雨林的特征(郑刚,2010)。

(2)对热带雨林气候的影响

区域气候环境是林区气候条件形成的背景,大气候环境的变化必然引起林区气候条件的改变。周璋等(2009)对海南尖峰岭热带山地雨林区气候变化特征的分析表明,1980—2005 年该林区气候增暖显著,降水量呈现弱的增长趋势,蒸发量呈现弱的减少趋势,平均风速变化呈现明显的下降趋势。同时,26 年中,尖峰岭林区最低、最高气温分别在 1987 年、1989 年有明显的突变,这两个突变现象是林区气候对全球气候变化的同步反应,因为 20 世纪 80 年代中期,全球温度场有一次明显的升温突变过程发生(宋燕和季劲钧,2005)。尖峰岭热带雨林区 1990 年以后气候异常较为突出,在强 ENSO 事件发生的 1998 年,林区 16 个气候统计指标中,异常年份为 1998 年的占到 9 个,表现在气温和地温偏高、降水量偏少、雨季蒸发量偏高和水汽压偏高。

未来气候持续变暖,ENSO 事件、台风等极端气候事件频度增强,将会对林区气候产生更大的影响。而热带雨林对气候变暖和气候异常响应的可能机制有待于今后进一步的研究。

(3)对热带雨林物候的影响

物候是反映气候变化对植物发育阶段影响的综合性生物指标。随着全球气候的变化,植物的物候也将发生显著的改变。冬季和早春温度的升高使春季提早到来,从而影响到植物的物候,使它们提早开花放叶,这将对那些在早春完成其生活史的林下植物产生不利的影响,甚至可能使其无法完成生命周期而导致灭亡,从而导致森林生态系统的结构和物种组成的改变(王叶和延晓冬,2006)。

(4)对热带雨林生产力和生物量的影响

森林生产力是衡量树木生长状况和生态系统功能的主要指标之一。大气中 CO_2 浓度升高及由此引起的气候变化强烈地影响着森林生产力。

一般认为,CO_2 浓度升高对植物起着施肥作用。因为 CO_2 浓度升高有利于植物通过光合作用将其转化为可利用的化学物质,使植物生长的速度加快,从而对植物生产力和生物量的增加起到促进作用,尤其是 C_3 类植物增加的程度可能更大(Bazzaz,1990)。然而,CO_2 浓度升高对森林生产力和生物量的增加在短期内能起到促进作用,但不能保证其长期持续地增加(Wisley 等,1996),因为在竞争环境中生长的树木对 CO_2 浓度升高的反应常常表现出比单个生长的树木的反应要小些(Korner,1992),而森林物种组成的长期变化也能间接地影响森林生产力(Bazzaz 等,1993)。此外,CO_2 浓度升高将使植物叶片和冠层的温度增加以及气孔传导率下降(Surano,1986),从而使植物生长因热量胁迫而受到抑制。

(5)对热带雨林结构及物种组成的影响

不同物种因耐性、繁殖能力和迁徙能力不同,其对气候变化的响应也不同。研究表明,多数树木每100年迁移不到50 km;灌木和草本植物种子较少,传播能力差。若气候变化超过物种的迁徙能力,则许多物种将难以抵挡气候变化的后果,导致森林生物多样性降低。而有害物种则因更能适应强烈变化的环境条件而处于有利地位,气候变化可能使它们更容易侵入到各个生态系统中,从而导致改变系统的种类组成和结构(刘国华和傅伯杰,2001)。热带山地雨林次生群落在演替过程中的林木消长格局明显与树种有关(黄世能等,2000)。从环境变化的适应性来看,热带森林比温带森林更弱,其生长与水分的可利用性和季节性关系更为密切(刘国华和傅伯杰,2001)。澳大利亚8个林冠树木苗木的试验表明,气候变暖条件下,热带树种比温带树种更易受到淘汰(Cunningham 等,2003)。一般认为,随着全球气候变暖,热带雨林的更新将加快。现在南美热带森林生长周期加快、破碎化增强。林冠透光,使那些喜光、速生、适干扰的先锋树种受益(Lewis,2004),而那些耐荫、生长慢、抗干扰能力差、繁殖力弱、传播易受阻的树种容易遭到淘汰或灭绝。热带山地雨林群落是由不同性质的林分斑块所组成的镶嵌复合体,森林循环不同阶段斑块内环境因子的时空差异,为不同生态特性树种在群落中的共存奠定了基础。臧润国等(2002)对海南霸王岭热带山地雨林森林循环不同阶段光、温环境的研究分析表明,正是由于斑块内环境因子的变化,才使得对环境条件有不同需求的物种的更新、生长和繁殖特性,在不同的斑块中有不同程度的表达,从而使得不同的斑块具有不同的群落特征,也使森林生物多样性和生态系统的动态稳定性得以维持。林区气候条件对气候变化的响应,将通过不同发育阶段斑块内生态因子的作用,对森林群落结构形成和动态等产生重要影响。同时,海南热带山地雨林中低密度种群的数量比例非常大,低密度的种群脆弱性较大,未来气候变化下,其局部灭绝的可能性也较大(臧润国,2002)。

此外,随全球气候变暖而增加的热带风暴等极端气候事件对热带雨林的破坏力是巨大的,它们对雨林生态系统结构的改变往往起着决定作用,影响群落内的物种组成和结构、土壤的养分循环和生态系统的稳定性。例如,台风对森林强烈而瞬时的干扰,对整体森林结构的改变是不可逆的,并且这种改变是长期的和大规模的(Imber 等,2008)。台风过后,大量风倒木的产生,对周围生境及群落组成和结构影响较大,所处的小环境易发生较大的波动。台风带来的雨水和温度改变也会带来新树种的侵入(Laurance 等,2008)、促进土壤种子库中休眠种子的萌发更新等,导致一些幼苗或种子被冲刷走,使种群个体数量在短时间内迅速减少,从而对种群大小产生影响(Shilton 等,2008)。此外,台风暴雨能加快森林生态系统养分的流失,是热带地区普遍缺磷的一个重要原因(周光益,1998)。海南地处我国台风频发地带,台风是影响海南热带雨林的一个重要的自然干扰因子。2005年台风"达维"造成尖峰岭热带山地雨林内产生大量的风倒木、断枝和落叶,群落郁闭度减少、透光性增强,产生大量的林窗,群落的组成结构发生显著变化。其中,乔木层有5个种类消失,加上部分大径级植株死亡,导致物种多样性降低,经历台风后的尖峰岭热带山地雨林受损严重。

(6)对热带雨林碳储量的影响

气候变化通过温度、降水、扰动格局等变量的综合干扰,影响植物生产力和凋落速率、微生物活性,从而改变地表凋落物和土壤有机碳分解速率等(王绍强和刘纪远,2002),引起森林碳贮量的变化。但大量的研究预测,未来全球温度持续升高将致使植被呼吸作用增强,生态系统净 CO_2 交换(NEE)增强,降低森林生物量和碳的积累,同时,植物和土壤呼吸作用增加,将致使碳释放增加。ENSO 事件等极端气候事件频度和严重度增加,未来热带潜在的碳释放量会升高,热带森林与气候系统之间的潜在反馈会更为严重。在全球气候变化带来的负面影响和人为干扰的综合影响下，热带森林碳汇可能沦丧为碳源。

海南现存热带天然林（含原始林和天然更新林）的 C 素库总量为 0.719 亿～0.734 亿 t，且尽管热带原始林的面积小于天然更新林，但其 C 总量约为更新林的 2 倍，是 C 的主要吸附源（李意德等，1996）。通过对 1979—1998 年海南森林生态系统碳储量和碳密度的动态变化的研究表明，随着保护措施的不断加强，林龄结构的逐渐改善，中龄林、成熟林和过熟林比重不断增大，海南森林的碳汇作用不断增强，碳储量持续增加，在全球碳循环和碳平衡中的作用将日渐突出。其中，构成海南森林碳储量的主体始终是热带林。从群落类型或优势树种看，也是热带林的碳密度最高。但由于前期人为干扰，热带森林的碳储量呈减少趋势（曹军和张意锂，2002）。

恢复、发展和保护热带雨林生态系统是解决大气中 CO_2 浓度升高、温室效应等全球性的生态问题的重要途径之一。然而，在 2001—2010 年间，海南的热带天然林资源遭遇严重的人为干扰（浆纸人工林、橡胶林、农业经济作物的种植，以及其他商业开发行为），天然林破碎化趋势加剧，中部山区热带雨林消失了 7.2 万 hm^2，占总面积的 24.7%。如果包括热带雨林在内的热带森林被破坏殆尽，将不仅失去森林对大气 CO_2 的固定作用，而且植被本身这个库中的一部分 C 会以各种不同的途径释放到大气中。为了适应全球气候变化，必须扩大自然保护区的数量和面积，加强森林生物多样性保护；加强森林火灾防御，减轻灾害损失；加强森林病虫害防治，遏制气候变化后森林病虫害增加的趋势。

6.3.5　气候变化对红树林的影响

6.3.5.1　海南红树林概况

红树林是生长在热带、亚热带低能海岸潮间带、受周期性潮水浸淹的常绿灌木乔木组成的木本植物群落，是介于陆地和海洋生态系统间复杂的自然综合体，是地球上生物多样性最丰富、生产力最高、最具价值的生态系统之一，在全球生态平衡中起着不可替代的作用。红树植物分为两大区系，即东方区系和西方区系。东方区系指分布于印度－西太平洋地区的红树植物，而西方区系是指分布于大西洋－东太平洋地区的红树植物。其中，印度－西太平洋地区东南亚的红树资源最为丰富。中国红树林区系有红树植物 20 科 26 属 37 种，天然分布南界为海南三亚，北界为福建福鼎（人工引种北界为浙江乐清），主要分布在海南、广东、广西、福建和台湾。海南红树植物属东方类群，有 20 个科、25 个属、38 种，其中真红树 12 科、15 属、27 种，半红树 9 科、10 属、11 种，几乎包括了我国所有的红树植物种类，仅无厦门老鼠簕。现有红树林面积为 3930.3 hm^2，8 个红树林自然保护区，主要分布于三个区域：一是东北部沿海最茂盛区域，包括海口的东寨港、文昌铺前、清澜港等地；二是西北沿海繁茂区域，主要是澄迈花场港，儋州新英港，临高新盈等地；三是南部沿海次繁茂区域，主要是在陵水的南湾半岛、三亚的三亚河、青梅港等地（谢瑞红，2007）。红树植物种类最多的是文昌清澜港红树林区，达 33 种之多，占全岛红树植物种类数的 81.6%；而在三亚地区只有 9 种，仅占全岛红树植物种类数的 23.7%。

6.3.5.2　气候变化的影响

红树林生态系统有自动调节能力，地质和现代证据表明，它能扩展和缩小以对区域地形和气候的变化做出响应（卢昌义等，1995）。近几十年来，随着气候变化，海南随着近 50 年愈演愈烈的全球气候变化和人类活动的影响，红树林分布范围不断缩减，红树植物群体也出现明显的退化，甚至彻底消失。红树林资源所面临的形势越来越严峻，主要表现在面积急剧减少、外貌结构日趋简单、不少树种的生存压力越来越大、个别种已经处于濒危状态等。从 20 世纪 50 年代开始，我国的红树林面积大幅减少，在部分地区甚至彻底消失。海南的天然红树林种类最全，分布面积最大，是中国宝贵的红树林资源库，但海南的红树林面积已从 20 世纪 50 年代的 10000 hm^2 下降到 2002 年的不足 4000 hm^2（杨宇晨和施苏华，2011）。根据傅秀梅等 2009 年的调查结果显示，海南红树林虽较 2002 年略有增长，但形势仍不容乐观。近 50 年东寨港、三亚河和青梅港的红树林面积的损失率为 53.42%。其中三亚河红树林面积减少最为剧烈，损失率达 92.18%，而且群落斑块严重碎化，由原沿河道分布的 9 大块林斑演变成每块均不足 1 hm^2 的 60 块残迹林地，而东寨港和青梅港的红树林面积损失率也在 52%以上。东寨港地区的红树林斑块数减少是以红树林地改造为农田为主，1976 年前的围海造田使之骤减约 1/3，其中三江农场北部等地的红树林消失面积较大（王丽荣等，2010）。近 50 年，海南东寨港、三亚河和青梅港的红树植物的相对灭绝种类比例小，但种群濒危、矮化和面积碎化现象突出，其中水椰、木果楝、瓶花木、杯萼海桑等是主要的绝灭种和濒危种群。东寨港、三亚河和青梅港中仅东寨港现还存有野生水椰，而引种的美国大红树也仅存 2—3 株，由文昌引种的木果楝尚存活百余株，而角果木成熟林则退化，现以幼林或矮林为主。另外，东寨港的海桑属植物均从文昌等地引种，除杯萼海桑抗寒能力较差，不宜林缘生长外，其余种类生长发育良好。在三亚河野生的木果楝、瓶花木、杯萼海桑基本灭绝，其中三亚河的红树和半红树种类灭绝率高达 23%，且海榄雌、红树和红海榄等成林破碎化严重，残迹林片面积均不足 1 hm^2。青梅港的正红树等优势种群均出现减少、矮化、退化现象，现存的角果木，榄李等群落均以灌木状为主，而原常见的杯萼海桑仅呈零星分布（王丽荣等，2010）。

红树林中心产区平均海水温度约 24～27℃，平均气温为 25～30℃。海南平均气温在 23～26℃，较红树林中心产区稍低且波动大，因此，海南红树林不如赤道一带的红树植物种类多，树体高大。其中三亚地区的平均气温的变化趋势较其他地区要缓和，尽管该地区红树植物总体长势没有海口及文昌等地茂盛，但该地区的部分红树植物的植株高更接近于红树林生长中心区的高度。海南地处世界红树林分布区的北缘，海南的红树植物群体内遗传多样性极低，对环境的变化适应能力较弱（傅秀梅等，2009）。海南东寨港引种来自三亚的红树（*Rhizophora apiculata*）的面积近 20 年曾达 2.8 hm^2，但一旦遇到冬季极端温度，仍无法适应，2008 年春季的华南大面积极端低温将所有正红树全部冻死，而杯萼海桑、瓶花树和红榄李的情况也类似（王丽荣等，2010）。极端气温出现对嗜热窄布种的急剧性伤害要比海温恒变性伤害更明显，如东寨港引种 20 年的红树群落逐年退化和面积萎缩。同时由于温度梯度使不同区域红树林形成群落类型和分布格局差异，出现海南北部有海莲、尖瓣海莲群落，而南部有红树、瓶花木、杯萼海桑群落的分异。三亚河和青梅港虽然气候条件一致，但由于青梅港是近山地的、由潟湖演变成的小流域河口地貌，群落以榄李、红树、角果木等向陆内缘红树植物群落为主，且有单优群落向混合优势型群落演化，而三亚河则以红海榄，红树，海榄雌等外缘红树植物群落为主（王丽荣等，2010）。

因为红树林处在海洋与陆地的交错带，属于生态脆弱带或生态敏感带，因此，可能是首先被全球气候变化影响的生态系统之一。红树林生态系统面临着包括海平面上升、温度上升、CO_2 浓度增加、紫外线增多、风暴和巨浪等气候条件的变化。

(1)海平面上升

随着海平面的上升，红树林分布区会朝陆地一方迁移。但此朝陆迁移情况仅可能发生在海滩朝陆一方没有障碍物阻挡的海滩上，然而在我国的大部分红树林区陆岸都筑有海堤，这必将阻挡红树林分布区的迁移。如果海平面上升的速度大于层积物堆积的速度，则海水将会淹没红树林，反之红树林分布区将会朝海的一侧延伸。当海平面上升速率超过红树林的沉积速率时，海平面上升导致红树林被浸淹而死亡、红树林分布面积减小等(谭晓林和张乔民，1997；Ellison 等，1997)。

(2)温度上升

红树林是嗜热的植物类群，全球气温的上升可能对红树林有积极影响的一面，如气温升高的影响可能改变其大规模的分布、林分结构、提高原有红树林区的多样性，以及促使红树林分布范围将扩展到较高纬度盐湿地区，这会使原先没有红树林的地区变得适宜红树林生长，而原有红树林地区的种类变得更丰富。另一方面，气温超过 35℃，红树林根的结构、苗的发育、光合作用将受到很大的负面影响(刘小伟等，2006)。

(3)CO_2 的增多

CO_2 浓度增加，植物通过蒸滕消耗的水分减少了，从而提高了水分的利用效率，因此，这种条件下的红树植物有可能生长在相对干旱的环境中。同时，增加的 CO_2 对红树林的影响可以随着物理和化学条件的变化而变化，如正红树和红海榄在 CO_2 浓度增加的环境下都有上述的响应，但是低盐条件对植物的刺激影响比正常条件下大得多。CO_2 浓度增加的影响也随分布区和种类的变化而变化。在 CO_2 浓度增加的条件下生长，红树植物都降低了气孔导度和呼吸速率，以及显著增加水利用效率，然而有些种类的红树植物不一定增加净生产量，如假红树在增加 CO_2 的条件下，净生产量却反而降低了。这个反应表明随着 CO_2浓度的增加，假红树处于不利的地位。

(4)紫外线增多

虽然红树林是生长在热带和亚热带，长期暴露在强烈的阳光下，但有证据表明，在较低的阳光强度下它们的光合作用率相对较大，尽管红树林能适应这些环境，然而这些强烈的阳光可能损害红树林。

(5)风暴和巨浪

全球气候变暖以后，预计风暴和巨浪的频度和强度都会增加，而红树林位于海陆交错区，适宜于静浪海岸，因此，首当其冲将受到风暴和巨浪的影响。强大的风暴可以影响红树林的结构，尤其是对大树的影响严重，降低红树林的多样性指数。海平面升高后，海浪对红树林内沉积物的堆积影响很大，海浪强度和频度的增加会冲走红树林根系周围的有机质，降低红树林内及外来沉积物在红树林区的沉积，使其基质增加缓慢，甚至降低，导致红树林的生长速度跟不上预计的海平面上升速度，因而风暴和巨浪的潜在影响会造成红树林面积减少、结构简单、甚至、在局部地方消亡(陈小勇和林鹏，1999)。

6.3.6　气候变化对旅游的影响

6.3.6.1　*海南旅游业概况*

海南由于未充分工业化，以其无边的绿色，美丽的沙滩和清洁的空气，实实在在地吸引着众多游客，是我国滨海度假的代表。海南是我国第二大岛屿，是我国唯一的一个热带海岛旅游度假胜地，资源丰富而独特，无论是从滨海旅游资源，还是从开发条件上评价，都处于我国八大滨海旅游区之首，在国内外具有较高知名度。“九五”以后，海南旅游收入占 GDP 的比重在 15% 以上（2003 年除外），大大高于全国 5%的平均水平，旅游收入增长对 GDP 增长的平均贡献率在 20%左右，旅游收入占第三产业的比重在 35%左右。目前旅游业已经成为海南最具特色、最具潜力和国际竞争力的主导和支柱产业。标志性的山脉和河流分别是五指山、万泉河。根据世界旅游组织和海南政府制定的《海南旅游发展总体规划》，到 2020 年，海南将建设成为世界著名、亚洲一流的国际性热带海岛度假旅游胜地。

此外，海南四面环海，独特的岛屿文化和区位资源优势，是开发特色体育旅游旅游项目的先决条件和巨大潜力。目前省内开发的体育旅游项目已形成一定的规模，其中海上项目有潜水、游艇、摩托艇、香蕉船等。海南拥有国内唯一的国家级珊瑚礁自然保护区，海水透明度高，水下景观优美，三亚的西岛、蜈支洲岛等地区早已开发了潜水项目，收到很好的效益，每年销售额在 1 亿元以上。2009 年仅三亚潜水一项就有 6 亿多元的收入。海南的游艇也蕴藏着巨大的潜力，2010 海口游艇经济主题论坛在海口湾举行，码头聚集了国内外近 50 艘游艇展出，为海南游艇业的发展迈进了历史性的一步。探险体育旅游有漂流、海上拽伞、热带雨林探险、热带沙漠徒步探险等。休闲体育旅游有高尔夫、网球、温泉、登山等，至 2011 年全岛已建成的高尔夫球场有 23 家（其中 15 家符合国际标准）。同样 2010 海口高尔夫与旅游主题论坛的举行，也为海南高尔夫发展带来了巨大的商机，相信高尔夫将会成为海南建设国际旅游岛的一大特色。近年来海南通过体育赛事也推动了体育旅游的发展，目前为止海南已成功举办了横渡琼州海峡赛、高尔夫球巡回赛、环岛国际自行车赛、国际铁人三项挑战赛、环岛大帆船拉力赛等大型赛事。

6.3.6.2 气候变化对旅游业的影响

（1）对旅游资源的影响

①滨海旅游资源

气候是旅游活动的重要影响因素之一，也是旅游资源不可缺少的一个组成部分。旅游资源是吸引旅游者，激发旅游者旅游动机的直接因素。据 IPCC 第四次评估报告预测，21 世纪全球海平面将上升 18～59 cm。未来 100 年，这种由全球气候变暖造成的海平面上升趋势还将继续存在，海南沿海的海平面变化仍将继续受其影响。海平面上升必将影响到海岛旅游资源的数量和质量，加剧海洋灾害的发生。滨海地区的沙滩、海岛、珊瑚礁等是对游客具有极大吸引力的旅游资源，然而面对海平面升高的威胁，许多美丽的岛屿海滩将会被海水所淹没；海南沿岸的砂质海岸超过 40%，海岸带被侵蚀，使海岸带的基础设施遭受毁坏；滨海湿地、红树林和珊瑚礁等典型生态系统损害程度也将加大。

②文物古迹

1884 年荷兰科学家范特霍夫从实验资料中归纳出一条经验规则：在反应浓度恒定的情况下，温度每升高 10K，大多数化学反应的速度将增加到原来的 2～4 倍。气候变暖将导致石刻风化剥离、青铜有害锈蚀、砖瓦酥碱粉化、壁画褪色起甲、木材干裂糟朽、织物粘接腐烂、纸张虫蛀霉变、牙骨龟裂翘曲、毛皮脆裂脱毛等反应速率增大，即气候变暖将导致物质文化遗产受损变质加快，寿命缩短。

目前海南有国家级文物保护单位 14 处，其中，海瑞墓（第四批全国重点文物保护单位，简称第四批）和藤桥墓群（第六批）两个古墓葬；落笔洞遗址（第五批）、甘泉岛遗址（第六批）、北礁沉船遗址(第六批)和儋州故城(第六批)四个古遗址;美榔双塔(第四批)、丘浚故居及墓(第四批)、东坡书院(第四批)和五公祠(第五批)四个古建筑;中共琼崖第一次代表大会旧址(第五批)、秀英炮台(第六批)、蔡家宅(第六批)和陵水县苏维埃政府旧址(第六批)四个近现代重要史迹及代表性建筑。气候变暖将对海南文物古迹的保存产生不利影响。

(2)对旅游的影响

许多研究表明,由于游客对气候的依赖性极高,气候变化将引起全球旅游市场格局的变化(杨建明,2010)。天气和气候影响着旅游者的决策和行为,旅游者的一切活动无不受到天气和气候的影响,例如冬天避寒,夏天避暑,追求适宜的天气和气候是旅游的动机之一;另外,天气直接影响着旅游者的行为,暴雨形成区域洪水灾害,对旅游者出行前心理有大的影响,大雾影响交通,从而使旅游者的活动受到不同程度的影响。适宜的气候条件能消除人的疲劳,使人的体力和精力较快地恢复,甚至有使一些疾病得到缓解和治疗的效果。人们在选择度假和康体旅游地时,气候条件是首要考虑的因素,因为它直接影响到旅游的目的(范业正等,1998)。气候变化对旅游影响的表现是多方面的,其中影响最为显著的气候要素是气温变化。

利用区域气候模式对21世纪海南冬、春、夏、秋四季和年平均气温进行预估,在RCP8.5和RCP4.5两种排放情景下,海南四季及年平均气温均呈显著增暖趋势,其中在RCP4.5情景下,年增暖倾向率为每100年达1.4℃,各季增暖倾向率为每100年达1.2~1.6℃,冷季升温相对较快,暖季升温相对较慢;而在RCP8.5情景下,年增暖倾向率为每100年达3.4℃,各季增暖倾向率为每100年达3.2~3.6℃,秋季升温相对较快,春季升温相对较慢。随着温度的升高,高温日数逐渐增多,在人体舒适范围内的月份将逐渐减少,将影响海南的游客流量。

(3)对旅游安全的影响

旅游业的蓬勃发展加速了全球性人口流动,同时也增加了旅游者与传染病的接触机会。大多数旅游者对旅游活动中的安全性要求越来越高,安全已成为影响旅游活动最重要的因素之一,直接影响旅游活动过程和旅游愿望(李九全等,2003)。旅游业极易受传染病流行的影响,原因之一就是旅游各个环节之间是高度依赖的,极易产生连锁反应。传染病的流行对旅游业的危害是巨大的,甚至是毁灭性的(邓瑞姣和方辉,2002)。许多病原性媒介疾病属于温度敏感型疾病,气候变暖会助长某些媒介传染病的传播,如血吸虫病和疟疾。蚊、蝇可传播多种疾病,如疟疾、痢疾、伤寒、霍乱、肠道蠕虫病、肺结核等。乘车、船、飞机是现代旅行者必不可少的运载旅游方式,但交通工具中携带蚊虫,引发传染病传播,促使疫区延伸扩大的事例已屡见不鲜。埃及伊蚊、白蚊传播的登革热原是热带地区的地域性传染病,但疫区多属旅游胜地,随着国际旅游的发展,旅游者受染后在途中或回本国后发病并成为新的传染源,使全球每年约有5000万至1亿的登革热病例。受2003年上半年非典疫情的冲击,海南的旅游业遭受了重创,旅行社经营基本停顿,酒店业入住率大幅下降,景区游客大幅减少,航空公司班机停飞。2004年的禽流感疫情是海南旅游业继非典之后面临的又一次考验。

(4)对海南旅游吸引力的影响

旅游者对区域气候及气候变化的敏感性将影响到旅游目的地的吸引力,并最终对其旅游动机产生影响。气候变暖对目的地的旅游活动能够产生两方面的影响:首先,当气候寒冷的旅游目的地变得较温暖时,就会更具旅游吸引力;而温暖地区的旅游目的地则会丧失一定的旅游吸引力。海南属于典型的热带气候,作为旅游目的地其吸引力会因气候变暖而下降。其次,气候寒冷的国家或地区当其气候变得较温暖时,其出境游客的数量将有所减少,而气候温暖国家或地区的出境游客数量将上升。综合这两方面的效果，我们会看到气候变暖将导致旅游者寻求较高纬度和较高海拔的、气候凉爽的旅游目的地。气候变暖还会导致国际游客数量的下降。哈米尔顿的研究表明：长期以来，德国人和英国人一直是国际旅游的主要游客来源，气候变暖将导致这些潜在的国际游客选择在自己的国家度假，但气候变暖所导致的国际游客数量的下降会受到区域人口增长及经济发展等因素的制约。

6.4 未来100年气候变化预估和应对

由于地球大气中温室气体的增多，地面气温在不断上升。随着社会的发展，地球温室气体增多的趋势在未来相当长的时期内仍将存在，地面气温相应地可能继续升高。伴随全球进一步增暖，各地区的气候也会发生变化。对未来的气候变化进行预估，了解未来一段时期的气候情景，能为应对气候变化提供决策依据，避免或减少气候变化带来的危害，特别是那些危害巨大却可以预防的致命灾难。预估气候变化离不开全球气候系统模式。自联合国政府间气候变化专门委员会出版第三次全球气候变化评估报告以来，全球气候系统模式得到了迅速发展，IPCC第四次评估报告收集了23个复杂全球气候系统模式和9种不同排放情景下的预估结果，并给出对比分析。根据模式模拟能力的分析结果，可利用以上模拟结果，应用统计降尺度方法，对海南未来100年气候变化进行预估，并结合需应对这些变化的重点领域提出相关措施建议。

6.4.1 未来气温降水变化趋势预估

6.4.1.1 华南未来气温降水变化趋势

未来气候预估的主要工具是气候模式，而气候模式在模拟单个格点或小范围气候时，其不确定性更为显著。因此，对于区域范围小的海南来说，其未来气候情景可作为华南区域未来气候情景中的一个部分来考虑。利用IPCC AR4的20多个全球气候模式加权平均结果，以及区域气候模式RegCM3单向嵌套日本CCSR/NIES/FRCGC的MIROC3.2_hires全球模式的输出结果，预估分析不同温室气体排放情景下华南地区2011—2100年温度的可能变化。

表6.22给出了10年平均的华南地区温度降水变化值。结果表明，不同SRES情景下华南地区温度将持续上升，SRES B1(低排放)情景下增温幅度较小。2030年以前不同排放情景下增温幅度差异不大，华南地区增温幅度在0.8℃左右；2030—2080年SRES A1B(中排放)、SRES A2(高排放)情景下增温幅度没有较大差异，到2071—2080年温度增加2.4℃，而SRES B1情景下增温幅度为1.7℃；2080年以后，SRES A2情景下增温幅度最大，2091—2100年3种情景下温度分别增加2.8℃、3.4℃和1.9℃。对于2011—2100年华南地区温度变化的线性趋势，SRES A1B、SERS A2情景下分别为0.31℃/10a和0.37℃/10a，SRES B1情景下为0.18℃/10a。

不同SRES情景下，整个华南地区21世纪降水整体上表现为增加趋势，但是2050年以前降水增加趋势不明显，SRES A2情景下年平均降水甚至到2070年以前都没有明显的增加或减少趋势；2050年以后，整个华南地区降水将持续增加，到21世纪末降水将增加6%～7%左右。2011—2100年华南地区降水变化的线性趋势在SRES A1B、SRES B1情景下降水变化线性趋势为0.7%/10a左右，SRES A2情景下降水线性趋势较小，仅为0.11%/10a(表6.22)。

表 6.22 不同 SRES 情景下全球气候模式预估的 21 世纪华南地区年平均温度和年降水量变化

情景年代	SRES A1B	SRES A2	SRES B1
2011—2020	0.4 / 0	0.5 / −2	0.5 / 1
2021—2030	0.7 / 0	0.6 / −2	0.7 / 0
2031—2040	1.1 / 0	0.8 / −1	0.8 / 1
2041—2050	1.4 / 3	1.3 / 1	1.1 / 0
2051—2060	1.8 / 6	1.6 / 1	1.3 / 2
2061—2070	2.0 / 4	2.1 / −0	1.5 / 3
2071—2080	2.4 / 4	2.4 / 5	1.7 / 6
2081—2090	2.7 / 5	3.0 / 4	1.9 / 3
2091—2100	2.8 / 6	3.4 / 7	1.9 / 6
温度变化(℃/10a)	0.31	0.37	0.18
降水量变化(%/10a)	0.76	0.11	0.69

对于温度变化的地理分布特征，不同情景下华南地区所有地区温度都将增加，增温幅度表现出一定的纬向分布特征，增温幅度由南往北逐渐增大；而对于降水，不同情景下、不同时期内存在较大差异，2031—2050 年 SRES A1B 情景下华南地区降水都为增加并且各区域差别不大，SRES A2 情景下华南大部分地区降水为减少，SRES B1 情景下除雷州半岛地区降水减少外其他地区降水表现为增加。

6.4.1.2 海南 21 世纪气候变化情景预估

国家气候中心使用区域气候模式 RegCM4.0 单向嵌套 BCC_CSM1.1(Beijing Climate Center_Climate System Model version 1.1)全球气候系统模式输出结果，对中国地区进行 RCP8.5 和 RCP4.5 情景下 1950—2099 年连续积分模拟，得到我国区域气候模式预估数据集。对海南区域的格点预估数据进行站点插值，可得到海南岛 18 个市县站点的预估值。以此数据集为基础，可对海南 21 世纪的气候变化进行预估。

(1)模拟效果评估

比较区域气候模式模拟的 1980—2001 年海南年平均气温距平和观测到的平均气温距平变化曲线(图 6.30a)，其相关系数为 0.416，通过 0.05 的显著性水平检验，可见两者有较好的相关性。另外，两者均有上升趋势，模拟的趋势略低于观测到的趋势。模拟值的变化幅度与观测的变化幅度相当。这表明区域气候模式对海南气温变化有较好的模拟能力。

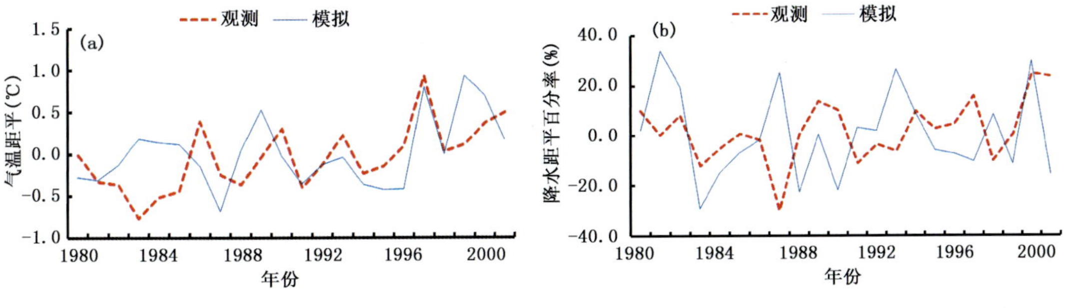

图 6.30 1980—2001 年海南平均气温距平(a)和降水距平百分率(b)模拟值与观测值的变化曲线

类似地，比较区域气候模式模拟的1980—2001年海南降水量距平百分率和观测到的降水距平百分率变化曲线(图6.30b)可见，与气温不同，模拟的降水变化与观测到的降水变化的相关性较差，不能通过0.1的显著性水平检验。与观测到的变化趋势一样，模拟的降水趋势也不明显。但值得注意的是，模拟的降水年际变化幅度与观测到的变化幅度相当。模拟降水变化与观测降水变化的差异表明，地处热带的海南，其降水变化模拟的难度较大，模式预估的降水变化可能存在相当大的不确定性。

(2)气温总体变化趋势与情景预估

区域气候模式在RCP8.5和RCP4.5情景下，对21世纪海南冬、春、夏、秋四季和年平均气温线性趋势的预估(表6.23)表明，两种排放情景下，海南四季及年平均气温均呈增暖趋势，且趋势系数均可通过0.01的显著性水平检验，即线性增暖趋势稳定。在RCP4.5情景下，每100年年增温1.4℃，各季增暖倾向率为每100年增加1.2～1.6℃，其中冷季升温相对较快，暖季升温相对较慢；而在RCP8.5情景下，增暖倾向率为每100年增温3.4℃，各季增暖倾向率为每100年增加3.2～3.6℃，秋季升温相对较快，春季升温相对较慢。与RCP4.5情景相比，从倾向率来看，RCP8.5的增暖幅度要大得多；从趋势系数来看，RCP8.5情景下的线性变化趋势更加明显。

表6.23 模式预估的21世纪(2011—2100年)RCP4.5和RCP8.5情景下海南气温变化的趋势

情景		冬季	春季	夏季	秋季	年
RCP4.5	倾向率(℃/100a)	1.5	1.2	1.3	1.6	1.4
	趋势系数	0.451	0.310	0.579	0.381	0.654
RCP8.5	倾向率(℃/100a)	3.4	3.2	3.5	3.6	3.4
	趋势系数	0.669	0.594	0.793	0.746	0.882

表6.24为RCP4.5和RCP8.5情景下，海南地区未来21世纪前期、中期和后期四季及年平均气温模式预估结果。由表可见，21世纪前期，在两种情景下气温增幅差异不大，RCP4.5情景下年平均气温比常年(1981—2010年平均)偏高0.49℃，RCP8.5情景下偏高0.53℃；至21世纪中期，两种情景下的增幅差异开始拉大，RCP4.5情景下年平均气温比常年偏高0.92℃，RCP8.5情景下偏高1.48℃，差异达0.56℃；到21世纪后期，不同情景下预计的增温差异进一步扩大，年平均气温RCP4.5情景下比常年偏高1.43℃，RCP8.5情景下偏高2.52℃，差异达1.11℃。

表6.24 模式预估21世纪海南气温变化情况(℃)(常年值:1981—2010年平均)

年代	情景	冬季	春季	夏季	秋季	年
前期(2011—2040)	RCP4.5	0.65	0.46	0.32	0.48	0.49
	RCP8.5	0.68	0.46	0.50	0.52	0.53
中期(2041—2070)	RCP4.5	1.12	0.79	0.92	0.85	0.92
	RCP8.5	1.50	1.29	1.60	1.53	1.48
后期(2071—2099)	RCP4.5	1.57	1.39	1.36	1.38	1.43
	RCP8.5	2.41	2.51	2.48	2.66	2.52

按季节来看，RCP4.5情景下，不论前期、中期还是后期，增温幅度最大的是冬季，前期比

常年偏高 0.65℃，其他季节比常年偏高 0.32～0.48℃；中期比冬季常年偏高 1.12℃，其他季节比常年偏高 0.79～0.92℃；后期比常年偏高 1.57℃，其余比常年各季偏高 1.36～1.39℃。RCP8.5 情景下，前期增温幅度最大的是冬季，比常年偏高 0.68℃，其他季节偏高 0.46～0.52℃；中期增温幅度最大的是夏季，比常年偏高 1.60℃，其他季节偏高 1.29～1.53℃；而后期增温幅度最大的则在秋季，偏高 2.66℃，其他季节偏高 2.41～2.51℃。

(3)降水总体变化趋势与情景预估

区域气候模式在 RCP8.5 和 RCP4.5 情景下，对 21 世纪海南四季和年降水量的线性趋势的预估(表 6.25)表明，两种排放情景下，海南四季及年降水量距平百分率的线性变化趋势不明显，趋势系数均不能通过显著性水平检验。在 RCP4.5 情景下，年降水量略有增加，倾向率为每 100 年增加 6.1%，各季趋势相同，倾向率在每 100 年增加 3.8%～10.2%，冬春增加的百分率较大，秋季相对较小；而在 RCP8.5 情景下，年降水量略有减少，倾向率为每 100 年减少 1.7%，秋冬与春夏趋势相反，秋季每 100 年减少 19%，冬季每 100 年减少 4.6%，春季每 100 年增加 12.3%，夏季每 100 年增加 1.2%。

表 6.25　模式预估 21 世纪 RCP4.5 和 RCP8.5 情景下海南降水量距平百分率变化的线性趋势

情景		冬季	春季	夏季	秋季	年
RCP4.5	倾向率(%/100a)	10.2	9.8	5.9	3.8	6.1
	趋势系数	0.073	0.046	0.034	0.052	0.082
RCP8.5	倾向率(%/10a)	−4.6	12.3	1.2	−19.0	−1.7
	趋势系数	−0.029	0.106	−0.055	−0.090	−0.022

表 6.26 为 RCP4.5 和 RCP8.5 情景下，海南地区未来 21 世纪前期、中期和后期四季及年降水距平百分率模式预估结果。由表可见，在两种情景下，年降水距平百分率的变化均有明显的阶段性变化。RCP4.5 情景下，与常年相比，前期和后期降水略有增多，但不明显，增幅 2%～3%；中期有明显的增加，增幅接近 10%。RCP8.5 情景下，与常年相比，前期和后期降水增多更明显，增幅分别 13.42%和 15.08%，而中期增幅不到 10%。

表 6.26　模式预估 21 世纪海南降水距平百分率变化(%)(常年值:1981—2010 年平均)

年代	情景	冬季	春季	夏季	秋季	年
前期(2011—2040)	RCP4.5	−10.30	8.10	10.73	−28.78	2.39
	RCP8.5	−0.20	10.57	24.45	−1.62	13.42
中期(2041—2070)	RCP4.5	0.88	13.71	12.71	−5.47	9.29
	RCP8.5	−13.24	11.43	25.51	−24.88	9.82
后期(2071—2099)	RCP4.5	−4.48	5.21	11.40	−24.94	2.99
	RCP8.5	−0.34	15.90	25.75	−7.98	15.08

分季来看，两种情景下，不论前期、中期还是后期，秋季降水减少最多，其次是冬季(中期冬略有增加)，即冷季降水减少；降水增加最多的是秋季，其次是夏季。RCP4.5 情景下，与常年相比，前期降水量减少(负号记)或增加的距平百分率从冬至秋四季分别为−10.3%、8.10%、10.73%和−28.78%；中期降水量减少或增加的距平百分率从冬至秋四季分别为 0.88%、13.71%、12.71%和−5.47%；后期降水量减少或增加的距平百分率从冬至秋四季分别为

−4.48%、5.21%、11.40%和−24.94%。RCP8.5 情景下，与常年相比，前期降水量减少或增加的距平百分率从冬至秋四季分别为−0.20%、10.57%、24.45%和−1.62%；中期降水量减少或增加的距平百分率从冬至秋四季分别为−13.24%、11.43%、25.51%和−24.88%；后期降水量减少或增加的距平百分率从冬至秋四季分别为−0.34%、15.90%、25.75%和−7.98%。

6.4.2 应对气候变化的重点领域和措施

6.4.2.1 海南应对气候变化的重点领域

(1)海平面上升对沿海地区的影响

气候变暖直接导致海平面的升高。现有观测数据表明，20 世纪全球海平面上升速度是近 300 年来最快的，从 1900 年至 21 世纪初，全球海平面高度平均上升了 10～20 cm，预测到 2100 年将比 1990 年高出 9～88 cm(IPCC，2001)。近 50 年中国近海海平面平均上升了约 13 cm，且上升速率逐渐加快。预估结果表明，到 2050 年，中国沿海海平面将上升约 12～50 cm，海南周围海平面上升略低于全国平均水平，但上升高度也将超过 10 cm，最大可能达 49 cm。

海平面上升将从多方面对沿海地区的生产和生活带来破坏性的影响。首先，海平面上升将形成海水倒灌，使沿海较低水位的地下水咸化，从而使土地盐碱化不适宜耕作；使淡水资源稀缺而不适宜居住。2008 年，海南文昌市会文镇沿海由于过量开采地下水，造成 13000 人缺水，居民只能喝到苦咸水。这与海平面上升带来的效果是异曲同工，且影响的面积将是整镇整城，其造成的后果远较前者严重。

(2)气温升高对海南农业的影响

水稻是喜温植物，水稻生长对气温很敏感，近年来气候变暖对水稻生产的影响国际国内有较多的研究。国际水稻所发布的 2004 年研究报告显示，日平均气温每升高 1℃，水稻产量就会下降 15%，这归咎于全球变暖所导致的夜间温度升高。夜间气温变高迫使植物代谢功能所需的能量增加，从而抑制了生物能量的积累。有实验结果表明，夜间最低温度对水稻产量的影响最大，水稻长期间的平均夜间最低温度每增高 1℃，水稻产量将下降 10%。海南最低气温升高非常显著，且上升趋势很稳定，意味着未来海南的最低气温将继续升高，这对海南水稻的产量是一重大威胁。稻米对气温的敏感还表现在其对高温的敏感。首先，温度再升高，必然会缩短生育期，生物学产量和籽粒产量都会下降。其次，稻米的授粉时间很短，只有 1 h，若此时温度高于 36℃，稻谷的授粉将无法成功。气候变化的事实表明，海南的最高气温也在显著上升，高温日数增加明显，意味着高温逼熟的概率和高温阻止授粉的概率均在增加。

海南地处热带，但四周环海，昼夜温差大，有利于蕉果的养分积累，是世界上少数能生产高品质香蕉的地区之一。随着全球气候变暖，海南气温变暖也十分明显。低温冷害对香蕉品质的威胁正在不断降低，高温的危害却在逐步增多；同时气温日较差、日照时数的降低将减少香蕉果实内糖分的积累，影响香蕉的风味；降水日趋集中、强度增大对香蕉生产不利。

海南是我国橡胶种植条件最优越的地区，具有发展橡胶和其他热带作物的巨大潜力和优势，是我国最重要的橡胶生产基地。近 50 年，海南的气温、降水量、降水日数、日照时数以及热带气旋影响频数和强度均发生了变化，对橡胶生产造成了不同程度的影响。气候变暖使热量资源增加，有利于提高橡胶气候生产力，寒害频率减少但强度不容忽视；冬季气温升高使病虫害危害加重。大部分地区降水日数减少，对橡胶的生长和产胶有不利影响，尤其西部地区为历史性干旱区，年降水日数少(东方市多年平均值仅 90 d，远低于年雨日大于 130 d 的植胶条件)，随着雨日的减少，该地区植胶的水分条件更加恶化。另外，冬春连旱严重年份影响割胶甚至使胶树旱死。北部大部分地区日照本来略显不足，日照的显著减少不利于橡胶的光合作用。

(3)极端降水对城市洪涝的影响

在全球气候变化的大背景下，近 50 年，海南气温总体呈上升趋势，特别是 20 世纪 80 年代末进入明显的暖期，降水量总体呈增加趋势，暴雨频数增加，极端暴雨天气事件频发。例如，2010 年 10 月海南出现 1961 年以来同期罕见强降水：10 月 1—19 日平均降水量达 1060.1 mm，平均暴雨日数为 6.6 d，为常年同期的 5 倍以上，且为 1961 年以来同期最多。3 个站日降水量突破历史极值，7 个站连续降水量突破历史极值。强降水导致部分江河水库水位超过警戒水位，多个县市出现严重内涝，公路交通一度中断，旅游业受到严重影响；海口、三亚、万宁、琼海等地中小学停课。

6.4.2.2　应对气候变化的措施建议

(1)节能降耗减少温室气体排放

造成气候变暖的主要因素是温室气体的排放，温室气体减排势必对经济发展带来负面影响，大气无国界也无省界，今后在国际气候外交中遇到的问题在省与省之间也有可能发生。国家以后要承担的减排义务最终要落实到省。尽管海南当前经济仍比较落后，温室气体排放量在全国排名也靠后，但我们仍有必要为将要承担的减排义务研究制定更多更好的应对计划，包括建立低能耗、低排放、高效益的经济结构；大力发展现代可再生能源利用技术、先进核电技术等，建立有利于减缓温室气体排放的技术发展和创新体系；加大技术进步力度，推进高耗能行业减缓温室气体排放的行动；全面编制和完善各种建筑节能标准，大力推广高效节能家用及办公用电器，提高节能灯的使用比例，充分挖掘商业和民用部门减缓温室气体排放的潜力；大力推进节能环保型交通装备技术，重视在交通运输发展中减缓温室气体排放；开发适度规模养殖业，推动沼气建设规模化发展，推广低排放的高产水稻品种和节水灌溉和肥料管理技术，减少农业生产过程温室气体的排放；结合重大林业工程的实施，扩大植树造林、退耕还林和天然林保护，增加碳汇的吸收。

(2)采取措施适应气候变化

在农业方面，调整粮食产业结构和布局，培育选用抗逆新品种，加强光合作用、生物固氮、生物技术、抗御逆境、设施农业和精准农业等方面的技术开发和研究，以强化人类适应气候变化及其对农业影响的能力。在水资源方面，加强水资源管理和调控，建设淡水调蓄工程，节约用水，合理规划空中水资源的开发利用，研制开发海水淡化技术；在植树造林过程中，选育温暖性耐旱抗病虫害树种，提高物种在气候适应和迁移过程中的竞争和对变化环境的适应能力。扩大自然保护区的数量和面积，保护天然次生林和原始林及森林生物多样性；在沿海地区，修建堤坝等防护工程设施，制定红树林、珊瑚礁等生态系统保护措施，克服气候变化的不利影响。

(3)提高对气候系统的监测能力

需大力提高气候系统的监测能力，首先应对现有的气象灾害监测网进行补充和调整，加强气候变化的监测能力。加强对气候变化的精确监测，加大气象探测环境的保护，增加生态、海洋等监测内容。

同时，还需大力提高台风和风暴潮的预警能力，健全本区的海洋灾害预警机构，研发新的、更为有效的、海气耦合数值预报模式，不断提高预报精度和时效，利用网络通信和多媒体技术，更及时有效地为公众防灾和政府决策提供服务。

(4)加强气候变化领域的科学研究、适应对策研究及技术开发

目前关于海南气候变化特点及影响的分析还远不够，要准确提出海南适应与减缓气候变化影响的规划和行动计划，还要进一步加强气候变化领域的研究。组织社会各方面力量开展对由于气候变暖带来的诸如气温升高、气候带北移、降水变率加大、农业病虫害增多、海平面升高、台风增强等一系列影响的研究，提前做好应对准备。大力扶持和鼓励开发减缓和适应气候变化的先进适用技术；积极争取发达国家减缓和适应气候变化先进技术的转让；加强气候变化领域相关人才队伍建设；充实和壮大从事气候变化的管理和研究队伍。

(5)在社会经济发展规划中统筹考虑应对气候变化问题

在贯彻和实施综合、协调和可持续的科学发展观过程中，要充分认识气候变化与可持续发展的关系，在国民经济和社会发展规划中统筹考虑气候变化问题，协调各项政策措施，并体现应对气候变化的要求，保证气候变化战略目标的实现。

(6)提高公众的气候保护意识

利用各种宣传媒体，提高公众对气候变化问题的科学认识；开展多种形式的气候变化科学普及，培养气候变化的意识；引导公众有利于环保的消费方式，为保护全球气候做出贡献。

(7)进一步加大资金投入

除国家给予长期、稳定的气候变化基础研究经费以外，要积极拓展多种资金筹集渠道，利用多种融资手段应对气候变化，调动企业、社会各方投资者的积极性，实现投资主体和融资方式多元化，尽快形成政府、企业、社会相结合的多元化投资格局。吸引来自外国政府、国际组织、国际金融机构等各种国外资金，寻求有效的国际合作机制；鼓励国内外私人投资者积极参与。

(8)积极开展合作与交流

打破部门分割，避免低水平的重复，建立跨部门、跨行业的合作与协调体制；加强学科交叉，特别是自然科学与社会科学之间的交叉与合作，并努力将科学成果服务于国家经济、社会发展以及军事和外交活动等。积极参与全球气候变化国际合作与交流，积极推动双边和多边国际合作，增强应对气候变化的能力。及时了解国内外的科学技术信息，掌握国际的最新成果。积极开展与发达国家之间的清洁发展机制（CDM）项目合作，鼓励和扶持优先领域内的合作项目。

参考文献

鲍名. 2007. 近50年我国持续性暴雨的统计分析及其大尺度环流背景[J]. 大气科学,**31**(5):779-792.

蔡锋,等. 2008. 全球气候变化背景下我国海岸侵蚀问题及防范对策[J]. 自然科学进展,**18**(10):1093-1101.

曹军,张镱锂. 2002. 近20年海南岛森林生态系统碳储量变化[J]. 地理研究,**21**(5):551-557.

陈尚漠. 1988. 果树气象学. 北京:气象出版社,393-424;455-483.

陈小丽. 2000. 海南热带气旋年际变化与趋势预测[J]. 热带气象学报,**16**(4):360-365.

陈小丽,吴慧. 2004. 海南岛近42年气候变化特征[J]. 气象,**30**(8):27-31.

陈小勇,林鹏. 1999. 我国红树林对全球气候变化的响应及其作用[J]. 海洋湖沼通报,(2):11-17.

陈奕德,张韧,蒋国荣. 2005. 近年来国内ENSO研究概述[J]. 热带气象学报,**21**(6):634-641.

邓瑞姣,方辉. 2002. 旅游热潮与传染病的传播[J]. 实用预防医学,**9**(4):430-431.

范航清,梁士楚. 1995. 中国红树林研究与管理[J]. 北京:科学出版社,189-202.

范业正,郭来喜. 1998. 中国海滨旅游地气候适宜性评价[J]. 自然资源学报,**13**(4):17-24.

傅秀梅,王亚楠,邵长伦,等. 2009. 中国红树林资源状况及其药用研究调查Ⅱ. 资源现状、保护与管理[J]. 中国海洋大学学报,**39**(4):705-711.

高辉,王永光. 2007. ENSO对中国夏季降水可预测性变化的研究[J]. 气象学报,**65**(1):131-137.

高素华,黄增明,张统钦,等. 1988. 海南岛气候[M]. 北京:气象出版社,51-52.

高素华,黄增明. 2004. 荔枝花芽分化期的冷暖气候指标及对产量的影响[J]. 气象,**30**(3):17-21.

郭冬艳,辛吉武,吴胜安,等. 2008. 海南雷暴气候特征及大气环流背景分析[J]. 气象科技,**36**(4):404-409.

海南省人民政府. 2011. 海南年鉴[M]. 海口:海南年鉴社,181.

何春生. 2004. 海南岛50年来气候变化的某些特征[J]. 热带农业科学,**24**(4):19-24.

华南热带作物学院. 1981. 橡胶栽培学[M]. 北京:中国林业出版社,5-10.

黄朝荣. 1993. 气象条件对香蕉生长和产量影响初步分析[J]. 中国农业气象,**14**(2):7-10.

黄金城. 2006. 中国海南岛热带森林可持续经营研究[D]. 中国林业科学研究院,博士论文. 21-22.

黄巧华,等. 1997. 海南岛的海岸侵蚀[J]. 海洋科学,**21**(6):50-52.

黄荣辉,徐予红,王鹏飞. 1998. 1998年夏长江流域特大洪涝特征及其成因探讨[J]. 气候与环境研究,**3**(4):300-313.

黄少敏,罗章仁. 2003. 海南岛沙质海岸侵蚀的初步研究[J]. 广州大学学报(自然科学版),**2**(5):449-454.

黄世能,李意德,王伯荪. 2000. 海南岛尖峰岭两类热带山地雨林次生群落在15年演替过程中的林木消长[J]. 植物生态学报,**24**(6):710-717.

黄彦彬,赵西龙,林文实. 2009. 海南岛雷暴日的气候变化特征分析[J]. 热带作物学报,**30**(12): 1887-1892.

黄志珍. 2010. 气候变化对水资源质量影响研究及发展趋势[C]. 经济发展方式转变与自主创新——第十二届中国科学技术协会年会,福建,1-5.

霍治国,陈林,叶彩玲,等. 2002. 气候条件对中国水稻稻飞虱为害规律的影响[J]. 自然灾害学报,**11**(1):97-102.

季荣耀,等. 2007. 海南岛海岸侵蚀特征及主因分析//第十三届中国海洋工程技术讨论会文集[C]. 中国海洋学会海洋工程分会.

季子修. 1996. 中国海岸侵蚀特点及侵蚀加剧原因分析[J]. 自然灾害学报,**5**(2):65-75.

琚建华,陈琳玲. 2003. ENSO对云南地区降水影响的年代际变化[J]. 热带气象学报,**19**(2):191-196.

鞠笑生，杨贤为，陈丽娟，等. 1997. 我国单站旱涝指标确定和区域旱涝级别划分的研究[J]. 应用气象学报，**8**(1)：26-33.

黎启仁，文振德. 1995. 气象因子对芒果产量的影响[J]. 中国农业气象，(1)：13-15.

李九全，李开宇，张艳芳. 2003. 旅游危机事件与旅游业危机管理[J]. 人文地理，**18**(6)：35-39.

李伟光，陈汇林，朱乃海，等. 2009. 标准化降水指标在海南岛干旱监测中的应用分析[J]. 中国生态农业学报，**17**(1)：178-182.

李伟光，易雪，车秀芬，等. 2011. 海南岛干湿概况与干旱发生特征[J]. 气象研究与应用，**32**(S2)：53-54.

李霞，张广兴. 2003. 天山可降水量和降水转化率的研究[J]. 中国沙漠，**23**(5)：509-513.

李意德，曾庆波，吴仲民，等. 1996. 我国热带天然林植被 C 贮存量的估算[J]. 林业科学研究，**11**(2)：157-161.

李子华. 2001. 中国近 40 年来雾的研究[J]. 气象学报，**59**(5)：616-624.

刘长全. 2006. 香蕉寒害研究进展[J]. 果树学报，**23**(3)：448-453.

刘国华，傅伯杰. 2001. 全球气候变化对森林生态系统的影响[J]. 自然资源学报，**16**(1)：71-78.

刘小宁，张洪政，李庆祥，等. 2005. 我国大雾的气候特征及变化初步解释[J]. 应用气象学报，**16**(2)：220-230.

刘小伟，郑文教，孙娟. 2006. 全球气候变化与红树林[J]. 生态学杂志，**25**(11)：1418-1420.

刘永强，丁一汇. 1992. ENSO 事件对我国天气气候的影响[J]. 应用气象学报，**3**(4)：473-481.

刘允芬. 2000. 气候变化对我国沿海渔业生产影响的评价[J]. 中国农业气象，**21**(4)：1-5.

卢昌义，林鹏，叶勇，等. 1995. 全球气候变化对红树林生态系统的影响与研究对策[J]. 地球科学进展，**10**(4)：341-347.

罗文杰，罗文忠. 2001. 海南稻田耕作制度的改革[J]. 海南大学学报(自然科学版)，**19**(1)：71-75.

罗孝政，吴定尧. 2000. 低温和水分亏缺对常绿果树成花作用研究进展(综述)[J]. 亚热带植物通讯，**29**(1)：61-66.

潘根兴，高民，胡国华，等. 2011. 气候变化对中国农业生产的影响[J]. 农业环境科学学报，**30**(9)：1698-1706.

潘静，李崇银. 2006. 夏季南海季风槽与印度季风槽的气候特征之比较[J]. 大气科学，**30**(3)：377-390.

钱光明，吕勇平，杜尧东. 2008. 广东省气候业务技术手册[M]. 北京：气象出版社，173-176.

任国玉，郭军，徐铭志，等. 2005. 近 50 年中国地面气候变化基本特征[J]. 气象学报，**63**(6)：942-956.

沈大军，刘昌明. 1998. 水文水资源系统对气候变化的响应[J]. 地理研究，**17**(4)：435-443.

宋燕，季劲钧. 2005. 气候变暖的显著性检验以及温度场和降水场的时空分布特征[J]. 气候与环境研究，**10**(2)：157-165.

孙淑清，高守亭. 2005. 现代天气学概论[M]. 北京：气象出版社，59-60.

谭晓林，张乔民. 1997. 红树林潮滩沉积速率及海平面上升对我国红树林的影响[J]. 海洋通报，**16**(4)：29-35.

谭燕，许晓林，张维，等. 2010. 0801 号台风"浣熊"(Noguri)特征分析及预报效果检验[J]. 大气科学研究与应用，**20**(1)：32-46.

汤金仪，胡伯海，王建强. 1996. 我国水稻迁飞性害虫猖獗成因及其治理对策建议[J]. 生态学报，**16**(2)：167-173.

陶忠良，阳辛凤，蒋华. 2001. 气象条件对香蕉品质的影响[J]. 热带农业科学，**92**(4)：44-48.

涂永彤，丁铭. 2011. 论水文水资源中气候变化的影响[J]. 吉林农业，**260**(10)：144.

王丽荣，李贞，蒲杨婕，等，2010. 近 50 年海南岛红树林群落的变化及其与环境关系分析——以东寨港、三亚河和青梅港红树林自然保护区为例[J]. 热带地理，**30**(2)：114-120.

王绍强，刘纪远. 2002. 土壤碳蓄积量变化的影响因素研究现状[J]. 地理科学进展，**17**(4)：528-534

王叶，延晓冬. 2006. 全球气候变化对中国森林生态系统的影响[J]. 大气科学，**30**(5)：1009-1018

王颖. 2002. 海南岛海岸环境特征[J]. 海洋地质动态，**18**(3)：1-9.

翁笃鸣. 1986. 中国太阳直接辐射的气候计算及其分布特征[J]. 太阳能学报，**7**(2)：121-130.

吴慧，林熙，吴胜安，等. 2010. 1949—2005 年海南岛登陆热带气旋的若干变化特征[J]. 气象研究与应用，**31**

(3):9-12.

吴慧,吴胜安,邢旭煌,等. 2009. ENSO 对海南省气候的影响及其年代际变化[J]. 热带作物学报, **30**(11):1706-1710.

吴慧,邢旭煌. 2004. 海南省汛期旱涝特征[J]. 热带气象学报,**20**(2):184-191.

吴慧. 2005. 影响海南的热带气旋气候特征及其与 ENSO 的关系[J]. 气象,**31**(12),61-64.

吴胜安,郭冬艳,杨金虎. 2007. 海南热带气旋降水的气候特征[J]. 气象科学,**27**(3):307-311.

吴胜安,张永领,杨金虎. 2006. 海南岛最高和最低气温的非对称变化[J]. 热带气象学报,**22**(6):667-671.

吴岩峻. 2008. 不同天气系统对海南岛降水的贡献及其变化的研究[D]. 兰州大学博士论文,35-63.

吴志权,陈明先,陈创买. 2005. 近 50 年来东莞气温年际变化的长期特征分析[J]. 热带气象学报,**21**(1):107-112.

吴志祥,陶忠良,周兆德,等. 2004. 二氧化碳浓度倍增对海南岛荔枝生产的影响[J]. 广西农业科学,**35**(5):375-379.

向波,刘德,廖代强. 2003. 重庆雾的特点及其变化分析[J]. 气象,**29**(2):48-52.

谢瑞红. 2007. 海南岛红树林资源与生态适宜性区划研究[D]. 华南热带农业大学硕士论文,37-37.

辛吉武,李伟光,刘银叶. 2009. 气候变化对海南岛香蕉品质影响的研究[J]. 安徽农业科学,**37**(4):1523-1525.

许武成,马劲松,王文. 2005. 关于 ENSO 事件及其对中国气候影响研究的综述[J]. 气象科学,**25**(2):212-220.

杨建明. 2010. 全球气候变化对旅游业发展影响研究综述[J]. 地理科学进展,**29**(08):997-1004.

杨景梅,邱金桓. 1996. 我国可降水量同地面水汽压关系的经验表达式[J]. 大气科学,**20**(5):620-626.

杨景梅,邱金桓. 2002. 用地面湿度参量计算我国整层大气可降水量及有效水汽含量方法的研究[J]. 大气科学,**26**(1):9-22.

杨宇晨,施苏华. 2011. 亟待保护的中国红树林[J]. 生命世界,**8**(11):84-87.

姚凤梅,张佳华,孙白妮,等. 2007. 气候变化对中国南方稻区水稻产量影响的模拟和分析[J]. 气候与环境研究,**12**(5):660-666.

游泳,郭品文,廖勇,等. 2005. ENSO 与中国东部地区夏季降水相关性年代际变化特征[J]. 气象科技,**33**(2):142-146.

袁文平,周广胜. 2004. 标准化降水指标与 Z 指数在我国应用的对比分析[J]. 植物生态学报,**28**(4):523-529.

臧润国,蒋有绪,余世孝. 2002. 海南霸王岭热带山地雨林森林循环与树种多样性动态[J]. 生态学报,**22**(1):24-32.

臧润国. 2002. 海南热带山地雨林森林循环不同阶段光、温环境的测定与分析[J]. 北京林业大学学报, Z1(5):125-130.

翟盘茂,李晓燕,任福民. 2003. 厄尔尼诺[M]. 北京:气象出版社,42-48.

张春花,吴胜安,林建新,等. 2010. 1969—2008 年海南省雾的气候特征与变化趋势[J]. 气候变化研究进展,**6**(5):349-355.

张永领,陈小丽,黄彦彬,等. 2005. 海南异常高温的气候特征及海气背景[J]. 气象科技,**33**(2):147-151.

张裕山,陈修仁. 2007. 海南森林资源现状及林业发展的思路[J]. 热带林业,**35**(1):4-6.

赵俊芳,郭建平,徐精文,等. 2010. 基于湿润指数的中国干湿状况变化趋势[J]. 农业工程学报,**26**(8):18-24.

郑刚. 2010. 基于 ANN 和 CA 的气候变化对中国森林分布影响的模拟与预测[D]. 西南大学硕士学位论文,50-51.

郑景云,尹云鹤,李炳元. 2010. 中国气候区划新方案[J]. 地理学报,**65**(1):3-12.

中国气象灾害大典编委会. 2008. 中国气象灾害大典・海南卷[M]. 北京:气象出版社,40-96.

周光益. 1998. 台风暴雨对热带林生态系统地球化学循环的影响[J]. 北京林业大学学报,**20**(6):36-40.

周璋,李意德,林明献,等. 2009. 海南岛尖峰岭热带山地雨林区 26 年的气候变化特征——光、水和风因子[J]. 生态学报,**29**(3):1112-1120.

周璋,李意德.2009.1980—2005年海南岛尖峰岭热带山地雨林区气候突变与异常的初步检验[J].气象与环境学报,**25**(3):66-72.

周兆德,陶忠良,高爱平.2001.气象条件对荔枝产量的影响研究综述[J].中国南方果树,**30**(4):29-31..

朱乃海,吴慧,陈汇林,等.2008.重度低温阴雨天气对海南农业的影响及减灾措施[J].中国热带农业,**5**(2):10-11.

朱乾根,林锦瑞,寿绍文,等.2007.天气学原理和方法(第四版)[M].北京:气象出版社,496-501.

Bazzaz F A,Miao S L,Wayne P M. 1993. CO_2-induced growth enhancements of co-occurring tree species decline at different rates[J]. *Oecologia*,**96**:478-482.

Bazzaz F A. 1990. The response of natural ecosystems to rising global CO_2 levels[J]. *Ann Rev Ecol Syst*,**21**:167-196.

Cunningham S C,Read J. 2003. Do temperate rainforest trees have a greater ability to acclimate to changing temperatures than tropical rainforest trees? [J]. *New Phytoloqist*,**157**:55-64.

Ellison A M,Farnsworth E J. 1997. Simulated sea-level change alters anatomy, physiology, growth, and reproduction of red mangrove (Rhizophora mangle L.)[J]. *Oecologia*,**112**(4):435-446.

Imber D,Portecop J. 2008. Hurricane disturbance and forest resilience:assessing structural vs. functional changes in a Caribbean dry forest[J]. *Forest Ecology and Management*,**255**:3494-3501.

IPCC. *Climate change* 2001:*the science of climate change*. Contribution of working group I to the third assessment report of the intergovernmental panel on climate change. Cambridge: Cambridge University Press,2001:1-785.

Korner C, Arnone J A. 1992. Responses to elevated carbon dioxide in artificial tropical ecosystems[J]. *Science*,**257**:1672-1675.

Laurance W F,Curran T J. 2008. Impacts of wind disturbance on fragmented tropical forest:a review and synthesis[J]. *Austral Ecology*,**33**:399-408.

Lewis S L,Phillipes O L,Baker T R,*et al*. 2004. Concerted change in tropical forest structure and dynamics:evidence from 50 South Amercia long-term plots[J]. *Phil Tran R Soc B*,**359**:421-436.

Reitan C H. 1963. Surface dew point and water vapor aloft[J]. *J Appl Meteor*,**2**(6):776-779.

Shilton L A,Latch P J,Mckeown A,*et al*. 2008. Landscape-scale redistribution of a highly mobile threatened species,Pterropus conspicillatus(Chiroptera,Pteropodidae), in response to Tropical Cyclone Larry[J]. *Austral Ecology*,**33**:549-561.

Smith W L. 1966. Note on the relationship between total precipitable water and surface dew point[J]. *J Appl Meteor*,**5**:726-727.

Surano K A, Daley P F, Houpis J I L,*et al*. 1986. Growth and physiological responses of Pinus ponderosa to long-term elevated concentrations[J]. *Tree Physiology*,**2**:243-359.

Wisley B J,McNauhton S J,Coleman J S. 1994. Will increases in atmospheric CO_2 affect regrowth following grazing in C_4 grasses from tropic grasslands: a test with Sporobolus kentrophyllus[J]. *Oecologia*,**99**:141-144.

Wisley B J. 1996. Plant responses to elevated atmospheric CO_2 among terrestrial biomes[J]. *Oikos*, **76**(1):201-206.

Wu Y,Wu S,Zhai P. 2007. The impact of tropical cyclones on Hainan Island's extreme and total precipitation [J]. *Int J Climatol*,**27**:1059-1064.